HUMAN LEARNING BEHAVIOR
AND ITS ASSESSMENT

FROM THE PERSPECTIVE OF
INTERDISCIPLINARY

跨学科视野下的
人类学习行为及其评价

齐宇歆　著

ZHEJIANG UNIVERSITY PRESS
浙江大学出版社

图书在版编目（CIP）数据

跨学科视野下的人类学习行为及其评价 / 齐宇歆著.
— 杭州 ： 浙江大学出版社，2020.12（2021.11重印）
ISBN 978-7-308-20829-1

Ⅰ. ①跨⋯ Ⅱ. ①齐⋯ Ⅲ. ①学习方法－研究 Ⅳ.
①G791

中国版本图书馆CIP数据核字（2020）第239106号

跨学科视野下的人类学习行为及其评价

齐宇歆 著

策划编辑	吴伟伟
责任编辑	陈逸行 陈 翩
责任校对	郭琳琳 袁朝阳
封面设计	雷建军
出版发行	浙江大学出版社
	（杭州市天目山路148号 邮政编码 310007）
	（网址：http://www.zjupress.com）
排 版	杭州林智广告有限公司
印 刷	广东虎彩云印刷有限公司绍兴分公司
开 本	710mm×1000mm 1/16
印 张	18.25
字 数	300千
版 印 次	2020年12月第1版 2021年11月第2次印刷
书 号	ISBN 978-7-308-20829-1
定 价	68.00元

学习，源于意识，途经感知和关联性判断，终于智慧。据东汉许慎《说文解字》中的释义，"学"的繁体为"學"，上面是"双手架屋"，下面则是"一小孩子"，故基本意思是"（小孩子）觉悟也"，引申为增加见识并受到了启发。"习"的繁体为"習"，上面是"羽毛"，下面是"白色"，本意为出生不久的小鹰，故是"（雏鹰）数飞也"的意思，重在反复练习以达到熟练程度。由于人的学习过程与雏鹰模仿老鹰并反复练习，最后熟练地掌握飞翔的过程极为相似，于是，《礼记·月令第六》以"温风始至，蟋蟀居壁，鹰乃学习，腐草为萤"一句来形象地将这一模仿、练习、熟练的过程用"学习"一词来概括。这也是我国历史上有据可查的最早将"学"与"习"联系起来使用的句子。

在日常生活中，人们的学习活动往往从言语交流、阅读或技能、行为的模仿开始，通常要经历听闻观察、理解消化和练习巩固三个阶段。从更为概括的意义上来说，学习就是通过对表情、姿势、语言、文字等符号信息的捕捉，将印象、表象内化为图式并加以重组，然后在练习中逐步自然、娴熟并不断满足自身情感需要的过程。学习的本质在于认知结构或内在情感、态度的改变。这取决于认知深浅或情感层面的触动程度。由学习所引起的改变的结果不外乎两个：于内，不断完善自身的身心结构，释放更多的生命潜能；于外，通过意义分享与合作，让自身融入主流社会，共同营造一个更为广阔、更为理想的生活与发展空间。因此，学习的最终目的就是适应新的物理、社会环境，实现自身与这些新环境的协调、共生。从生物进化的视角观之，人类幼体被长辈照顾、抚养的时期很长，能在家庭环境中逐步习得语言交流和基本的生活技能；从社会进化的视角来看，学习不仅是每个社会人必须参与的一项社会活动和一种将经验、知识分享的社会文化现象，而且也是个体通过学会认知、学会学习、学会生活，在全面而有个性的自主发展轨道中作为一个合格公民去积极参与、从事社会活动，共建人类命运共同体的必由路径。

学习评价研究是教育领域中的三大研究领域之一，其实质是对学习活动能否或能在多大程度上满足学习者自身或群体需要的一种理性认知活动。它可视研究需要分别从微观、中观、宏观三个层面来考察，但基本内涵不外乎两个层面：一是人类究竟是如何认知或学习的，或者说学习的机理、机制是什么；二是学习的价值如何，或者说通过学习，学习者是否达到了预设的状态，取得了预期的效果。前者主要是认识论问题，而后者则主要是价值论问题。由于它在教育、教学管理中兼具甄别、调节、导向等多重功能，并带有明显的未来指向特征，因此，学习评价一直是教育、教学中的压轴戏兼重头戏，同时也是素质教育实施中的瓶颈。在当今新的历史条件下，学科继续向纵深发展，同时也在不断渗透、相互融合，因此，对学习行为及其评价的深入研究也不能再停留在某一学科层面。

本书由笔者原来的博士学位论文《基于 PISA 的学习素养评价系统设计》中的"第二章 研究的相关理论基础"为蓝本进行拓展、提炼而来。本书的特色有如下几个方面：一是在回顾了人类学习理论的基础上，从学习的物质基础、心理信息表征、符号信息传播、语义网络、知识迁移、复杂问题解决和学习动因等方面全方位地探讨了学习行为的发生机制，从跨学科的视角提出了人类的学习行为模型，思路新颖，对身处终身学习时代的每一个公民都具有一定的启发性。二是本书不仅探讨了知识的定义和生命价值，而且对知识进行了分类，研究了不同类别知识的习得特点、领域新手与专家之间的差别，有助于每一个新手在学习与实践中成为自己所从事领域中的专家。三是人类的任何行为都是有目的的，学习行为也离不开评价，而评价又离不开测量，因此，本书还探讨了学习行为评价与测量的基本理论问题。同时，本书也是接下来要出版的《PISA

视域下的中学生学习评价模式设计》的理论部分。本书既可作为教育界同仁在日常教学与管理中的参考书，又可作为任何对终身学习、素质教育感兴趣的读者的理论读物。

时光荏苒，转瞬间，自 2010 年底接触、研究这一主题起，十年已过去。笔者始终秉持"十年磨一剑"的治学之道，力争出一本自己还算满意的著作。然而，学习作为人类大脑的高级机能，其中的许多问题迄今尚处在探索初期，虽有加速发掘之势，仍定论阙如。虽勉成拙作，不成熟观点甚至挂一漏万之处自是难免，姑且算是笔者近年来对学习科学及其教学应用相关理论的探索与思考。在此，恳请杏坛鸿儒和学界同仁不吝赐教。

是为序。

齐宇歆
2020 年 6 月于漳州悠乐园

目 录

CONTENTS

第一章
人类学习行为概述

　　当今时代，知识学习不仅影响人们对客观事物认识的深浅程度和正确与否，更会因为知识化后产生的工具性革命而密切影响人类的日常生活、学习方式和工作方式。无疑，它已成为人类最基本的生存方式和发展方式。特别是自20世纪80年代以来，教与学理论终于挣脱了传统教育心理学的单一束缚，学习者的人性、个性与多元价值不断得到合理彰显，心理主义的学习本质观和功利主义的学习价值观有所松动，人们逐步从哲学与人性、认知心理学、系统动力学、文化传播学和人本主义解释学等诸多学科来进行全方位的研究，学习科学在向纵深发展的同时又相互交叉、整合，领域知识更新与转化为生产力的周期愈来愈短，21世纪已蜕变成为名副其实的知识化时代与终身学习时代。[①] 在这一背景下，教学活动的开展已不再是给学生传授现成的书本知识与结论。事实上，任何教师也不可能将浩如烟海的知识全部传递给学生，而应该让学生在学习中学会如何学习、学会与他人合作与交流，培养学生的自主学习能力，使学生能将学习活动紧密地与自身的生活与社会实践联系起来，突出问题解决能力与创新意识的提升，让学习在实际应用中增值，更好地为学习者及其群体的生存与发展服务。这些基本理念已成为国际教育与学习界的共识。

第一节　人类在进化中学会了学习

　　学习是人类的基本功能与属性，因此，我们不禁要问：我们人类究竟是什么？从哪里来？又将到哪里去？这些问题牵涉到对人的认识和未来走向问题。

---

① 李丽. 生存学习论 [M]. 上海：华东师范大学出版社，2009:5-6；桑新民. 学习究竟是什么？——多学科视野中的学习研究论纲 [J]. 开放教育研究，2005,11(1):15.

虽然人们一直关心并在积极寻找答案，但至今还有一大片未曾涉足的荒漠。不过，有证据表明：和其他生物一样，人类也是地球长期发展、演变的产物。[①] 据推测，由岩石圈、水圈和大气圈所构成的地球的形成大概是在 45 亿年之前，而地球上出现生命大约是在 38 亿~35 亿年之前，大体经历了从无机小分子（如水、氨气、氢气、甲烷等）到有机小分子（如氨基酸、核苷酸、葡萄糖等），再到生命大分子（如蛋白质、核酸、多糖、脂类）、多分子体系和原始生命（如具有新陈代谢、繁殖功能、一定环境适应性的团聚体和微球体）这样四个演化阶段。[②] 水溶液中的团聚体（coacervate）和微球体（microsphere）具有自动聚合作用且表面具有催化功能，因而能够不断吸附、聚合不同种类的单体并产生更高级的原始蛋白和核酸，也逐步形成了原核细胞和更为复杂的真核细胞，此后就是多细胞生物。细胞表面上具有半通透性脂质 – 蛋白质界膜。这层膜具有选择透过性，对外起着屏障作用，同时，内部含有生命信息存储、表达的核区和各种具有生命功能的细胞器，因此，细胞能够进行独立代谢，自行生长与分裂，使细胞成了有机体形态结构和执行生命功能与活动的基本单元。[③]

人类进化史复杂而漫长，在历史上曾经出现过拉马克（Jean-Baptiste Lamarck）的"用进废退""获得性遗传"学说和达尔文的"自然选择"论。但是，现代生命科学和分子生物学都表明：[④]（1）从单细胞生物到多细胞的动植物，蛋白质都是其最基本的物质，且其化学性质较活跃，种类相对较多，具有较好的环境适应性，在保持人体器官的正常形态、抵御外界伤害、维持正常生化功能方面都是最直接或间接的责任承担者。（2）细胞核中含有遗传物质载体 DNA，它的结构比较稳定，能够被转录成 RNA，通过翻译控制着蛋白质的合成，形成遗传信息流，而其中的核糖体又为蛋白质的合成提供场所。这样，子代在遵守"中心法则"（central dogma）的单程性中就保留了父代的基本功能与形状。（3）当子代的生存环境能够完全满足父代 DNA 的遗传效应表达时，其生存环境也会反过来通过一定的蛋白质环境饰变（environmental mutagenesis）去调控 RNA 中的遗传信息表达，使经过穿插与整合后的 DNA 片段信息表达更为充

① 李华金. 人是怎么来的 [M]. 北京：现代出版社，2017:6.
② 王鸿生. 科学技术史 [M]. 北京：中国人民大学出版社，2011:265-267.
③ 傅松滨，王培林，刘佳. 医学生物学 [M].8 版. 北京：人民卫生出版社，2013:10-14.
④ 曹家树，曾广文，缪颖. 生物适应进化及其分子机制 [J]. 大自然探索，1997,16(4):51-53；裴娟萍，钱海丰. 生命科学概论 [M].2 版. 北京：科学出版社，2008:36-46.

分，产生逆转录（cDNA），从而进一步加强原来的遗传效应。如果强度够高且时间够长，经过多次高频转录，RNA 中的遗传增量就被记录到 DNA 遗传信息库中，从遗传上强化原来性状或产生新的性状时，就实现了进化，而那些长期抑制 RNA 转录的环境会使表达父代性状的 DNA 链区在封闭中部分丢失或完全消失，形成退化。（4）作为一个开放、复杂而又高度有序的自组织系统，生物体必须源源不断地从外界环境中获得高级形态的物质、能量，利用其自由能，才能实现自身的维持和发展。依据耗散结构理论，生物体的生存是一个熵不断减少的过程。① 它与环境之间的负熵流越大，越有利于个体生存与种群的进化。环境的物种多样性与个体、种群进化之间是一种协同共生的关系。（5）生物的种系进化表现为一种向上的树状分支结构，环境对物种有筛选、保留的自然疏枝（natural thinning）作用，② 而有目的、有创造性的人类还可以通过人工修剪（artificial prune）的方式进行定向培育和选择（如学生的学校教育、植物栽培和动物驯养等）。总之，环境可带来的是环境饰变和获得性遗传，而遗传是个体及其种群进化的保障，个体及其种群对环境的适应是进化的原因，个体及其种群与环境之间所产生的负熵流则是进化的动力。遗传与进化的过程如图 1.1 所示。

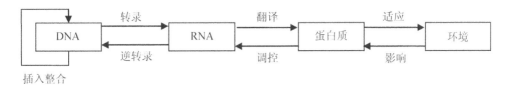

图 1.1 遗传与进化的过程

据考古学家和古人类学家推测：自人猿分离后，人类在地球上的存在也才两三百万年的历史。③ 在瑞典生物学家林奈（Carl von Linné）的二界分类、美国生物学家科普兰（H. F. Copeland）的四界分类和美国生物学家魏泰克（Robert Harding Whittaker）的五界分类等系统中，人类都属于真核生物，从属于动物

---

① 1944 年，薛定谔在《生命是什么？》中提出"负熵"概念并认为有机体是依赖负熵为生的。1967 年，普利高津创立耗散结构理论，提出了有序性原理和"熵流"的概念。吴国林，孙显曜. 宇宙的耗散结构模式探讨 [J]. 自然辩证法研究，1993, 9(5):57-68.
② 曹家树，缪颖. 生物多样性的进化原理及其保护对策 [J]. 生物多样性，1997, 5(3):220-223.
③ 龚缨晏. 关于人类起源的几个问题 [J]. 世界历史，1994(2):95-98.

界、脊索动物门、哺乳纲、灵长目。① 有资料表明：人类祖先的出现可以追溯到四次大冰期和三次间冰期的更新世时代。那时候，环境的变化促使所有动物都必须适应新的环境。

考古学、地质学、血清学、解剖学和人类学等现代科学都表明：大约 500 万年前，灵长类的一个旁支走上了人科化的道路；大约在 400 万 ~ 100 万年前，人类的祖先进化到了最早的人科南方古猿；约 200 万 ~175 万年前又进化到了能人或早期猿人；约在 200 万 ~20 万年之前才进化到直立人；在 25 万年和 4 万年之前才先后进化到智人和新人，此后才是现代人类（参见图 1.2）。②

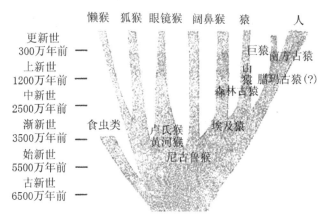

图 1.2　人类进化树示意

作为地球上目前已经被识别并予以命名的 150 多万种动物之一③，人类必须不断地与外界进行物质代谢、能量转换和信息交换，才能在有限的生存空间里赢得相对的竞争优势，将自己的种族延续下去。当环境出现新的变化时，还能通过以反射（reflex）为中心的神经调节和以激素为基本载体的体液调节方式来

---

① 生物的分类是随着科技水平的发展而不断完善的。其中，二界分类是以生物能否运动作为划分标准，将所有生物分为动物和植物；四界分类则以细胞是否含有细胞核、细胞膜和细胞壁作为划分标准，将全部生物分为原核生物界、原生生物界、动物界和植物界；目前，大家比较公认的是以细胞结构和营养方式不同作为划分标准，它将全部生物划分为原核生物界（没有细胞核，如细菌）、原生生物界（只有单细胞或单细胞群体，如绿藻）、植物界（通过光合作用实现自养，包括藻类、苔藓、蕨类、裸子植物和被子植物）、真菌界（通过腐生物质实现异养生存，有核膜和核仁，如藻菌、子囊菌、担子菌等）和动物界（不能将无机物合成有机物，以摄食植物、动物和微生物为生，有专门的消化管道和器官）。傅松滨，王培林，刘佳. 医学生物学 [M].8 版. 北京：人民卫生出版社，2013:112-118.

② 李喜先，等. 知识系统论 [M]. 北京：科学出版社，2011:10-11.

③ 刘学礼. 生物分类和多样性保护 [J]. 生物学杂志，2004,21(3):61-64.

应对环境的变化，以维持体内环境的相对稳定。[①] 这种与周围环境不断进行交互并最终在结构和功能上表现出对新环境的协调与平衡的能力就是生物体的高度适应性。这也是包括人类在内的所有生物体的最基本属性。人和其他生物体的最根本差别是劳动，或者准确地说是创新性劳动。在共同劳动过程中，出于情感沟通与分工合作的需要，语言产生了。随着对火的利用，熟食的使用不仅扩大了人类的食物范围，而且也增强了人类的体质，并且促进了铜、铁等金属冶炼技术的出现，生产工具在劳动中不断得到改进，生活方式也得到了一定程度的改变，人脑容积由类人猿时期的大约400ml变成了现代人的1400ml左右[②]，不仅重量大大增加了，而且功能也不断分化并在使用中增强了。为了实现种族的生存与发展，人类必须将生产、生活经验一代一代传承下去，这种被传授经验的过程也许就是最原始形态的学习。在文字被发明和印刷技术出现之后，尤其是因特网出现后，人类的经验、知识的传承和传播方式得到了根本性的改变。

事实上，人类的生存、进化史就是一部学习与被学习，在传承中不断实现创新和超越的历史。但是，究竟什么是学习？学习最显著的特征有哪些？学习的过程，尤其是潜移默化式的内隐学习是怎样引发和持续下去的？遗传与环境在学习中又各起什么作用？为什么我们对于某些知识容易记住而对另外一些知识则容易健忘？为什么同一班级的学生聆听同样的教师讲课，做同样的作业，其学习效果会有如此大的差异呢？哪种方式的学习便于将学习结果迁移到陌生的问题中去？对学习活动给我们的工作、生活带来的好处，应该怎样进行科学或合理的评估？学习在人的一生当中应该居于何种地位？ 诸如此类问题，不一而足，可我们至今仍然没有比较肯定而清晰的答案。

第二节 "学习"的定义及其内涵解读

学习是心理学、生物学、教育学、语言学、生命科学、人工智能等许多学科共同关注的主题之一。由于其普遍性及其表现形式的多样性，各学科都是从某一特定的视角对其进行观察与解释。针对学习到底是什么，仅在心理学领域

① 贺伟,李光辉,张洁琼.正常人体机能[M].武汉：华中科技大学出版社,2011:20-24.
② 李华金.认识怎么来的[M].北京：现代出版社,2017:68-69.

就存在如下不同的典型说法。①

（1）学习是由练习、强化引起的有关行为潜能的持久性变化。

（2）学习是由练习或反复经验而引起的心理和行为的变化。

（3）学习活动普遍存在于一切有机体中，人和动物都可以从事学习活动。作为适应手段，使学习者产生适应性变化是学习的基本特征。

（4）学习即通过正规的教育与适当的训练以获取知识、掌握技能的过程。

（5）学习是在理解、态度、知识、信息、能力以及经验技能上所习得的相对恒定变化的一种过程。

（6）学习现象的存在与开展必须以一定的生理的、化学的、功能的物质基础为前提。

（7）学习并不都会表现为有机体的外部行为变化，它还可以表现为学习者内部的心理变化，或者是神经系统的生化反应。

（8）学习活动涉及一系列的环节与过程。学习者最初获得的知识可能会在头脑中予以保持，即记忆，也可能会随着时间的推移而发生消退，这种增强或淡化都会影响到后续的学习行为。

（9）影响学习的因素有很多，学习者的感知觉水平、学习动机、认知风格、发展层次、社会文化等都会影响学习。

（10）学习可以在有意识状态或无意识的状态进行，而且可以和其他心理活动共同出现，产生更为高级的、复杂的心理活动，如言语习得、认知信息加工、问题决策等。

（11）和其他一切心理活动一样，在生理层面，学习也是大脑对环境刺激的反射活动，而在心理层面，则是对刺激信息的意义解释。

（12）学习就是通过经验或研究来获得知识、理解和掌握的过程。

……

尽管对于学习行为的表述各不相同，但是，我们依然可以从心理学的视角为学习给出这么一个界定：学习就是有机体（包括人和动物）在自身的社会生活过程中通过实践或者练习、训练所获得的，由于经验而产生的相对持久的心

---

① 姚梅林. 学习心理学：学习与行为的基本规律 [M]. 北京：北京师范大学出版社，2006:4-6；卢家楣. 学习心理与教学：理论和实践 [M]. 3版. 上海：上海教育出版社，2016:4-5；卢家楣，伍新春，桑标. 现代心理学：基础理论及其教育应用 [M]. 上海：上海人民出版社，2014:31-32；B.R. 赫根汉，马修·H. 奥尔森. 学习理论导论 [M]. 郭本禹，崔光辉，朱晓红，等译. 上海：上海教育出版社，2011:2-3.

理或行为变化过程。① 其他类似的定义也许略有差异，但是，有四点是可达成共识的：

第一，学习是一种对环境的适应性活动。

学习者个体要生存与发展，第一步是实现生存，在物质、能量、信息等方面与外界环境保持联系与协调才能进行。这种适应包括了生理适应与心理适应两个方面。在外界环境变化，如温度、湿度等天气变化的影响下，个体的生理结构、生理机能和行为产生适应性变化，称为生理适应。个体的心理结构、心理功能与行为所产生的变化称为心理适应，如恐惧感、陌生感等消失。当在外界入侵者进入（如病菌等）、原有食物源出现短缺、气候变化异常或其他自然灾害不期而至时，人类个体仅依靠生理调节去适应新环境时，常常不能够维持新的平衡，必须通过学习来寻找更多的规避措施，或开拓新的生存空间，因此，学习也就成了人类繁衍、进化的基本方式。人类的发展进化史就是一部人类不断学习、增强其应变策略有效性的历史。从大的方面讲，学习不仅是一种思维活动，而且是一种意识唤醒状态，是人类主观能动性的一种表现。

从功能角度来看，学习始于对人与事物之间或者事物与事物之间的关系、影响的观察和了解，通过对过程机制的分析与概括，掌握其变化规律，最终实现对环境、事物的预测和控制。不过，这种认识和掌握不是一步之功，而是无限次循环与累积。在皮亚杰（Jean Piaget）1977年提出的学习与认知螺旋模型（见图 1.3）中，倒置的圆锥 A（学习或认识主体）的外围被一个实心外壳所包裹着。这层外壳表示认识主体与外部环境的交互性活动在这里进行。其中，E 和 E' 分别表示经验抽象与反身的"框架"（例如，对某一组协调性动作自身的抽象，或者某一新的但并不一定正确的观念），螺旋 A 是一种反身抽

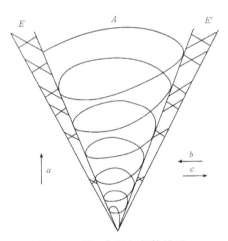

图 1.3 学习与认知螺旋模型

---

① 周宗奎.青少年心理发展与学习 [M].北京：高等教育出版社，2007:278-281；施良方.学习论：学习心理学的理论与原理 [M].北京：人民教育出版社，2000:2-5.

象或逻辑—数理认识的内源过程。[①] 向量 $\vec{a}$ 则表示一系列有层次差异的认知结构水平序列。向量 $\vec{b}$ 代表因为环境因素所产生的变化以及所产生的结构不平衡性，尽管它在图1.3中是横向标示的，然而实际的情况可能会是偏上或者偏下。它表明：环境事件既可以与它处于同一水平的内源过程进行交互，又可以与相对应的建构过程高一级或低一级的水平产生交互。向量 $\vec{c}$ 表示探索，虽然带有尝试—错误性质，但也有可能产生一种完全内源性的综合，或引起局部的重新建构。

由于我们总是在解决前面问题的同时又会提出更深层次的新问题，因此，学习认识螺旋图既不是一条直线，也不是一个封闭起来的圆圈，而是一条动态向上开放的，并且其开口直径会越来越大的螺旋线。其中，每一个连续不断的相对平衡状态即为一个发展阶段，并为新的不平衡创造了可能性。这些螺旋线上的每一点都象征着学习者个体的学习，既取决于学习者的神经系统与内分泌系统的成熟水平，又取决于他所处的物理环境、社会环境和自我调节能力。

第二，学习结果是行为或者行为倾向的变化。

尽管个体在进行学习时所产生的内在心理结构变化通常是无法直接观察到的，但是，学习者的外显行为[或者称为行为表现（performance）]却是内在心理结构进行调节的结果。这样，实践中，我们都是通过外显行为的变化程度来了解、估测与评定学习者的状态，从而达到将内在的学习机制外显化，探讨学习过程及其规律的目的。通常情况下，学习所带来的行为变化可以通过一系列典型指标加以反映，如行为反应的总次数、每次持续时间、行为强度、行为速度等。当然，这些变化并不一定总是引发、诱导产生新的行为，也可以是减少或者完全终止原来的某些不合理行为。总之，只要能有效地使自身适应于外界环境的变化，"有所为"与"有所不为"地位同等重要。还有一种情况必须加以说明：学习所产生的直接影响不会立即带来外显行为的变化，而只是将这种习得的知识与经验暂时储存于大脑之中，等待以后相应的情境合适时才会涌现，也就是说还只是一种潜在的变化，或者更准确地说，是态度上的变化。

---

① 皮亚杰认为：个体与环境的交互才是学习与认识唯一来源，因此，个体与环境之间必须产生动作。个体作用于物体后所获得的物体特征，被称为物理经验（physical experience），而个体能主动地理解动作，并在动作之间产生协调，则是数理—逻辑经验（logic-mathematical experience）。这样，知识就是来源于动作，而不是直接来源于客体。施良方. 学习论：学习心理学的理论与原理[M]. 北京：人民教育出版社，2000:179-181.

第三，个体直接的或间接的经验是学习的基础与依据。

人类个体的行为变化可能是由学习所引发的，也有可能是由生理成熟、药物等其他因素所促成的。当且仅当学习者通过亲身经历与实践这样的直接方式，或者通过考察、研究等间接方式来习得经验，并且在现在或将来外化于具体行为之中时，我们才说，学习是真实地发生了。不能否定，生理的自然成熟、药物服用、机体疲劳或损伤、衰老等许多因素都能引起某些新的行为。但相对而言，人体自身生命周期中的变化，如成熟、衰老等，其过程非常缓慢，而由学习所产生的行为变化则相对较快。疲劳或损伤等因素只会使行动效率、行为准确性有所降低，相反，学习则会提高学习者的行动效率与行为准确性。另外，兴奋剂、镇静剂之类的药物所引起的行为变化一般只能持续较短时间，而学习所带来的行为变化则是长期、稳定，甚至终身的。

第四，内化的过程与程度是学习最核心的问题。

外部事物及其运动是如何被塑造成我们的内部体验的？有哪些内在因素在影响着外部世界被感知、整合的方式？如何使个体的内部世界与外部世界逐步相符并最终达到完全一致？答案就是内化（internalization）。简言之，内化就将外部事物变成内部认识的过程。这一概念包括了合并（incorporation）、内射（introjection）和认同（identification）三种不同水平。[①] 其中，"合并"就是将一件事与已经存在的其他事情结合在一起。"内射"是潜意识地将客体的特征结合到自己原有的认识之中，产生结构性同化。"认同"则是在潜意识里自动地将外部客体纳入自我之中并成为整体人格的永久性组成部分，是感知、记忆、幻想的综合体，也是建构表象世界的主要方式。客观世界及它在个体头脑中能达到完全相符和一致，也就是主、客观同一性的实现才是最成熟的内化水平。这种辩证唯物主义的反映论承认客观世界是可以被认识的，但是必须充分发挥认识主体的主观能动作用。因此，这种主、客观同一性的取得不是一蹴而就的，而必须经过多次甚至是无限次反复，并最终在实践中得到检验与确认。

---

① 柯纳斯，詹姆斯. 内化：内部现实的起源与构建 [M]. 王丽颖，译. 北京：北京大学医学出版社，2008:6-16.

第三节　人类学习行为的研究史

人类的学习史悠远漫长，但是，真正开始对意识与学习的科学进行研究并使心理学从思辨走向科学却是从威尔海姆·冯特（Wilhelm Wundt）于1879年在德国莱比锡大学创建世界上第一个心理学测量实验室算起的。[①] 一个多世纪以来，教育心理学家们和学习心理学家们先后从不同的视角来考察学习行为，业已形成了一系列既相互关联又主张各异的学习理论。对于学习机理的解释，目前大体可分为三个基本流派：[②]（1）行为主义（behaviorism）流派，认为学习是刺激（stimulus）—反应（response）之间连接的强化（reinforcement）；（2）认知主义（cognitivism）学派，认为学习是心理认知结构的改变；（3）人本主义（humanism）学派，认为学习是自我意识、自我价值的体现。珀金斯（D. Perkins）与萨洛蒙（G. Salomon）从历史的角度，依据学习活动出现的先后顺序，提出了四种不同类型的学习理论：[③]（1）古典学习理论，主要依据形式训练（formal discipline）方法来学习语言（如希腊语、拉丁语等）与逻辑学，重在培养学生的心智。（2）早期认知学习理论，认为人类的智慧与娴熟的智慧活动的实质就是通常的思维能力与逻辑推理能力，因此，教学活动的开展就是给学生教授一般的思维技能与问题解决策略。（3）认知中期学习理论，主张脱离某一专业领域背景的一般技能不能代表人类智慧的熟练程度，必须依据某一领域的广泛知识与经验来构筑基于这一具体领域的智慧，知识、技能与表象等领域内的问题解决能力才应该是学校教育的重点。该理论出现于20世纪70年代中期。（4）整合学习理论，亦称为"新综合学习理论"，出现于80年代初期。该理论提出：对于某一新领域，即使是原有知识较少，但只要能有效调节自己的思维活动，恰当运用一般性的策略与技能，也能对新领域内的知识进行有效学习，并解决领域内相关问题。领域内专业知识、元认知技能与常规学习策略乃是人类智慧娴熟运用的精华，渐次形式化[④]，从"记忆与训练"走向"理解与应用"才是有效学习的合理转变。

---

① 叶浩生.西方心理学的历史与体系[M].2版.北京：人民教育出版社，2014：94.

② 施良方.学习论：学习心理学的理论和原理[M].北京：人民教育出版社，2000：2.

③ 美国学术研究促进会.变革教学：认知心理学的新挑战[M].森敏昭，等译.京都：北大路书房，2004：29-127.

④ 指通过不同阶段，有顺序地、一步一个脚印地将学生原有的非正式概念转变为正式（形式）的概念。

　　对学习的深入研究必然会触及两个基本问题。第一，学习是知识、技能的学习，也是经验的学习，但是，我们是怎样观察、理解我们周边所存在的事物的状态与性质的？这种观察结果只是主体的一种看法，抑或是客观的知识，甚至是主观的谬误？知晓（knowing）的最合理方式是什么？关于这个问题，自古就有经验主义和理性[①]主义之争。虽然他们都是可知论者，认为人的思维能够正确地认识客观实在，但是，前者以客观性和同一性为基本目标，认为人类的学习行为主要是感觉、知觉与表象，而且可以分解成多种影响因素。人们可以分析这些因素的特征以及相互作用，学习行为具有可观察、可测量的特征。其主要代表人物包括培根（Francis Bacon）、洛克（John Locke）、贝克莱（George Berkeley）和休谟（David Hume）等，而后者认为感觉经验是相对的、个别的，因而也是靠不住的，只有依靠学习者主动地检索原有的记忆内容，运用逻辑加工，形成概念，进行严密的演绎推理，最终才能取得一种表象下的深层结构（如后面将提到的图式），其主要代表人物有笛卡儿（Rene Descartes）、斯宾诺莎（Baruch de Spinoza）、莱布尼茨（Gottfried Wilhelm Leibniz）等。显然，经验主义多停留在直观、片面阶段，带有一定的狭隘性，普适性不够，而理性主义将逻辑思维这一与外部世界进行互动的工具当作最高形式，将理性视作科学的代名词，把人看成是绝对理性而完全没有感性的动物，不仅容易忽略人类情感的丰富性，也可能出现形式化、表面化的错误。最近十多年来，一种突出主体的亲自参与，以体验—理解—解释为中心环节，以追寻意义为基本宗旨的人本主义解释学（hermeneutics）认识论在悄然兴起，并且成为一种主要的质性研究方法。[②]这种认识论认为人类的一切活动都具有科技、文化、生产方式的社会文化历史局限性，因而认识是具体的、有条件的，也是主观的，我们只能无限地逼近真理，所得到的知识都是相对真理，主体的认识角度、知识结构、爱好偏见、主观意志乃至社会政治立场、时代局限等都会干扰我们对真理的认识，因此，认识必须结合活动的文化历史环境、具体实施场景、个体的价值与信念等因素，才能在这样一个错综复杂的关系整体中探寻人类活动的全部意义。第二，如何对学习活动的动机、过程、结果、性质进行恰当的表征与解释？如：学习活动的物质支撑机理是怎样的？个体及其物理、社会环境信息是如何支配与调

---

① 理性是指能识别、判断、评估实际理由以使人的行为符合特定目的的智能。
② 孟娟. 心理学经验主义、理性主义与解释学认识论的比较研究［J］. 心理科学，2013，36（5）：1276.

节学习行为的？习得后的知识在大脑中是如何表征的？对这种结果应该怎样进行客观而公正的评价并不断改善？如何合理解释学习的个体、群体意义？这种对于学习过程、学习实质和学习规律的不同假设、不同界定与表述就构成了不同流派的学习理论。① 例如，联想主义者认为来自感觉的经验形成了我们头脑中的观念（实质是一种记忆与概括），而不同的观念可以通过联想而结合在一起并依次得出了邻近律、相似律和对比律这样三条学习规律；认知主义者则认为学习是个体主动地、有选择地作用于环境的过程，知觉、经验的分类、概括与组织是学习的基本形式，必须注重学习要素之间相互作用所形成的整体性，运用的是概念、判断、推理、论证等形式逻辑过程，得出的结论是同一律、矛盾律和排中律三条基本定律以及论证的充足理由律；人本主义者则以人的生存和发展为切入口，将学习作为一种基本的生存方式，以多层次的立体人为依据，注重学习过程中的情绪、情感体验，追求平等、尊严与个性，通过潜能释放实现自我发展、自我完善。可以说，这两个基本问题就是两条基本线索，一直贯穿于本书的探讨之中。

概括地说，人类的学习作为一种自我启发、自我教育行为，这一过程所涉及的基本要素只有认知因素和情感因素。其中，认知的目的在于理解，理解的目的在于制造或改进工具以实现趋利避害，也就是应用，而人类又是生物性本能需要和社会性发展需要兼有的生物体，情感的影响因素不仅众多，而且也是变化、发展的，极为复杂，因此，人类对于自身学习活动的认识也是逐步深入的。近一百年以来，人类对于学习的研究已经经历从单纯地关注外在的学习环境，到关注个体的内部认知结构与心理加工过程，再到同时对大脑神经网络、个体的社会文化情境进行研究这样三个不同的阶段。② 20世纪四五十年代，由于计算机的发明，世界各国的心理学家们逐步接受了计算机的工作机制与人脑的思维机制十分类同的观念：人类的问题解决思维与储存程序的计算机工作过程都是一种信息处理系统。自此，对人类学习的科学研究已经涉及哲学、神经科学、学习心理学、教育心理学、发展心理学、教育学、语言学、人类学、计算机科学、人工智能等许多分支学科，学习研究人员采用新的理念、新的设备、新的方法从多学科视角去研究人类的认知过程与知识习得机制。

---

① 刘儒德. 学习心理学 [M]. 北京：高等教育出版社，2010:4-5.
② 韦洪涛. 学习心理学 [M]. 北京：化学工业出版社，2011:6-8.

第四节　人类学习行为的逻辑构成

作为大自然中的精灵，人是一种同时集生物性和群居性于一体的客观存在。奥地利精神分析学家弗洛伊德（Sigmund Freud）认为：① 人性具有三个最基本的组成部分，即生物本能层面的本我（id）、带有意识与理性成分的自我（ego），以及良心、道德层面的超我（superego）。其中，本我是先天的生物本能，也是一种最基本的需要，它具有即时满足的特性。自我汇聚了感知觉、学习、记忆和推理等成分，其作用是借助现实手段去满足本我，能够约束某些本我冲动。超我则是道德观念与社会规范的内化与习得，它要求自我通过社会规范所允许的手段去满足本我冲动。这三种成分不仅相互制约，而且处于一种动态平衡之中。这里，理性、认知和学习通常在本我和超我之间起着调节作用，以帮助个体更好地解决需要与现实之间的冲突。

在实用主义哲学家杜威看来，人类总是会通过不断调整自己的行为来适应当前的新环境，而人和其他动物之间最大的不同就在于人具有思想。思想主要来源于其过去的经验和当前活动的内容，并且具有工具性特征，能够帮助人们更好地去适应新环境。② 可以讲，学习是有机体除自身遗传的条件反射本能（如同婴儿生下来就会吃奶）之外的另一种适应手段。教育科学研究方法体系包含三个层面：第一层是思维方式，它以认识事物的普遍规律、一般特性为主要目标，属于哲学范畴；第二层是研究范式，以探索、认识某一领域里的事物及其规律为目标，属于学科层次；第三层是具体方法论，如现场观察法、问卷调查法、人类学研究等，它包括了多种定性研究或定量研究的收集与分析资料的方法。③ 按照 B.R. 赫根汉、马修·H. 奥尔森等人的理论，目前，主要存在五个类别的学习研究范式。④

（1）深受达尔文进化论思想影响，从动物的视角来研究，强调学习与环境适应之间关系的机能主导型。其主要代表人物有桑代克、斯金纳、赫尔（C.L.Hull）等。

---

① 谢弗，等. 发展心理学：第 8 版 [M]. 邹泓，等译. 北京：中国轻工业出版社，2013:38-39.
② 贾春增. 外国社会学史 [M].3 版. 北京：中国人民大学出版社，2008:263-264.
③ 裴娣娜. 教育研究方法导论 [M]. 合肥：安徽教育出版社，1995:9-10.
④ B.R. 赫根汉，马修·H. 奥尔森. 学习理论导论 [M]. 郭本禹，崔光辉，朱晓红，等译. 上海：上海教育出版社，2011:368-369.

（2）源于亚里士多德，后经洛克和贝克莱、休谟等人进一步发扬光大，强调联想律的联想主导型。其主要代表人物有巴甫洛夫、格斯里（E. R. Guthrie）、埃斯蒂斯（W. K. Estes）等。

（3）源于柏拉图，后经笛卡儿、康德等人进一步发展，强调学习的认知性质与作用的认知主导型。其主要代表人物有格式塔学派、皮亚杰、托尔曼（E.C.Tolman）、班杜拉等。

（4）试图将与知觉、学习、智力有关的神经生理学因素独立分离出来，将研究重点放在单个的神经元及其相连接的突触上的神经生理学主导型。其主要代表人物是赫布（D. O. Hebb）。

（5）关注进化过程对某些类型的学习影响，强调有机体的进化历史的进化心理学主导型。这方面的主要代表人物是博尔斯（R. C. Bolles）。

在当今的学习研究中，其研究范围呈现窄化与专业化的特点，倾向从学习过程的某一个侧面着手，而且将研究重点转向神经心理学的趋势日益明显，越来越讲究学习原理的实践运用功效，概念形成、风险决策、问题解决能力、人格养成等主题再次成为学习研究的重点、热点问题。[①]

在笔者看来，具有一定主动性和适应性特征的人类只是大自然中一个复杂的物质系统，而物质系统必然具有一定的结构和功能，也有一定的生存环境。作为一个自组织系统，它必然离不开边界、构件、资源的流入和流出、反馈这五大要素。[②]要系统地从事学习行为评价研究，就必须对人类的学习行为有个整体的了解并能够明白其中主要模块的功能与作用。首先，学习必须具有一定的物质基础。这些物质基础主要是神经元、突触及其回路，因为这是记忆形成、信息存储与检索的基础。其主要联系物质是神经冲动（由钾离子、钠离子和钙离子等流动所形成的生物电，一般为几十毫伏）[③]。从环境中接收的新信息与大脑中的原有概念、观念等在神经中枢经过多级分析、比较、逻辑生成等综合处理，进行着信息加工，这是学习最核心的功能之一。其中，各功能脑区、回路等既各司其职，又相互配合、协同工作，产生的结果是逐步建立自身独特的立体化、多层次语义网络。这不仅有利于知识检索，而且有利于知识的社会性交流与分

---

① B.R. 赫根汉，马修·H. 奥尔森. 学习理论导论 [M]. 郭本禹，崔光辉，朱晓红，等译. 上海：上海教育出版社，2011:368-370.
② 许国志，顾基发，车宏安. 系统科学 [M]. 上海：上海科技教育出版社，2000:15, 249.
③ 沈德立. 脑功能开发的理论与实践 [M]. 北京：教育科学出版社，2001:17-19.

享。其次，以语言、文字等象征性符号等作为传播媒介的自我表达、人际传播不仅是个体的自身需要，更是个体走向专业化分工和社会化协作的必要途径。问题解决是个体生存和社会发展的基础，所以，学习的根本任务是学会解决问题。问题大体可以分成书本问题和现实问题，而书本问题主要是概念、原理和基本技能的应用，主要针对的是约束条件充分、答案比较集中甚至单一的简单问题，且通常是以练习、作业、考试等形式来进行检查、反馈。因此，学校里的学习主要是简单问题的解决。现实问题所牵涉的因素较多，因此，都比较复杂，其答案往往也不是唯一的。如何将所学的书本知识灵活地转变为针对实际问题的解决能力，这就是知识迁移的问题。最后，学习必须有动力支撑。它来自人性中了解未知，并尽最大可能去预测并掌控未来的生存与发展的需要及其可能性。一言以概之，学习不但是一种个体以内化为主要途径的内部信息加工活动，而且是一种以解决自身问题为目标的人类再生产活动，其终极目标是通过信息流动去求得主体（自我生存与发展）与客体（周围环境）的平衡和统一。

按照笔者根据现有资料进行的分析与推理，人类学习行为的主要功能模块及其相互依存关系大体如图 1.4 所示。

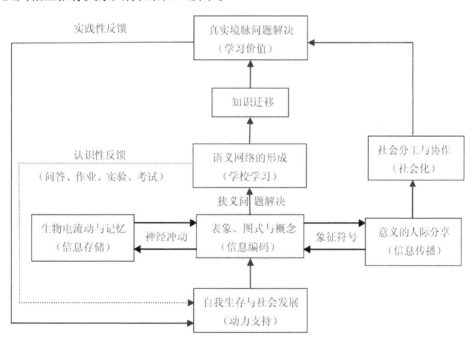

图 1.4　跨学科视野下的人类学习行为

第二章
学习与神经元的生化活动

　　1838—1839 年，德国植物学家施莱登（Matthias Jacob Schleiden）和动物学家施旺（Theodor Schwann）提出细胞是一切动植物体的基本组成单位和功能单位，从而确立了"细胞学说"，为对人类等生物体的认识开辟了新的历史篇章。[①]1909 年，西班牙神经解剖学家卡哈尔（Santiago Ramóny Cajal）在意大利解剖学家高尔基（Camillo Golgi）使用铬酸盐 – 硝酸银方法在神经组织染色的基础上提出了"神经元学说"，认为：神经元起着传递信息和储存信息的作用，而且各神经元内的电信号是树突和细胞体传入，然后沿着神经元的轴突单向传播，最后到达突触前终末。[②]就在同一时期，英国生理学家谢灵顿（Charles Scott Sherrington）提出"突触"的概念，认为：从一个神经元的轴突终末到另一个神经元或效应细胞之间是通过突触连接的，而且每个神经元可以和成千上万个其他神经元保持联系，通过突触就可以完成一个完整的反射（reflex）动作。[③]1925年，英国剑桥大学生理学家艾德里安（Edgar Adrian）利用弦线电流计在单根神经纤维上检测到了神经冲动，并且发现神经元是以频率各异但大小不变的电脉冲形式在彼此之间传递信息。[④]大体在同一时期，德国药理学家勒维（Otto Loewi）和英国生理、药理学家戴尔（Henry Hallett Dale）通过神经生化方法相继确认了乙酰胆碱这种神经递质，为突触的"化学传递说"奠定了现实基础。两位美国生理学家厄兰格（Joseph Erlanger）、盖瑟（Herbert Spencer Gasser）和两位英国生理学家霍奇金（Alan Lloyd Hodgkin）、赫胥黎（Andrew Fielding Huxley）共同检测到了安静时的静息电位与神经冲动到来时的动作电位，并且发现：这些电位的变化由细胞膜对钠离子和钾离子的通透性变化所引起，神经纤维越粗，

---

① 员冬梅. 细胞生物学基础 [M]. 2 版. 北京：化学工业出版社，2011:2-3.
② 陈宜张. 神经科学的历史发展和思考 [M]. 上海：上海科学技术出版社，2008:122-127.
③ 梅锦荣. 神经心理学 [M]. 北京：中国人民大学出版社，2011:67.
④ 胡剑锋，王堂生. 神经科学对现代社会的影响 [M]. 北京：北京大学出版社，2012:5-6.

其传导速度越快。1946 年，瑞典生理学家奥伊勒（Vlf von Euler）和美国生物化学家兼药理学家阿克塞尔罗德（Julius Axelrod）分别检测到了去甲肾上腺素和儿茶酚胺这两种神经递质。[①]1949 年，德国电生理学家尼尔（Erwin Neher）和萨科曼（Bert Sakmann）通过膜片钳技术记录了细胞膜上单个离子通道的电流量，从而在分子生物学与电生理学之间认识神经元活动架设了一座沟通的桥梁。1952 年，美国神经心理学家斯佩里（Roger Wolcott Sperry）通过将胼胝体割裂的方法，发现左脑偏重抽象思维，而右脑侧重于空间认识。美国神经分子生物学家格林加德（Paul Greengard）阐释了多巴胺等神经递质的分子机制。1983 年，美国神经生物学家坎德尔（Eric Richard Kandel）研究了海兔（aplysia）在学习与记忆过程中的突触形态、功能改变的分子机制，指出蛋白磷酸化对数小时以下的短期记忆有重要影响，而数周以上的长期记忆则一定伴随着蛋白质的合成。[②]结构与功能之间相互依存、相互适应的关系一直就是有生命物质组成的基本原则，从历史和技术的视角梳理这些认知神经生物学的研究成果，不仅有利于从分子、细胞、脑区和全脑去揭示学习记忆过程中的过程机制，也为从食物、药物（如能增强学习与记忆效果的促智药）、环境等方面合理开发、利用脑功能，提升学习效果，提供了新的可能性。

第一节　突触与记忆的形成

在神经科学家们看来，学习就是大脑对环境刺激信息的感知、处理与整合。[③]不同类型的学习活动到底会涉及大脑的哪些脑区或神经回路？学习活动给大脑神经系统带来了哪些变化？对这些问题进行结构、过程和功能描述就是学习的神经生化机制。虽然我们目前还不能精确地对大脑的学习机制进行阐释，但是，自 20 世纪 90 年代以来，正电子放射断层扫描（positron emission tomography，PET）和功能性磁共振成像（functional magnetic resonance imaging，fMRI）非侵入式脑成像技术被引入，能通过对大脑血流量与葡萄糖或耗氧量进

---

① 儿茶酚胺是指含有儿茶酚（$C_6H_6O_2$）的胺类化合物。它包括多巴胺、去甲肾上腺素和肾上腺素。
② 胡剑锋，王堂生. 神经科学对现代社会的影响 [M]. 北京：北京大学出版社，2012:5-8.
③ 经济合作与发展组织. 理解脑：新的学习科学的诞生 [M]. 周加仙，等译. 北京：教育科学出版社，2010:7.

行测定，使得确定包含有上千种神经元的相应区域在精确到秒的时间单位内的平均活动水平（大脑部位的活动强度一般与红细胞的数量成正比，当红细胞失去氧后就呈现磁性）成为可能，再辅之以能精确到毫秒级的时间精度，能直接观察到单个神经元活动电压的单细胞记录方法，这样，辨别、确认特定大脑区域内的神经元类型，了解神经元在不同学习类型或不同学习阶段中的作用就更加精准了。

一、学习与大脑功能性分区

人类在自身漫长的生物演化过程中逐渐形成了三个不同进化等级的脑区，即爬行动物层次、哺乳动物层次和新哺乳动物层次。[①] 其中，由脑干、延髓、脑桥和小脑构成的爬行动物层次大脑负责心律、血压、呼吸、平衡感等身体最基本的生存功能，也是人类进化过程中最先进化的部分；由丘脑、下丘脑、杏仁核、胼胝体、海马体和脑垂体等组成的哺乳动物层次大脑主要负责吃喝、睡眠和情绪调节（主要是激素分泌），也称为边缘系统；新哺乳动物层次大脑也被称为大脑皮层，是人类脑与动物脑之间最具差别的部分，它控制着视觉、语言、模式识别、计划、问题推理与解决等高级思维。

人类大脑可分为左右两个半球。一般地说，左脑主要负责继时性动作，具体包括概念形成、言语、判断与推理、符号的操作和计算；右脑则负责同时性动作，包括空间感知、人体印象感知、图形图案、绘画艺术、音乐韵律等。当然，对于复杂事物的认识和操作也需要左右两个半球通过联合纤维联系起来以协同工作。[②] 每一半球的大脑皮层区域又可分为四个功能性区域：额叶、顶叶、颞叶与枕叶，其位置分布如图 2.1 所示。其中，额叶主要与躯体运动、计划组织功能相联系。它与人类特有的语言活动、社会交往等复杂机能的形成密不可分。例如，说话这一动作就是由左侧额叶上的某一个区域具体负责的，四肢活动的指令发出也是在大脑额叶之上。顶叶主要与身体感觉相关联，还负责各种感觉之间的联系和协调，如视觉、听觉之间的协同活动以及躯体感知等。枕叶负责视觉信息的处理，如我们眼睛所接收到的各种信息就是在这里加工、处理的。颞叶负责加工各种听觉信息，如我们聆听他人说话时所产生的信息处理就

---

① 厄劳尔. 不可不知的用脑教学法：运用脑科学知识，促进学生学习 [M]. 黄河，陈萍，译. 北京：中国轻工业出版社，2006:7-9.

② 尹文刚. 大脑潜能：脑开发的原理与操作 [M]. 北京：世界图书出版公司，2005:52-54.

是在这里完成的。人类大脑的上述四叶的成熟时期是各不相同的，它们遵循了这样一个顺序：枕叶（视觉）—顶叶（身体感知）—颞叶（听觉）—额叶（言语和计划、组织）。[①]

依据功能的不同，大脑皮层又可划分为运动区、感觉区和联合区。不过，复杂、高级功能的实现则往往需要联合区综合多种感觉通道信息来取得。哺乳类动物的大脑皮层下结构如图 2.2 所示。不少实验资料已证实：学习会引起大脑中多个部位的变化。依据临床观察，还有对灵长类动物所进行的实验研究，结果发现：大脑的皮质联合区、海马体及其邻近结构、丘脑、下丘脑等脑区与学习有着更为紧密的关系。[②] 这些额叶区域的器质性损伤必将导致某些类别的学习无法进行，不能对输入信息进行有效处理，出现失认症、失行症、失语症等功能性障碍。进一步的皮层功能特异化研究成果表明：[③]

第一，皮层区域可大致分为主管运动过程的前半部和主管知觉过程的后半部；

第二，后半部皮层大部分区域是按照感觉通道来分工的；

第三，不论是前半部区域还是后半部区域，都存在一个加工层次问题。

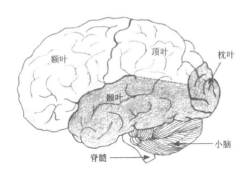 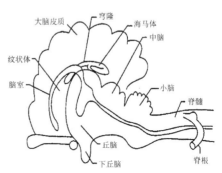

图 2.1　大脑的分区结构示意　　　　　图 2.2　哺乳类动物的大脑皮层下结构

资料来源：Odile Pavort for the OECO.

加工层次的基本情况如图 2.3 所示。在前半部皮层中，初级运动区处于中

---

① 这是一个有趣的现象：人类负责说话和聆听这两个功能动作的信息处理分别在额叶和颞叶上。尹文刚．大脑潜能：脑开发的原理与操作 [M]．北京：世界图书出版公司，2005：24-28.

② 姚梅林．学习心理学：学习与行为的基本规律 [M]．北京：北京师范大学出版社，2006：14.

③ 艾肯鲍姆．记忆的认知神经科学：导论 [M]．周仁来，郭秀艳，叶茂林，等译．北京：北京师范大学出版社，2008：185-186，207-209.

央沟前部。它能将各种进程投射到更高级
的、能对输出起到排序和规则组织作用的
加工区域。各分区依据相邻原则与身体位
置相对应。在后部皮层中，每一种感觉通
道都有自己的初级加工区域。这些区域中
的细胞都优先接收其特定特征的刺激。在
整个感觉维度上，区域激发特征是按照地
形图的方式组织的。随着加工层级的增加，
这些加工区域会变得越来越复杂，最后，
部分感觉加工信息流在这些多通道皮层区
域中相互融合，再投射到诸如额叶、顶叶、
颞叶等超级加工区。

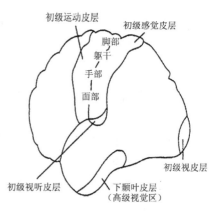

图 2.3　人脑皮层的主要功能区

二、记忆的基础：神经元网络上突触的连接强度及其变化

前面已提到，不同类型知识的学习需要不同的大脑皮层区域来参与，其
运行机制各不相同。但是，如果从分子水平和突触行为机制上来考察，则会发
现：不同类型的知识学习过程竟如此惊人地相似。这种相似之处在于：无论哪一
类别的知识学习都是依靠神经元回路（网络）中突触（synapse）强度的改变来
实现的。[①] 突触的存在及其连接强度的改变是学习得以顺利进行下去的直接生
理基础。伴随着学习活动的深入进行，大脑的神经机制也会产生永久性变化。
神经网络的这种永久性变化被称为突触可塑性。

成人大脑中大概有 1000 亿个神经细胞。在神经系统中存在两种细胞：神经
元（neurons）和神经胶质细胞（neuroglial cell）。神经元的基本功能是接收从外
界传进来的信息并依次传给其他相邻的神经元，而神经胶质细胞的主要作用在
于为神经元提供营养，辅助神经元的其他活动。尽管不同功能神经元的结构略
有差异，但是，每一神经元都有四个基本部分：胞体、轴突、树突和突触（见
图 2.4）。[②]

---

① 姚梅林. 学习心理学：学习与行为的基本规律 [M]. 北京：北京师范大学出版社，2006：15-16.
② 由于神经元极细小且在各区域中分布不均匀，所以很难准确地估测大脑神经元的总数，因而各种资料中此数目也
　许会有些差异. 卡拉特. 生物心理学 [M]. 苏彦捷，等译. 北京：人民邮电出版社，2011：30.

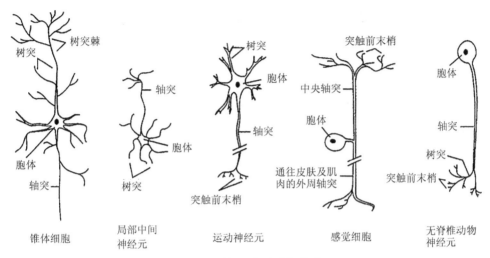

树突棘
树突
胞体
轴突

树突

轴突
胞体

锥体细胞

局部中间
神经元

树突
胞体
轴突
突触前末梢

运动神经元

突触前末梢
中央轴突
胞体
通往皮肤及肌肉的外周轴突

感觉细胞

胞体
轴突
树突
突触前末梢

无脊椎动物
神经元

图 2.4　神经元的种类与构成

典型的神经细胞都具有大量分权的树突，通常可以与几千个其他神经元相连接，从而接受来自其他神经元中的化学信号，并将化学型电位信号输送给自己的胞体。轴突是一条从胞体延伸出来并在自身表面上包裹着一层髓磷脂的长轴，电信号就是通过这条长轴实现传输的。在轴突的终端分布有许多分支末梢，被称为轴突终末。化学信号将从这里释放出去并达到其他神经元的树突。脑神经科学家们将信号传出的神经元叫作突触前神经元，而将接收信号的那些神经元叫作突触后神经元。在突触前神经元的轴突与突触后神经元的树突之间形成一个 20~30 纳米的微小空间，被称为突触间隙（见图 2.5）。[1]

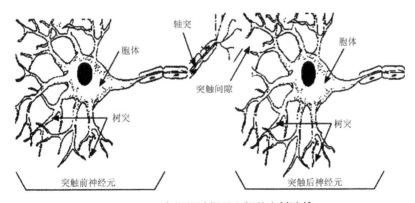

轴突
胞体
突触间隙
树突
突触前神经元

胞体
树突
突触后神经元

图 2.5　两个相邻神经元之间的突触连接

---

[1]　经济合作与发展组织. 理解脑：新的学习科学的诞生 [M]. 周家仙，等译. 北京：教育科学出版社，2010:29.

第二节　神经冲动及其传递的调节

一、两个神经元中信息的流动

由于每个突触后神经元的树突不只是和某一具体的突触前神经元联系，而是同时聚集了几千个突触前神经元，类似于一个多路输入系统，这样为数众多的突触前神经元就会叠加起来，共同对突触后神经元施加影响。正是这些突触前神经元活动水平的多路输入可以产生不同强度的连接——或增强，或减弱，或消亡，决定了大脑学习与记忆的编码过程。

在神经元之间传输信息的过程中，已经建立连接的突触为什么会出现强度变化呢？主要原因是轴突终末在接收某一电信号之后会产生并释放大量的神经递质到轴突间隙之中。此后，一部分神经递质将穿越突触间隙与接受神经元上的受体结合，接受神经元的离子泵打开，某些粒子就进入接受神经元之中（当然，也会有另一部分离子流出该接受神经元）。如果接受神经元所受到的影响达到一定的阈值，也就是说，打开的离子泵足够多，则该接受细胞的电位将出现变化，并

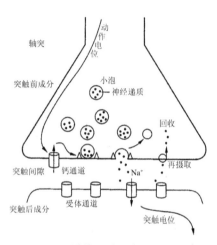

图 2.6　突触传递过程中的事件示意

沿着轴突进行传递，促使电位从胞体沿轴突扩散、传输下去。图 2.6 是对这一过程的简要说明。

以上说的是两个神经元之间的突触连接情况。实际上，这种信号传输包括了三个更为复杂的主要阶段：（1）电紧张传导（electrotonic conduction）。它从突触后成分开始，逐渐向胞体方向传输。其特点是速度极快，同时衰减也快。（2）动作电位（action potential）传导。它是由胞体的某类特定机制所引起，此后将沿着轴突向下传送到突触前成分。这类传导的速度要比电紧张传导要慢，但是，在很远的距离内也不会出现衰减。（3）突触前后成分间的传递。当动作电位被传到突触前成分时会引起突触之间的分子传递，同时将一个化学信号从突触间隙传送到另一个神经元的突触前成分。这一过程的基本

情形如图 2.7 和图 2.8 所示。[①]

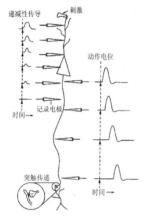 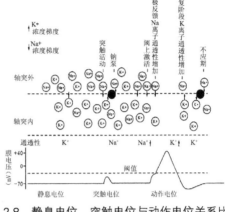

图 2.7　两个神经元的电位比较　　图 2.8　静息电位、突触电位与动作电位关系比较

　　然而，除了突触连接强度可以改变之外，在大脑依据环境刺激信息进行加工、整合的过程中，还可能新增一部分突触（称为突触发生，synaptogenesis），或减少部分突触（称为突触修剪，pruning），突触间隙或形态发生变化，甚至连接的突触数量都出现增加，这种传递效率随着学习或经验增多而得以提高的现象被称为突触的可塑性（plasticity）。它不仅为大脑在学习与记忆过程中的编码基础——"记忆痕迹"——的形成给出了一个生理学解释，而且也由此衍生出长时程增强（long-term potentiation,LTP）、敏感化（sensitization）与习惯化（habituation）等行为表现方式。在学习过程中，人脑的神经细胞结构、功能都会产生变化，如大脑皮质的厚度与重量都会出现增加，在某些条件影响下，滋养神经元的神经胶质细胞以及为神经细胞提供血液营养的毛细血管等都会产生某种变化。[②]但从神经生理学的角度来看，个体大脑内神经元数目的多少、具体连接时神经回路的多少、突触连接的强度最终决定了大脑的学习能力。[③]

二、神经元中信息的调节

　　神经元的基本连接方式有三种：化学突触、电突触和毗邻交互作用。但是，

①　艾肯鲍姆. 记忆的认知神经科学：导论 [M]. 周仁来，郭秀艳，叶茂林，等译. 北京：北京师范大学出版社，2008:33-35.
②　美国学术研究促进会. 变革教学：认知心理学的新挑战 [M]. 森敏昭，等译. 京都：北大路书房，2004:126.
③　经济合作与发展组织. 理解脑：新的学习科学的诞生 [M]. 周家仙，等译. 北京：教育科学出版社，2010:28-29.

对于人类等哺乳动物来说，最主要的是化学突触。[①]也可这么说，环境刺激信息在神经系统中皮层及其下组织之间的闭合神经环路上的传递过程就是一系列化学变化过程。人类的神经系统是通过记录神经细胞之间的连接强度来实现对记忆的编码。学习的神经生化机理主要涉及神经递质、神经调质等功能性物质在学习过程中的活动与作用。其中，神经递质（neurotransmitter）则是使学习得以正常进行的最基本的物质基础。不过，人在兴奋时所产生的神经递质不是少数几种，而是在 50 种左右，并且神经递质不同组合方式的释放将影响大脑的活跃、敏感程度。有实验结果表明：当大脑中的乙酰胆碱、乙酰胆碱酯酶含量较高时，大脑的学习能力会较强；脑内氨基酸 [如 r– 氨基丁酸（GABA）、谷氨酸等] 也参与并影响了学习中的记忆调节；去甲肾上腺素、多巴胺则可能是使通过觉醒、情绪为桥梁来影响学习过程的。当然，在学习过程中又会反过来在大脑中引起一系列生物化学变化。总的说来，下列因素都会影响到神经元之间的信息传递与学习。

（一）能量代谢

通常状态下，大脑的重量约为整个身体重量的 2%，不过，在人体静息状态下，其耗氧量和耗能量却占了整个身体的 20% ~ 25%，远远超出了身体的平均比例。造成这一现象的主要原因是：脑部没有糖原，也没有作为能量储存的脂肪和蛋白质可用于代谢分解，只能由血糖供应，大约每天消耗葡萄糖 100 克。[②]在大脑所需要的全部能量中，有 99% 的能量来源于葡萄糖的代谢产物。而这些葡萄糖又是通过血液的不断循环来供给；同样，为了保证学习过程的正常进行，大脑皮层相关部位的血流速度也会加快，以便为这些大脑区域皮层提供更多的氧气量。这样说来，血流量的不足和提供氧气的不充分都会干扰正常学习活动，或者降低学习效率。在对学习活动的相关研究中，脑区域性代谢率是反映学习过程中脑功能变化的一项灵敏性指标，利用正电子发射层扫描技术以及放射性 F– 脱氧葡萄糖法可对人类在学习活动中脑的区域性葡萄糖吸收率进行无损伤性连续测量。[③]

---

① 张庆柱 . 基础神经药理学 [M]. 北京：人民卫生出版社 ,2009:17.
② 在血糖水平较低时，脑组织也能有效地利用葡萄糖。但是，在长期（如 3 ～ 4 天）饥饿时，大脑会将肝脏生成的酮体作为能源。查锡良，药立波 . 生物化学与分子生物学 [M].8 版 . 北京：人民卫生出版社 ,2013:260-261.
③ 姚梅林 . 学习心理学：学习与行为的基本规律 [M]. 北京：北京师范大学出版社 ,2006:17-18.

（二）蛋白质

蛋白质（protein）通常是由 20 多种 α- 氨基酸构成的含氮高分子有机物，也是生命功能的主要执行者。它与学习活动有关吗？其实，20 世纪 60 年代，瑞典哥德堡大学神经生物研究所的海登（Hydén）等学习研究人员就开始了核糖核酸（RNA）与学习、记忆的关系研究。他们的研究结论是：在学习过程中，大脑中某些神经元内的核糖核酸含量将会增加。[1] 由于核糖核酸的主要功能是合成蛋白质，因此，可以推断：蛋白质与学习、记忆有着密切关系。也有研究成果表明：信使核糖核酸（mRNA）通过对酶（enzyme）这种特殊蛋白质的加速或延缓来影响突触部位的神经递质释放，从而间接地控制了某些蛋白质的合成，最终影响着学习活动。因此，在学习过程中，神经元内的信使核糖核酸含量将会增加。在早期的学习活动与短时记忆中，通常只会对业已存在的那些蛋白质进行修饰、调整，不会合成新的蛋白质，但在长时记忆活动中将产生新的蛋白质，其活动有赖于蛋白质的合成。某些代谢快、更新快但分子量较小的糖蛋白、酸性蛋白质（如 S100、14-3-2 等）在记忆痕迹的形成过程中的作用最为明显。[2]

（三）荷尔蒙

荷尔蒙（hormone）就是我们常说的激素。这种由内分泌细胞合成并通过血液流动而传递的化学信息物质能够调节机体中的组织细胞功能，进而影响到人体的生理活动。激素之所以会影响记忆的保持，尤其是在大脑皮层的轻度兴奋水平下，是因为某些激素能使大脑更好地注意当前环境的输入信息，从而间接地促进了记忆的保持。目前，也有研究发现：加压素（vasopressin）可巩固记忆效果，并促进学习者进行回忆，而催产素（oxytocin）的作用则是使记忆功能减低。促肾上腺皮质激素能提升机体的应激水平，增强注意力，改善学习效果。脑啡肽能延缓与干扰学习进程。甲状腺素（thyroid hormones, TH）参与髓鞘形成，神经元成熟、分化、迁移的某些基因表达；[3] 甲状旁腺激素（parathyroid hormone, PTH）可通过某些蛋白质对钙离子通道的抑制以维持大脑的正常思维功能，也可以通过维生素 D 向其他活性物质的转换来保护神经机能，PHT 水平过高或过

---

① Hydén H, Egyházi E. Glial RNA changes during a learning experiment in rats[J]. Proceedings of the National Academy of Sciences, 1963, 49(5):618-624.
② 姚梅林. 学习心理学：学习与行为的基本规律 [M]. 北京：北京师范大学出版社，2006:17.
③ 随力，任杰. 甲状腺激素在脑学习和记忆功能中的作用 [J]. 中国药理学通报，2010, 26(11):1538.

低都会对学习与记忆产生不利影响。①

第三节　记忆的形成及其水平度量

一、记忆形成的一般过程

在学习活动中，为什么有的学习者能过目不忘，而有的学习者却总是记不住东西呢？有研究资料表明：学习与记忆都是凭借大脑一系列皮层及皮层下的神经网络的相互连接而进行的。其中，前额和中颞叶是主要的大脑记忆皮层。②大脑后半部具有最基本的记忆功能，能够实现对信息的加工和存取，也能检索长时记忆中的原有信息。腹侧前额叶能对记忆过程中的信息进行评判，并以长时记忆中提取出的相关信息作为回应，是初级工作记忆的执行者。背侧前额叶则从事记忆信息处理的高级执行监督与调节。学习者个体对注意并感知的信息进行加工与整理，总会出现一些变化，产生一些痕迹，于是记忆（memory）就形成了。记忆使过去的经验、体会在大脑中能够识别、保存下来，在需要时顺利地被提取出来，并形成新的记忆痕迹。借助识别与保持，原有的知识、经验得以积累下来；通过再认与再现，又能恢复以前的知识经验。从信息加工理论的角度来看，学习就是编码，就是通过多次精细的复述（elaborative rehearsal），使大脑逐步能够采用一种组织结构合理、意义明确的方式把信息（知识）储存到神经回路或神经网络里，这种编码与储存的过程就是记忆。它使人们在需要的时候又可以将这些合理存储的信息顺利地被检索并提取出来，以实现新的情境应用。在人们头脑中存储的长时记忆主要是依据时空关系对物体、事件或事实进行回忆的情景记忆（episodic memory）以及依据语词、概念等符号和思维规则进行回忆的语义记忆（semantic memory）。不过，情景记忆中的信息容易受到外界干扰而出现模糊，甚至遗忘，因此，本研究更多地关注稳定性较强而且与知识学习联系更为密切的语义记忆。当然，如果需要的话，还可以依据学习的内容来重新划分，将长时记忆分为"是什么"的陈述性记忆和"如何做"的程序

---

① 原超，朱建华．甲状旁腺激素水平变化与学习记忆功能关系的研究进展［J］．实用医药杂志，2018，35（3）：267.
② Owen A M. Memory: Dissociating multiple memory processes[J]. Current Biology,1998(8):R850-R852.

性记忆。①

　　人类个体的记忆过程大致分为三个阶段。最初是通过感觉器官所看到、听到、闻到或尝到的外部信息都只能获得临时性的感觉记忆（也称为获得性记忆），其编码形式主要取决于输入信息的物理特征，但是，其中的大部分信息会因为来不及进行加工而迅速消退。如果其中少量的某些信息能进一步吸引学习者注意或需要被运用，而且能被及时识别，就会转化为与个体当前工作相关联的、保持时间在 5 秒到 1 分钟的工作记忆（短时记忆）。当学习者个体认为这些事物信息对于自身极为重要时，就会在神经网络中做更长时间的保留，进而经过编码进入一种有组织的意义系统——长时记忆。它主要采取语义编码的形式。进入长时记忆中的那些信息在个体需要时可从神经网络提取出来，以满足新的学习或应用需要。这一基本过程如图 2.9 所示。

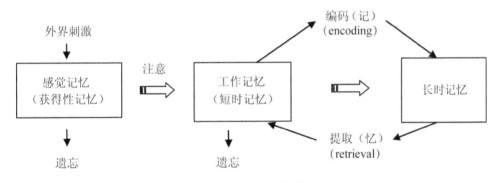

图 2.9　记忆的一般过程

　　长时记忆就是神经网络中一系列突触连接强度达到了一定的阈值并保持了较长时间，通过基因表达合成了新的蛋白质，并且在细胞水平使突触建立了新的联系。由于突触连接中原有动作电位会随时间的推移而使连接强度下降，这样，记忆痕迹就会逐渐模糊，于是，遗忘（forgetting）出现了。因此，笔者认为，个体的记忆力主要受大脑兴奋程度（包括兴趣高低）和编码情境（环境）的影响。当个体认为他所接触事物与己无关或不甚重要时，大脑的神经兴奋程度不会很高。当学习者个体对工作记忆中的信息进行编码时，如果依据原有经验产生了不准确判断或者所接收到的客体刺激信息不充分或单一，那么，在对神经网络这个海量数据库进行检索时就容易受到干扰，出现失忆。记忆的稳定

---

① 彭聃龄. 普通心理学 [M].5 版. 北京：北京师范大学出版社, 2019:217.

性主要与记忆痕迹的激活程度呈正相关。激活程度愈强，记忆的内容（线索）愈多，痕迹愈深刻，保存愈稳定。在某些特殊情境，学习者带有强烈的动机，而且对象明确，能高度兴奋，甚至于受到某些强烈情绪影响的某些事件或某些信息总是终生难忘，就是因为记忆的激活程度高，记忆痕迹深的缘故。以符合学习者认知特点且具有逻辑性的方式呈现多线索主题信息的学习材料，或者进行定期性的复习、回顾，都会有利于减少遗忘，增强记忆时效。

人脑是一种动力性变化非常强的器官，对经验与行为的可塑性非常明显。人脑的思维、学习等心理功能得益于经验，并依赖于经验。这种过程是一种由经验与环境所产生的信息整合之后的能动性适应。人们对于新知识的理解，其原来的经历、经验与见识是基础，习得新知识的关键在于与长时记忆中的原有语义系统有机整合成新的知识网络。

二、不同类型知识的记忆特征

学习活动不是在单一的神经回路中产生的。每一个学习与记忆系统都源于大脑皮层的广泛区域。大脑的不同部位及其之间的神经回路都参与了学习、记忆过程。目前，有研究成果表明：[1]陈述性知识的学习是对所感知的信息片段进行加工，然后，这些信息组合成前后连贯的一系列情节，也就是事件。这类知识主要涉及的区域有海马体、内侧颞叶、间脑以及它们之间的神经回路。对于操作技能的掌握，则需要学习者的感知觉、身体运动技能以及逻辑化程序行为，并经过不断的训练、练习逐步形成，而对意识的参与、控制程度则要求较低。在这类程序性知识的学习过程中，大脑的运动皮层、小脑、杏仁核、纹状体以及在它们之间的神经回路、神经网络将起到决定性作用。对于个体主动防患有害物质刺激或规避外界危险这类情绪化色彩很浓的行为，其过程、模式所需时间短暂，并且容易巩固、保存，位于大脑半球内侧面深处的边缘系统则起着至关重要的作用。这些边缘系统包括了海马体、下丘脑、扣带回、海马回、杏仁核、乳头体等部位。这三类记忆系统的简单描述如图 2.10 所示。

---

① 姚梅林.学习心理学：学习与行为的基本规律 [M].北京：北京师范大学出版社,2006:15.

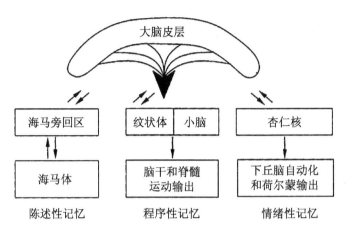

图 2.10 三类记忆系统的通路与模块

依据记忆过程是否需要意识参与并通过语言表达出来，长时记忆可以分为外显记忆（explicit memory）和内隐记忆（implicit memory）。外显记忆是在意识的参与、控制下的主动记忆和回忆过程，又可以进一步将其细分为语义记忆和情景记忆。大脑中的中颞叶、海马回、内嗅皮层、周围嗅皮层以及间脑等部位与外显记忆有着极为密切的关系，而且往往需要不同皮层之间的协同。[1] 内隐记忆则是能够自动进行的，过去的经验与后来的记忆过程或行为之间的关系极为密切，不需要多少意识进行调控。它可通过语义启动效应（semantic priming）、知觉启动效应（perceptual priming）等同一皮层内的突触活动水平来诱导、引发。[2] 人类的各种动作化技能都属于内隐记忆的范畴，当然，还包括条件反射性动作以及某些习惯性动作。工作记忆是为有效开展当前任务而将其相关信息予以积极而短暂的保存。它通常表现为对客体视觉信息和听觉信息的持续性激活，也需要有意识的参与。前额区和顶叶区与工作记忆关系密切。

通过对脑损伤病人与正常人之间的脑电、脑成像结果进行比对，可以认为，不同类型的记忆是通过大脑的不同皮层部位来实现的。目前的主要研究结论归纳在表 2.1 中。[3]

---

① 罗跃嘉，姜扬，程康. 认知神经科学教程 [M]. 北京：北京大学出版社，2006:292-293.
② 近年来，对知觉启动效应的研究主要集中在通过脑电和脑成像技术来研究重复启动效应和视运动知觉启动效应。
③ Willingham D B. Systems of memory in the human brain[J]. Neuron, 1997, 18 (1) :5-8.

表2.1　不同记忆类型、功能与大脑区域的比较

记忆类型	功能与作用	对应的大脑区域
外显记忆	对事实、事件的有意识参与和调节	中颞叶、间脑
工作记忆	保存当前工作所需信息	前额、顶叶后部
内隐记忆（表现为启动）	视知觉信息及概念的自动诱发	颞叶、枕叶、前额
动作技能的训练	习得一种新的技能	纹状体
经典条件反射	视知觉刺激对运动反应的影响	小脑
情绪性反射	视知觉刺激对情绪反应的影响	杏仁核

三、常见的记忆类型

依据记忆内容的不同，通常可将记忆分成形象记忆、动作记忆、情景记忆、情绪记忆和语义记忆。[①]

（一）形象记忆

这一类记忆保存的是个体曾经感知过的具体形象，常以表象的形式留存在大脑中，主要形式是视觉和听觉的形象记忆。它和人的形象思维密切关联，具有鲜明的直观性。

（二）动作记忆

个体对自身在过去从事的运动、操作性动作以及对他人的动作、图形中的动作姿势，或者对先前的动作表象进行改组、加工而创造出新的动作形象等都会以运动表象的形式留存在相对应的大脑皮层中。这类记忆的特点是：所记忆信息的保存和提取都较为容易，也不易忘记。后面提到的程序性知识就属于这一类。

（三）情景记忆

这是一类个体亲身经历，以发生在某一具体时间、某一具体地点的事件及其相应场景为内容的记忆。情景记忆所储存的信息多是个体在社会、生活中的事件。其特点是：（1）提取过程较慢，有时需要费力地从记忆中进行搜索；（2）由于时空具有多变性，因此，其保存易受到环境因素干扰。

（四）情绪记忆

对于过去曾经发生过的事件，有的是符合主体需要的，有的则是不希望看

---

① 叶奕乾，何存道，梁宁建.普通心理学 [M].上海：华东师范大学出版社,1997:206-208.

到的，这种曾经的经历都会形成情绪、情感的惯性与定式，这就是情绪记忆。当个体再遇到类似事件时，由于它与主体需要之间的关系、强度都不一样，会受到先前体验的影响，有可能是积极、愉快而高效率的，也可能是消极、不愉快、低效率的。实践证明：那些对个体具有特殊而重大意义的、强烈的情绪、情感体验都能保持较长时间，也容易再次被体验。

（五）语义记忆

个体通过语词所概括的事物本身的性质、意义和对事物之间的关系为基本内容的记忆，也就是人们常说的知识，包括概念、规则、定理、公式等。由于它以语词为基本单位，故语义记忆有时也叫语词逻辑记忆。它以意义为基本单位，组织严密，具有抽象性和概括性，与抽象思维相关联，虽然理解时要付出一定努力，但是，一经形成，就比较稳定，不易受环境因素影响，检索起来也较为快速。后面提到的陈述性知识就归属于该类。

四、记忆水平的度量

记忆是个体在大脑中存储、积累自身经验的过程，其水平与程度该怎么评定呢？通常有四级指标：[①] 第一级是回忆，即对过去学习或记忆的事物能在心里进行重现；第二级是再认，指对无法回忆的事物在再遇到时却可以识别出来；第三级是提示下回忆，如给出一定的提示线索，便能对该事物作出回忆；第四级是知晓，指相信某个信息在适当情况下可以从记忆中提取出来，但在目前状态下又无法及时提取的一种感受状态。人们在研究记忆时，无论是临床还是实验，都主要是使用准确度较高的前面三种，即回忆、再认与提示下回忆。而人们在上述三个指标中正确率最高的是再认，其次是提示下回忆，正确率最低的是纯粹性回忆，也就是说，人类的再认能力远远超过了回忆能力。但是，日常生活或学习中，人们往往都是从回忆（recall）层次和识别（recognition）层次予以度量。

自20世纪七八十年代以来，英国神经心理学家艾伦·巴德利（Alan Baddeley）和英国学者沃灵顿（E. K. Warrington）和魏斯克兰茨（L. Weiskrantzd）等人又进一步地研究了工作记忆（working memory）和内隐记忆

---

① 尹文刚. 神经心理学 [M]. 北京：科学出版社, 2007:157.

（implicit memory）。其中，前者主要负责感觉信息的临时存储和加工，但容量有限，而后者则不需要意识的参与，是在学习中自动进行的，对后续学习具有启动效应。这些新的记忆研究进展都值得关注与跟踪。概言之，记忆是学习的核心环节之一，它与意识、思维一样，都是人脑的神经机能，属于思维科学，也极为复杂。当前，神经科学主要从人体解剖学、神经生理学、生物化学、分子生物学、神经药理学等视角来开展有关神经系统结构和功能的分析研究，以揭示学习中的工作机制，从而发掘人脑的活动与学习、行为等的相互关系，提升学习效果。其中，信息在人脑中是如何被保存的？其保存的形式有哪些？这些保存形式各有什么特点？在人类的社会交往中，我们所感知的信息又是如何被符号化的？符号传播方式的过程与特点是怎样的？人们在学习中所习得的知识、技能又是怎样被运用到新的情境中去的？学习的终极结果应该怎样进行系统而合理的评估？……这些议题十分重要，然而，还没有完全弄清楚。不过，可以肯定的是：记忆和学习是人类认知过程中的两个不同侧面，也是人和动物所共有的心理机能。它涉及学习者对感觉输入进行细化、转化、简化、储存、恢复和利用等全部心理过程①，也是人类学会制造和使用工具，走向社会化生存与发展的基础。

---

① 邵志芳，高旭辰. 社会认知 [M]. 上海：上海人民出版社，2009:2.

第三章
认知对象的心理表征

人类认识世界是从感觉开始的。在长期的进化过程中，人类可通过各种感觉器官（sense organ）实现对自身所在环境的感知，以获取食物，避免伤害，取得肌体内环境的相对稳定，最终求得生存。例如，视觉（vision）就是人体视网膜上的两种光敏细胞——分管亮度的杆体细胞和分管色彩的椎体细胞——对波长为 380～760 纳米的可见光[①]进行感应，经网膜的双极细胞、视神经节细胞，到达大脑枕叶的纹状区，进行初步分析，再进一步在与其临近的腹侧（颞）通路和背侧（顶）通路进行精细化加工。这样，人就可以认识物体形状，辨别颜色，甚至判断大体方向和距离远近。[②]视觉信息占了人类所有感觉信息的70%～80%。当振动频率为 16～20000Hz 的声波从外耳道传送至鼓膜时，鼓膜会产生连续的机械振动。这种机械振动传至中耳，再经中耳的三块听小骨传至内耳的耳蜗。在耳蜗处，低频率的声音刺激耳蜗底部的纤毛细胞，而高频率声音则刺激耳蜗顶部的纤毛细胞，实现声音的分开处理并使中耳过来的声音增压 20～30 倍[③]，成为神经冲动。此后，分别经内耳道和耳蜗神经传到大脑的颞叶，以便在那里进行更精致的处理，才成为我们所听到的各种有意义的声音、语言或音乐，这就是听觉（hearing）。此外，还有对挥发性物质感知的嗅觉，对酸、甜、咸、苦等味道感知的味觉，与皮肤接触或碰撞的皮肤触摸觉、温冷觉、痛觉，对自身肢体空间位置、动作、姿势感知的运动觉、平衡觉以及对自身内脏活动与变化感受的机体觉等。[④]正是通过各种感觉器官，我们才逐步获得对客观事物的位置、形状、大小等物理信息以及我们自身的各种内部感觉。

---

① 电磁波的波长包括从 10～14 米的宇宙射线到 1012 米的交流电导线辐射，因此，可见光只是电磁波中很小的一部分。罗万伯. 现代多媒体技术教程 [M]. 北京：高等教育出版社，2004:24-25.

② 关新民. 医学神经生物学 [M]. 北京：人民卫生出版社，2002:194.

③ 彭聃龄. 普通心理学 [M]. 4 版. 北京：北京师范大学出版社，2012:127-130.

④ 叶奕乾，何存道，梁宁建. 普通心理学 [M]. 上海：华东师范大学出版社，1997:129-130.

那么，感觉（sensation）的实质又是什么呢？ 19世纪20年代，德国生理学家缪勒（Johannes P. Müller）提出了"神经特殊能量学说"（theory of specific nerve energy）。他认为：不论是视觉，还是听觉或其他生理感觉，都是感觉神经对热的、机械的、电的、化学的等能量形式的一种兴奋性反应，但是，每种感觉神经都有自己的特殊任务，只能产生一种感觉，感觉的种类与性质不是决定于能量型刺激物的种类与性质，而是决定于神经系统自身的特殊结构与功能。[①]

对于外界物体的运动、状态等刺激信息的显著特征以另外一种形式进行清晰而明确的转述和表达，在精简信息的同时仍能方便识别、理解或记载原有信息，尤其是当原有事物不在眼前时还能代替原有事物，起到一种原有事物的再现和意义指代作用，这就是表征（representation）。[②] 相似性、间接性和意义衍生是表征的基本内涵。[③] 依据所用媒介的不同，表征可分为动作表征、图像表征和符号表征三种主要形式。其中，动作表征是通过恰当的动作或模式化动作来指代过去的事件，实际触碰或操作是它的常用学习方式。图像表征是通过知觉对象和表象的选择性重组，实现知觉场和相应表象的空间、时间和外在结构的概括与总结，常可借助结构示意图、流程图或其他直观性图表来学习。符号表征则是通过某种符号系统（如语言、音乐盒、数学符号等）相关联，以遥远性和人为性的设计来指称原有事物，主要用于新的概念的学习。[④]

第一节　意识、注意参与下的感知觉

本书中所说的意识（consciousness）是相对于深度睡眠、晕厥等无意识状态而言的，因此，它是"清醒""觉察"的同义词。人类对世界的认识离不开意识的参与。只有在有意识的、清醒的状态下，人才能够觉知并认识到自身的存在、周围客观事物的存在以及其自身与周围环境那种复杂而微妙的关系。和其他活动一样，学习活动的开展也必须由个体通过其意识和注意来执行其愿望、意志，也是受意识和注意支配和调节的。

① 王鸿生. 科学技术史 [M]. 北京：中国人民大学出版社，2011:278-279.
② 钟义信. 信息科学与技术导论 [M]. 2版. 北京：北京邮电大学出版社，2010:51-53.
③ 邹赞. 表征与意旨实践：斯图亚特·霍尔的文化定义 [J]. 石河子大学学报（哲学社会科学版），2009, 23(2):86-88.
④ 德里斯科尔. 学习心理学：面向教学的取向 [M]. 3版. 王小明，等译. 上海：华东师范大学出版社，2008:193-197.

一、意识的产生与作用

意识是人类注意和思维的开始。几乎一切活动都必须在有意识的状态下进行。然而，意识的产生和宇宙的演化、物质的结构、生命的起源和智能的本质一直是自然科学中五大难题，[①] 也是心理学研究中最富探索性的前沿基础研究领域，至今还没有完整而清晰的认识和令人信服的结论。事实上，自20世纪60年代以来，人们分别侧重对裂脑病人、脑半球功能、不同种类的亚意识问题、无意识加工的盲视现象、人的进化与意识的形成、认知的脑神经机理等内容进行了探究，在最近十年达到了高潮。因此，西方心理学家将这几十年时间比喻为意识研究的"文艺复兴"运动，也是物理科学、化学科学、生物科学、心理科学、信息科学、脑神经认知科学、人类学等众多学科领域的交叉前沿领域。

意识究竟是什么？对此，学界目前尚无统一的定义。不过，学界一般会从意识状态、意识内容和意识的行为水平三个方面进行研究。[②] 其中，意识状态包括清醒、觉察和警觉，意识内容则通常是可用语言阐释、报告的状态和事件，而意识的行为水平则是指受情感、意志等支配的动作和活动。目前，有代表性的观点是：意识覆盖了知觉、注意、记忆、表征、思维和语言等高级认知过程，其核心功能是"觉知"（awareness）。而对于意识的本质是什么，则主要存在着"功能说""状态说""突现说""统一场说"等不同的理论解释。目前，最新的解释是：意识作为一种神经相关物，主要在脑干中的延髓、脑桥和中脑中分布有数十种各不相同的功能核团产生，这些功能核团中的神经元制造并存储着不同的神经递质，神经递质的同步发放可监控和调节生物体的睡眠、觉醒、体温等状态。[③]

通过脑电图（electroencephalogram，EEG）仪记录的大脑生物电活动水平可以间接地证实这一结论。图 3.1 是脑电图中代表不同兴奋状况的四种典型脑波。这四种脑波的振幅和频率各不相同。

① 李喜先，等.知识系统论 [M]. 北京：科学出版社，2011:10.
② 唐孝威，孙达，水仁德，等.认知科学导论 [M]. 杭州：浙江大学出版社，2012:2-3.
③ 科赫.意识探秘：意识的神经生物学研究 [M]. 顾凡及，侯晓迪，译.上海：上海科学技术出版社，2012:117-120.

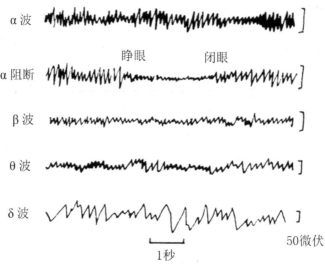

图 3.1　脑电图中四种典型的波形

图 3.1 中，α 波的振幅为 20 ～ 100 微伏，频率为 8 ～ 13 次 / 秒，通常比较稳定。此时，个体处于清醒、安静而不思考的状态。但是，当个体睁开眼睛，注视某一事物，思考问题时，则会自动消失。这种状态称为 α 波阻断。β 波的振幅为 5 ～ 20 微伏，频率为 14 ～ 30 次 / 秒。当人看东西，或者听到声音，或者在思考时出现 β 波。这时，大脑皮层处于兴奋状态，表示个体正处于积极的学习状态。θ 波的振幅为 100 ～ 150 微伏，频率为 4 ～ 7 次 / 秒。此时，个体处于困倦状态，或者是处于挫折、失望的心绪。δ 波的振幅为 20~200 微伏，频率为 1.0 ～ 3.5 次 / 秒。这时，个体处于睡眠或者深度麻醉、缺氧状态。θ 波和 δ 波都属于高振幅慢波，这时，个体的大脑处于抑制状态。[①]

事实上，作为自然界进化产物的人，其基本身心活动与状态都会以 24 小时为基本单位呈现出一种周期性变化，这就是人体的生物节律（biological rhythm）。有研究表明：[②] 位于下丘脑前侧、视交叉上方的视交叉上核（suprachiasmatic nucleus,SCN）正是调节人类等哺乳动物睡眠 – 觉醒周期的节律起搏器。除了自身的生化功能，SCN 最大的作用在于跟随外部环境光信息的变化，实现自身节律与外部环境的协调和同步，并促使人体内部的其他生物钟与其一起保持同步变化。SCN 的激活会导致松果体（pineal gland）合成并释放褪黑激素（melatonin），

---

① 叶奕乾，何存道，梁宁建 . 普通心理学 [M]. 上海：华东师范大学出版社 ,1997:53-54.
② 杜文东，吕航，杨世昌 . 心理学基础 [M].2 版 . 北京：人民卫生出版社 ,2013:54-55.

而褪黑激素则会降低机体的活动，生成疲劳感，进而调节睡眠与觉醒的时间。由于 SCN 对视觉刺激信号非常敏感，白天的光线可以激活它，从而减少褪黑激素的分泌。到了夜晚，黑暗则会促使褪黑激素的分泌增加。正是由于这个缘故，人会在白天觉得精力充沛，而在夜里则会昏昏欲睡，精力不济。意识作为一种生命体的存在方式，除了基本的觉知与感觉功能，由于自身观念和目的的不同，通常还具有一定的选择、计划和监控功能。① 它不仅是主体开展一切活动的前提，同时也会随活动形式与内容、过程与结果的变化而变化。

二、注意及其选择性

在觉醒状态下，学习者个体可能会依据自身人生目的与经历中的不同感受，从学习环境中选择某一个或某几个自身感兴趣的事物并给予一定时间的持续关注。这种定向选择过程与精力的高度集中状态就是注意（attention）。指向与集中是注意的两个最典型特征。指向的作用在于选择自己感兴趣的对象，而集中的作用则在于将精力倾注在所注意对象上并维持、深入下去。其中，指向是集中的前提和条件，集中则是指向的延续和深入。

注意本身并不是一个单独的心理过程。它总是和感知、记忆、想象、判断、推理等思维环节联系在一起。它作为一定意识的瞬时层次结构，依据其被关注强度的不同，可以分为焦点意识、边缘意识、下意识和无意识四种。② 全神贯注的对象则成为意识的焦点，它们清晰而生动。其他对象中，有少部分处在比较模糊的边缘地域，大多数对象都不被感知，处于意识的范围之外，属于"视而不见"或"充耳不闻"。注意的中心及其强度都会不断地变化，具有"流"的特征，也有"场"的连续性和稳定性。

当个体对某一事物特别感兴趣时，往往会产生高度注意。这时，学习者身体前倾观察，或侧耳倾听，或目光呆滞地望着前方，呼吸变得轻微而缓慢，甚至出现"屏息"现象，能自发地停止与当前注意活动不相关联的动作。这时，学习者从大量的刺激信息中选择出自己认为有意义的，或者与当前学习目标、任务相一致的部分，自动避开那些不合自身需要，或者与当前学习活动无关的刺激信息，这就是注意的选择功能。此外，当学习者有所选择地将注意力集中于

---

① 杜文东，吕航，杨世昌. 心理学基础 [M]. 2 版. 北京：人民卫生出版社，2013：53.
② 陈中永. 论意识的心理学本质 [J]. 前沿，1997（10）：3-4.

一定的学习对象上时，还能有意识地排除干扰，将注意力维持一段或长或短的时间，直到完成预定的学习目标或完成了原定的学习任务为止。也正是注意的选择功能保证了学习活动的方向性、时间持续性，从而间接地保证了学习任务完成的有效性。

作为一种对新异刺激信息的定向反射，注意是人和其他许多高等动物都具有的生物机能。它有助于在个体的大脑皮层形成中形成优势兴奋中心，提高生命体感官的敏感性，集中个体全部能量、资源去完成某项活动。总之，人类的学习活动是一种受自身需要和活动目的支配的，借助于语言、文字等符号来进行的条件性定向反射，是一种需要排除外来干扰、拥有较强意志力支持的自主性活动。

三、人类的感知觉

（一）感觉的特征与作用

个体通过感觉器官与外界直接接触，总会在意识里形成各种各样的感觉。通过接受某些特定的、适宜的刺激信息，经过大脑皮层各专门感觉分区的进一步加工与分析，我们逐渐可以了解客观事物的种种特征，如物体的形状、大小、颜色、软硬、光滑或粗糙等，也可以了解自己内部的状态及其变化，如开心、烦恼、饥饿、疼痛等。从感觉的对象和内容来看，感觉必定是对一定客观事物的反映。没有客观事物的存在，就不会产生感觉，因此，感觉具有客观性。但是，如从感觉的存在方式和结果来看，它作为一种神经冲动传递过程和大脑皮层感觉中枢的信息加工活动，必须在一定的主体上具体表现，而且受到身心状况、自身经历、知识、个性等主体因素的影响，这样，感觉又具有主观性特征。感觉是客观见于主观、主观连接客观的原始渠道，也为后续的记忆、判断、推理、想象等高级心理加工提供了第一手素材。不过，感觉不同于回忆、想象和幻觉，它必定是针对当前直接接触到的事物，具有直接性。此外，个体一次接触往往是对被观察对象的部分外在特征的反应，如声音、颜色和形状等，不可能是原因、发生机制等内部属性，也不是价值、意义等关系属性，从而又具有一定的零碎性和不完整性。由于不同个体对同样刺激的感受程度不同，即使是同一个人，对不同的刺激也会有不同的感受，因此，常用感觉阈限的大小来衡量人对不同刺激的感受能力。

总之，感觉不仅是人类认识周边世界的开始，也是意识形成和发展的基本内容，承担着对复杂事物的简单要素和其他高级心理活动内容进行初步分析、加工的任务，对人类及时了解周边世界，趋利避害，维持身心健康提供了基本支撑和重要保障。

（二）知觉的特征与作用

如前所述，感觉能让我们了解我们周边存在的事物的一部分特征，但往往不是全部，更不能了解必须通过运动才能表现出来的内部属性。不过，我们在观察事物时，往往是多感官协调并用，并在大脑中将所观察事物的各个特征之间的关系勾勒出来，然后依据原有知识、经验来合成该事物的完整映像。这种信息整合的过程就是知觉（perception）。知觉，一方面必须以各种形式的感觉作为第一手素材，并且几乎与感觉同时存在，另一方面它又绝不是感觉素材的简单相加，而必须借助于个体的原有知识、经验进行加工、改造，从而形成新的经验或知识，是感觉的发展和深化。此外，知觉也会受到兴趣、态度、情绪、动机、需要等情感因素的影响，表现出某种倾向性。

尽管感觉和知觉都是人脑面对客观刺激信息时的反映，但是，在现实生活中，除非是新生儿或在某些特殊条件下，人的认知系统很少以感觉的形式单独存在，而是以知觉作为记忆和思维的起点。[1] 一个完整的知觉活动过程称为知觉链。它通常包含五个环节：外界刺激源、信息传递媒介、感觉器官与刺激源的耦合及其神经冲动的形成、神经冲动被传输至大脑、大脑依据自身经验对各皮层投射区信息进行整合并通过传出神经回传至效应器。[2] 知觉具有整体性、选择性、理解性和恒常性四个方面的特征。[3] 知觉的整体性表现在知觉能把客观事物多方面的感觉特征、属性统合为一个整体，其选择性表现在人们会依据自身兴趣从背景中选择某些重要刺激或刺激的重要方面，其理解性是指知觉形成过程中会通过有意义的语词来概括、解释所感知的客观事物，而恒常性则是指个体的感知结果在一定范围内能保持相对稳定性，不会因知觉的条件而发生改变。

日常生活中，人们获取的信息有 80% 左右来自视觉和听觉。如果个体同时

① 卢家楣，伍新春，桑标. 现代心理学：基础理论及其教育应用 [M]. 上海：上海人民出版社,2014:65.
② 叶奕乾，何存道，梁宁建. 普通心理学 [M]. 上海：华东师范大学出版社,1997:168-169.
③ 卢家楣，伍新春，桑标. 现代心理学：基础理论及其教育应用 [M]. 上海：上海人民出版社,2014:79-83.

使用这视觉和听觉通道，哪种感官会被优先使用呢？ 1969 年，美国认知心理学家波斯纳（Posner）等以同形字母和同音字母的同时呈现、先后呈现的反应速度进行了实验，结果证明：当两个字母同时呈现时，人们对同形字母的反应速度更快，但是，如果以相隔 1~2 秒的先后顺序形式呈现时，二者并没有显著差异。[①] 据此，业界认为，在记忆的最初阶段，也就是感觉记忆阶段，视觉形式的图像编码比声音通道的音频编码更具有优势，存在着由视觉编码逐步向声音编码转变的过程。

第二节　表象的形成

一、表象的概念

外界刺激信息进入人体的不同感觉通道，其存储方式和状态是不同的。也就是说，信息是感觉特异性的。当刺激物从我们的视域消失之后，原来的刺激物仍然可在我们的头脑中留存 0.25 ～ 4 秒的时间（大体对应于记忆阶段学说中的感觉记忆阶段）。[②] 如果信息是经过视觉通道而来，则原始信息以视觉表象的形式存储；如果是经过听觉通道而来，则原始信息就以听觉表象的形式存储。[③] 当事物不在面前时，人们头脑中仍然出现或存在关于该事物的形象。这种留存在记忆中的事物形象就是表象（imagery），有时也称为意象。除了视觉表象和听觉表象之外，常见的还有动作表象。

二、表象的特征

作为概念形成的基础，表象具有以下三个特征。[④]

（一）直观性

表象是在知觉的基础上产生的，是将感知到的事物形象保持在记忆中的结

---

① Posner M I, Boies S J, Eichelman W H, et al. Retention of visual and name codes of single letters[J]. Journal of Experimental Psychology, 1969, 79(1):1-16.
② 彭聃龄. 普通心理学 [M]. 4 版. 北京：北京师范大学出版社，2012:238.
③ 尹文刚. 神经心理学 [M]. 北京：科学出版社，2007:154.
④ 杜文东，吕航，杨世昌. 心理学基础 [M]. 2 版. 北京：人民卫生出版社，2013:153-154.

果。它不仅与直觉中的形象具有高度的相似性，而且在头脑中的形象依然是具体而生动的，保留着事物的直观性特征。不过，二者也有不同。知觉属于直接反映形式，如直接看到、听到或闻到、触摸到，而表象则只是人的大脑回忆后的产物。与知觉中的形象相比，表象中的形象在生动性、完整性和稳定性上都有较大不同。

（二）概括性

在知觉基础上产生的表象并不是对原来知觉事物的简单重现，而是对原来所感知事物基本特征的概括和再现。譬如，我们头脑中的"树"的现象，它并不是一棵棵具体的树，而是一种有干、有枝、有叶的绿色植物。也就是说，在表象中存在的事物形象概括了该类事物的主要特征和大体轮廓。

（三）可操作性

正是由于表象与它原来的事物之间具有极大的相似性，因此，人们常常在自己的大脑中对表象进行空间操作，通过操作外在知觉信息来处理或保留物体相关知觉特征。如我们经常可以通过回忆或想象某一不在身边的物体或情境来取得它原来的或过去的景象。由于表象是以简化的映象形式出现在思考者面前，摆脱了知觉的现场依赖，也就构成了思维活动，尤其是形象思维的基本材料，成了概念的操作基础。

罗杰·谢泼德（Roger Shepard）、斯蒂芬·科斯林（Stephen Kosslyn）等人认为，[1] 人类在处理空间类视觉信息等任务时，往往会使用心理表象，在对心理表象进行处理时就好像在对真实物体进行实际操作一样，因而进行心理操作的时间取决于实际进行操作所需的时间。布鲁克斯（L. R. Brooks）等人关于心理表象的扫视与干扰试验进一步验证了"表象是对空间结构的抽象模拟表征"，同时指出：干扰仅仅发生在同一通道的两种相冲突的心理操作之间，不同的感觉通道的使用，不仅可以有效消除彼此间的干扰，而且可以增加记忆效果。[2] 20世纪70年代以来，人们对视觉表象中的细节特征进行了研究，发现：视觉空间的位置判断主要是在大脑皮质的顶叶区中完成的，而视觉空间的细节辨别则是在

---

[1] Kosslyn S M, Ball T M, Reiser B. Visual images preserve metric spatial information: Evidence from studies of images scanning[J]. Journal of Experimental Psychology: Human Perception and Performance, 1978, 4(1):47-60.

[2] Brooks L R. Spatial and verbal components of the act of recall[J]. Canadian Journal of Psychology, 1968, 22(5):349-368.

大脑皮质的颞叶区中完成的。视觉空间中物体的某些特征越明显，那么，这种细节的辨别时间就会越短。对于复杂图像的视觉表象，人们还可以进行适当的分割处理。视觉表象主要处理不断变化的空间信息。在对视觉表象进行处理时，人们还能进行旋转、透视或者有层次的分割处理，只是经过这些处理后的视觉表象通常会更概括和精简，同时也会更加模糊、扭曲或不完整，然而，不可否认的是：作为对空间物体或视觉情境表征的表象，不仅能有效改变工作记忆容量不足的局面，而且能对空间、距离等连续变量做出近似模拟，对于抽象的推理思维运用也不无裨益，因为人们在运用表象来思考、研究问题时往往是先激活与这一问题相关的知觉特征，而不会将与这一问题相关的全部命题（信息）统统激活，留出适当的工作记忆容量，以集中精力突破关键性问题。

表象只是人类认知过程中的一个基本环节。但是，正是由于有了表象，人类的认识和思维才可以离开一个个具体的事物，摆脱了认知的场域依赖性，为进一步的抽象—概念的形成提供了丰富而具体的素材。

第三节　概念的出现

一、概念的含义与作用

概念在信息的思维加工过程中，一方面联系着表象，另一方面又是抽象思维的开始，在人类思维中有着独特而重要的作用。

（一）概念的含义

作为思维最小组成单位的概念（concept）是指具有共同的基本特性或本质的一类事物的聚合及其称谓。"人"的概念就舍弃了许多非本质的东西，如男人和女人之间的差别、小孩和大人之间的差别、中国人和外国人之间的差别，只剩下区别于其他动物的特质：会思考，能够制造和使用语言等工具。掌握了概念，人就可以脱离具体而直接的所感知事物，在更大的范围里，透过表象观察到更深入、更本质的东西。

任何一个概念都必然涉及两个方面：质和量。"质"的方面是指概念所反映的特有属性和本质特征，称为内涵（connotation）；而"量"的方面是指概念的具体范围，被称为外延（extension），它由所指称的一个个具体事物所组成。概念的内涵增加时，外延会相应地缩小，二者之间存在反向变化的关系。

概念与语词是密不可分的。语词是概念的表现形式和记录方式，而概念则是语词的思想内容和意义所在。任何概念都必然会借助于语词和句子来表达。随着语词意义的不断拓展，概念也会不断扩大与深化。不过，语词和概念之间并不是严格的一一对应的关系。同一概念可以由不同的语词来表达，而同一个语词在不同的场合也会具有不同的含义。如"医生"和"大夫"这两个不同语词就表达了同一个概念。相反，"千金"可以是"许多钱""女儿""珍贵"等不同的概念。

（二）使用时须加以区分的几组概念

通过概念，人们可将同类型事物联系在一起，抓住其共同本质，同时，又通过类的本质对不同类型的事物加以区分，也有利于判断（通常是命题）、推理和论证等创造性思维的开展。使用概念时只有内涵明确、外延清晰，人们才能较为容易地理解你所说的是哪些具体事物，做到指称的范围大小恰当、边界清晰。为了准确地区分和使用概念进行思考，笔者将不同类别、不同名称的概念的特征和功能整理在表 3.1 中。

表 3.1　不同类别的概念比较

划分依据	包含类型	特征、属性描述或举例	使用时优点
抽象性不同	具体概念	依据具体的外形特征来划分	一目了然
	抽象概念	依据抽象的、内在的本质属性来划分	能反映深层次的东西
外延是否为集合体	集合概念	所指称的对象为一个集群，如：森林	特别地指称集群
	非集合概念	所指称的对象为某一类事物或其个体	最为常用
外延的数量多少	单独概念	外延仅仅只有一个对象	依据外延数量的不同而准确地使用
	普遍概念	外延为两个或两个以上对象，如：毛笔	
	空概念	外延为零个对象，如：孙悟空	

续表

划分依据	包含类型	特征、属性描述或举例	使用时优点
特征、属性的数量或关系	合取概念	几个特征或属性在概念中同时存在，如：毛笔，鸟类，水果，动物	明白易懂，也比较常见
	析取概念	依据不同标准对概念的属性进行划分，如：好学生	可适应于方向相同但侧重点不同的多种情境
	关系概念	两个事物之间的相互关系，如：上下、大小、优劣	用于不同场合下的关系比较
是否为自然形成	自然概念	在人类历史发展过程中自然形成	一般由其特征来决定
	人工概念	在实验室等环境下进行人为模拟	能人为随意地确定

（三）概念的作用

概念是思考的起点。一个合理的概念不仅有助于区分、识别不同类型的事物，突出某一类事物的本质特征或共有属性，简化、减少认知情境中的次要因素干扰而造成的混淆或误认，而且通过概念体系将知识分门别类地组织，形成一个与学习者主体相关联的多维度、多层次语义网络，最终获得在实践中使用时的正确性和高效性。

二、概念的形成

概念的掌握过程就是概念的形成过程。个体掌握概念的途径有两条：一是在使用语言与他人进行交往并积累自身经验的过程中逐步掌握的，也叫作日常概念；二是在学校系统而有计划的学习过程中逐步掌握的，也叫科学概念。有学者指出，对于科学概念，影响其形成的因素主要有以下几个方面。[①]

（1）学习者过去的经验。学习者通常是在对日常经验、日常概念进行比较、归纳并不断补充新的实践认识而形成。

（2）学习者的认知水平。由于概念的复杂性不同，因此，对学习者的认知水平要求也不同。如：对于学龄前儿童，主要是通过将直观动作内化为表象、图式而形成；而对于初中生来说，则可以摆脱内容束缚，进行抽象思考，突出

---

① 叶奕乾，何存道，梁宁建. 普通心理学 [M]. 上海：华东师范大学出版社，1997:289-293.

公正与和谐，身教的作用大于言教。

（3）特征的多少与显著性。关键特征越明显，掌握起来就越容易。相反，无关特征越多，掌握起来会越困难。

（4）变通形式。即从不同的视角、用不同的框架去组织感性材料，将共有特征模块化，突出事物的本质特征，而让其次要特征在一定的范围内变化，弱化其在概念中的作用。

（5）下定义的合理时期。所谓"下定义"，就是用简要而清晰的语言去表述概念的本质特征和独特属性。属加种差是一种常用的下定义的方式。在教学中，如果下定义过早，则容易造成学生对本质特征的理解不够透彻而流于形式，最后，就只能死记硬背。相反，如果下定义过迟，则不能收到下定义对相关知识整理、组织与巩固的时效性。

（6）概念体系。各个概念之间的关系并不是孤立的，它们或从属，或并列，或包含，或邻近，或因为距离遥远，分布于两个极端而似乎形成对立，如此等等。这些关系就是概念体系。学习者原有的概念体系的有无或丰富程度，构成了一个人最重要的学习基础。

第四节　表示判断的命题

一、命题的性质及其构成

有了概念，我们就可以做进一步的思考。概念不是孤立存在的，它总会和这样或那样的事物发生联系，而这种联系具有影响性质和影响程度的差别。要预测这种影响和未来走向，我们就必须对这种性质和程度做出判断，这时就用到了命题（proposition）。

"命题"的概念最初是在语言学和逻辑学中出现的[1]，它常指一个独立的断言，并将几个概念联系起来，其作用等同于个体人脑中的一个基本观念。它也被人们普遍看作是语义记忆和陈述性知识的最小单位。如"李英爱学习"就是一个命题，从中，我们不难看出，一个命题总是包含有这么两个部分：一个是有

---

① 严乐儿，黄弋生，徐长斌.逻辑学导论[M].上海：上海交通大学出版社，2007:54-55.

一个以上的概念——议论主题（argument，也被称为"论题"或"议题"。在例句中有两个，分别是"李英"和"学习"），另一个是二者之间的关系（relation）判断（在例句中是"爱"）。这种限制性关系是命题中富含信息的单位，而这种关系的限制或说明通常是由动词、形容词和副词来充当。它缩小了我们的注意与思考的范围。

一个命题可以有几个论题。它们既可以是某一个行动的执行主体，也可以是某一行动起作用的对象，即客体，甚至于行动的目的、行动时使用的工具与手段、客体的接收者。表 3.2 列示了几种常见的命题及其关系。

表 3.2　多论题命题实例

命题（观念）	关系	论题
刘明送给李英一支钢笔	送给	刘明（主体），李英（接受者），钢笔（客体）
张文打算去北京	打算去	张文（主体），北京（目的）
王某用笔刺破了手指	刺破了	王某（主体），手指（客体），笔（工具）

二、命题的作用

在语义记忆以及后面提到的陈述性知识中，词、短语和句子都只代表了观念交流的不同方式，而命题则不同，代表的是一种信息传达，即观念。不少研究均已证明：人是通过命题而不是通过句子来将信息在大脑中储存的。[1] 因此，通过命题，我们可以绕开用以协助观念交流的那些词、短语，甚至于句子，而直达观念之所在，更具有针对性。

第五节　线性排序

前面所说的概念和概念间的关系判断，即命题，是我们进行对感知觉和表象进行加工、处理的最基本形式。不过，对于具有先后顺序的那些信息的处理，人类往往会使用另外一种表征方式：线性排序（linear ordering）。通过对一组元素依据某一特征按单向的线性序列进行编码排列，我们可以很简单地从第一个元素开始寻找到序列中你所想搜寻的任一个元素。这种表征方式与命题的区别

---

[1] Anderson J R. Cognitive Psychology and Its Implications [M]. 3rd ed. New York:Freeman, 1990:115-116.

在于：命题只是保留了所涉及元素之间的基本语义关系（semantic relations），也就是抽取了知觉信息中的主要意义而忽略某些细节特征，却没有确定元素之间的顺序。线性排序与表象的区别是：表象保留的是知觉特征之间的位置关系，更确切地说是各点、线、面之间的相对距离，线性排序没有涉及各元素之间的距离大小，考虑的是这一组元素之间的先后关系，最后排列的是一个从前到后、从头到尾的元素队列。

美国著名的认知心理学家约翰·R. 安德森（John R. Anderson）、安吉奥利洛 – 贝内特（Joel S. Angiolillo-benet）、里普斯（Lance J. Rips）等人都先后证实：在人的大脑中，某些记忆和知识经常会采用有序关系来保持联结。[①] 斯滕伯格（S. Sternberg）的实验也验证了线性序列中的"首确定"效应的存在。对于较长的元素序列，人脑会将元素序列分割成若干较小的序列子集以便分层储存。[②] 沃彻（Woocher）、格拉斯（Glass）等人的实验还证明：在线性序列中，两个元素靠得越近，即彼此之间的间隔距离越小，大脑所需的反应时间会越长。这和依据表象来判断两个要素的大小是一样的：两个元素的大小越接近，人脑所需的反应时也会越长。[③]

第六节　综合性的图式

一、图式的含义与特征

前面所讨论的三种表征方式——命题、表象和线性排序，只分别涉及一个观念、一个视觉空间对象和一个相对的先后顺序关系，这些是最基本的表征形式。在某一专业领域（范畴，category）的表征中，人类往往会采用更为综合的表征形式，即将命题、表象与线性序列灵活地加以组合来使用。这种更高级水

① Angiolillo-benet J S, Rips L J.Order information in multiple element comparison[J]. Journal of Experimental Psychology: Human Perception and Performance, 1982, 8(3): 392-406.
② Sternberg S. Memory scanning: Mental process revealed by reaction time experiment[J]. American Scientist, 1969, 57(4):421-457.
③ Woocher F D, Glass A L, Holyoak K J. Positional discriminability in linear orderings[J]. Memory and Cognition,1978, 6(2):165-173.

平的表征方式被认知心理学家称为图式（schema）[①]。在图式中，人脑就某一范畴
中的一系列具体的实例（instances）抽出其某些典型性、关键性特征予以编码，
忽略了事物的某些次要的、非典型的属性与特征，只抓住事物的主要属性，最
后形成了这一范畴中能够囊括这些不同实例的综合性、概括性结构。尽管目前
学术界还没给"图式"这一术语下一个统一的定义，但是，图式是指"一种有组
织的知识结构"，这一点已为人们普遍接受。[②]鲁梅尔哈特（D. E. Rumelhart）和
诺曼（D. A. Norman）则认为图式表征的是"记忆中业已存储的有关类概念的资
料结构"。[③]安德森则认为：[④]图式是对范畴中一类实例的规律性进行编码的一种
方法。这种规律性既可以是命题性质的，也可以是知觉性质的。并且他以此对
命题与图式做了区分：命题表征了特殊事物的主要意义，而图式则表征的是特
殊事物的共同性质，也就是一般的、非特例的真实性。

在现实生活中，人类经常会碰到一大批有些相似却又不完全相同的事物，
通过图式的使用，不仅大大简化了对这些事物的鉴别与分类，而且可以消除大
脑信息加工活动中工作记忆的瓶颈，还可以帮助人们对同类事物的变异做出考
察，甚至于解释。除上述主要特征外，埃伦·加涅（Ellen D. Gagné）认为图式还
有另外三个特性。

（1）图式中包含有某些变异。某一范畴的图式尽管会囊括许多一般的真实
性，但其中的某些属性值也是可以改变的。在图式中，通常使用槽道（slot，也
有人称为空位）来存贮这些变化的属性值。

（2）图式可以按照层级来组织，并且能够嵌入其他的图式之中。即图式具
有不同抽象与概括水平，不同层级的图式可用来表征不同抽象程度的知识。

（3）图式的运用有助于做出推理。由于概念具有类的隶属关系，可以从比
它更具综合性的上位集合中继承某些属性、特征，因而，每一概念的图式中总
有一些槽道是对应于其上位集合的。这样，这一概念也就不能不具备其上位集
合的属性或特征。

---

① "schema"一词的基本意思是"纲要""方案"，在哲学上是指"先验图式"，在心理学上则是"图式""模式"。
其同源词为"scheme"，意思是"计划""阴谋"。

② 吴庆麟. 认知教学心理学 [M]. 上海：上海科学技术出版社，2000: 67-68.

③ Rumelhart D E, Norman D A. Accretion, tuning and restructuring:Three modes of learning[J].Report,
1976,(7602):37-53.

④ Anderson J R. The Cognition Psychology and Its Implications [M]. 3rd ed. New York:Freeman, 1990:
134.

如果追根溯源，"图式"一词最早出现在康德（Immanuel Kant）1871 年的哲学著作《纯粹理性的批判》中。在他看来，图式是一种介乎具体事物的感性形象与概念之间的抽象的感性结构，是一种概念性的感知结构方式，是一种将主观与客观有机联系并统一的有效方式，其作用与"理解"（understanding）大致等同。20 世纪 30 年代，英国实验心理学家巴特莱特（F. C. Bartlett）也对图式理论的记忆特征进行了经典探索，并认为：图式化是人们认识世界的一种基本方式，使人们在回忆时帮助进行线索检索、内容提取。50 年代，瑞士心理学家让·皮亚杰（Jean Piaget）在研究儿童的智慧时也将图式作为一种基本的表征单位。尽管图式理论由于其模糊性而曾受到实验心理学家们的批评，但是近年来人工智能方面的研究进展进一步确认了各种图式模型，人们发现越来越多的证据来支持图式理论，从而逐步演绎成了一种学习者个体对他人、事物或环境进行理解、记忆的认知结构，能有效地认识并区分我们所要认识的对象的特征以及这些特征之间的相互关系。作为人脑记忆中心理实体的图式能对一个整体进行必要的简化与抽象，并能抓住许多事例之间的相似之处，帮助人们将输入信息的若干细节特征与一个总体的概念进行联系、比较，过滤某些不相同的次要信息，最终帮助人们快速、准确地处理外部信息，有效实现对外部世界的了解与掌握，采取有效的决策和行动。

二、学习情境相关联的三类图式

（一）自然范畴图式

自然范畴既可以指称在自然界中自然形成的某些基本实体，如动物、植物，也可以指称由社会历史文化所形成的某些客观存在，如摩托车、手机、犯罪等。尽管其品种繁多，千姿百态，然而，人脑却可依据其个体所具有的一系列特征将其纳入某一范畴，实现范畴化，从而创造了与这一范畴紧密相关联的图式。这一范畴图式并不是从事范畴化的人随意给出的，它是建立在范畴成员本身所共有的典型特征、属性之上的。在这个图式中，范畴成员的共有特征信息以命题形式或者知觉信息的形式予以表征。在一个总体的范畴花图式中，最基本的抽象水平储存着该范畴全体成员的绝大多数特征信息。

对于某一自然范畴中成员的特征表征，人们常常采用某种固定的图式。具有这些基本对象的最一般特征的成员，有时也被称作原型（prototype），意为"最原始的典型"。当人们讨论或回忆这一范畴时，人们通常首先联想到的是与这一图式最相吻合的原型。

处于基本范畴水平的图式是最具包容性的，它不仅留存了这一范畴中全部成员之间的最大相似性（similarity），同时也能体现它与其他范畴成员之间的最大差异性。在基本范畴水平上，人们可以依据知觉原型非常容易地辨认、识别与它处于相同范畴的其他各种成员，这就是常用的"基本范畴水平＋原型"认知方式。人类通过事物之间的有序性、规律性来推断、预测，似乎采用的是一种既实用又经济的分类（范畴化）方式，并由此取得范畴的普适性。

（二）事件图式

在社会与生活实践中，有些反复出现的典型活动，如上学、去食堂用餐等，可以依据其先后顺序来进行组织。这类表征事物发生的一系列典型活动顺序的图式，就是事件图式。[①] 由于事件图式犹如电影或戏剧脚本中一个又一个不断出现的场景，也有人称之为脚本（scripts）。如我们去餐馆吃饭的事件图式就是：寻找座位—浏览菜谱—点菜—用餐—结账—离开，依次分为六个基本步骤。

鲍尔（G. H. Bower）、布莱克（J. B. Black）等人在 20 世纪 70 年代末的研究进一步表明：在阅读或倾听自己相对比较熟悉的主题新信息时，人们通常会首先激活与此主题相关联的图式，再依据这些图式来帮助自己对新信息进行回忆与加工、处理。[②] 当然，其结果对于我们也是一分为二的：一方面，可以在没有掌握事物全部细节时就能快速做出某些合理推断与合理解释；另一方面，先入为主的判断方式也可能带来某些偏差。

（三）文本图式

前面讨论的是自然界中基本客体与社会生活中典型事件的两类图式。在学习活动中，还有一类非常重要的图式——文本图式（schema for text），它通常出现在教科书、童话故事、报刊文章、网络新闻等文字材料中，它们也具有某些特定的典型组织特征，也常常帮助我们对相关信息进行回忆与处理、加工。如论文与教科书中经常提到的几个"W"，通常用以指代谁（who）、何时（when）、何地（where）、发生了什么（what）、是什么原因（why）、怎样发生的（how），

---

① 吴庆麟. 认知教学心理学 [M]. 上海：上海科学技术出版社，2000:74-75.
② Bower G H, Black J B, Turner T J. Scripts in memory for text[J]. Cognitive Psychology, 1979, 11(2):177-220.

便是一种约定俗成、言简意明的表达方式。

英国心理学家巴特莱特（F. C. Bartlett）对文本图式的研究结论表明：人们习惯于运用自己熟悉的图式来处理、理解文字材料（如故事）的情节，为了使材料更富含意义，既可能在文字材料中添加某些原来没有的信息，也可能漏掉已有的某些信息。[①] 文本信息是否具有内在意义结构则是我们对情节做出某些改变或予以保留甚至于重新构思、设计的主要依据。

---

① Bartlett F C. Remembering: A study in experimental and social psychology[J]. British Journal of Educational Psychology, 1933, 3(2):187-192.

第四章
以符号为媒介的人际互动

有研究表明：凡是有生命存在的地方都存在传播。信息传播是自然界和人类社会中的一种普遍现象。气味、光、超声波、动作、声音都是动物界中较为常见的社会传递信息。如：一般草食动物和肉食动物都会通过分泌具有特定气味的荷尔蒙物质来寻找食物，划定领地范围；夏夜的萤火虫的发光有着具有自身特色的间隔规律，其目的是雌雄求偶；蝙蝠依靠超声波能在黑暗的岩洞里快速飞行而不撞壁，并能在黑夜里捕捉昆虫；蜜蜂依靠"8"字舞来将花丛的准确位置告知同伴；黄雀的鸣啼是它们在同伴间进行信息交流，或戒备，或威吓，或攻击，或防御，或亲近，或求偶，信号不同，其目的也不同。[①] 不过，动物的信息传播更多的是依靠先天性的本能和基于条件反射的过程。它不仅具有明显的被动性，而且只限于眼前的具体事物，不能表达抽象的、过去的、未来的事物。

人类的信息传播不仅带有动物信息传播的某些特点，如：早期主要采用"语言＋动作"的方式，而且也有自身的明显特色。概括起来，高能动性和高创造性就是人类信息传播和动物信息传播的根本区别。[②] 事实上，作为一种智力性劳动，人类的学习与认知具有两个最基本的功能：一是认识事物发生、发展的基本流程与工作机制，进而制造和使用工具，延伸了感觉器官的触及范围，提高了感觉器官的精细化工作程度和执行效率。二是在自己思维过程中通过使用符号，不仅简要地指代了所在认识的事物或所要认识的事物，而且通过绘画或印刷等方法实现了永久性记载或半永久性记载，不仅方便了交流甚至相互传阅，而且能在达成共识的基础上形成某种分工合作，去完成一个人无法单独完成的事情。

---

① 郭庆光.传播学教程 [M].2 版.北京：中国人民大学出版社,2011:18-19.
② 郭庆光.传播学教程 [M].2 版.北京：中国人民大学出版社,2011:17.

20 世纪之初，瑞士语言学家费尔迪南·索绪尔（Ferdinand de Saussure）就一针见血地指出："能指"和"所指"是一切符号不可分离的两个方面。[①] 这里，"能指"是指符号本身的物理形式，也就是符号的外在表现形式，可简称为"形"。它包括语音、文字、图像、动画和视频等具体形式。而"所指"则是符号所传达的意义，可简称为"义"。它指的是能投射、反映到信息接受者心中的具体含义。总之，符号是一切思想沟通和信息传递的中介物。

在符号互动论集大成者布鲁默（Herbert George Blumer）看来，人类社会最典型的特征之一就是利用符号进行互动，并且社会也是人类运用符号进行互动的结果产物。[②] 他认为由于互动中的任何一方都有自身独特的经历、知识等社会文化背景，因此，个体对他人或群体互动的结果的解读就不可能不受到这些因素的影响与制约。此外，人类社会借助于符号的信息互动并不是直接的刺激 – 反应，而总是根据自身对对方的行为所做出的解释与定义来进行互动的。对互动结果的不同解读会产生不同的意义、态度，也就有了不同的行为。但是，当社会中的大多数个体对同一互动情境具有共同的理解和定义时，行为也就具有了协调性。[③] 由于符号互动理论对人类信息传播行为研究的独特性、系统性与实用性，在西方社会学理论中，它已经成为与帕森斯（Talcott Parsons）的结构功能主义和米尔斯（Charles Wright Mills）、科塞（Lewis Coser）、达伦多夫（Ralf G. Dahrendorf）的冲突论相抗衡的三大主流社会学理论之一。[④]

第一节 人类信息传播的起源与发展

一、人类信息传播的起源

考古学的发掘资料告诉我们：我们人类是从哺乳类动物灵长目——类人猿——进化而来，而类人猿的进化大体经历了森林古猿—腊玛古猿—直立猿人—原始人类—智人—现代人类等几个不同的进化阶段。其中，森林古猿生活

---

① 隋岩. 符号中国 [M]. 北京：中国人民大学出版社，2014:178-179.
② 贾春增. 外国社会学史 [M].3 版. 北京：中国人民大学出版社，2008:270.
③ 贾春增. 外国社会学史 [M].3 版. 北京：中国人民大学出版社，2008:271.
④ 贾春增. 外国社会学史 [M].3 版. 北京：中国人民大学出版社，2008:270.

在距今 2300 万 ~1800 万年之前，它们还属于攀树的猿群；腊玛古猿生活在距今 1400 万 ~800 万年之前，已经具备了初步的直立行走能力，手脚实现了一定的分工；直立猿人则已经具备了完全的行走能力，完全依靠脚来行走，使手彻底解放了，手在使用中由于肌肉、韧带得到锻炼而变得越来越灵巧，他们大约生活在距今 300 万年之前。我国的云南元谋猿人、北京周口店龙骨山山洞猿人和陕西蓝田猿人大体生活在距今 200 万 ~20 万年之前。其中，北京猿人是以洞穴来群居，并且已经能制造石器和骨器，也学会了火的使用和管理。

在漫长的原始信息传播时期，人类和动物一样，也只能依靠动作、表情和声音来传递信息，以协调狩猎和采摘行动，同时表达自身的喜、怒、哀、乐等情感。日本岐阜大学前校长今西锦司在论述"淀粉食""肉食""采集""狩猎"等 18 种因素在灵长类动物进化成人的作用时说道："直立行走""制造工具"和"分节化语言"犹如三道天然屏障将与人类基因相似率达 98.8% 的黑猩猩挡在人类的大门之外。[①] 在从原始人类进化到现代人的过程中，由于在劳动中协作与分工的需要，彼此不得不用声音向对方传递某种指示或意义，以便实现更有效的合作。经过漫长的进化，分音节语言终于出现了。语言的使用也促进了管理它并为它服务的大脑的进化。总之，正是这种劳动和语言的互相耦合导致了人类社会中以语言为核心的信息传播系统的产生。

有学者指出：人类语言和动物语言的功能性区别主要体现在五个方面：（1）人类语言具有明显的音节划分；（2）发音时，与本能相关的成分较少，其发音过程具有明显的逻辑结构性；（3）能够自主地模仿环境中的声音和其他动物的声音；（4）不需要外部的刺激也能自主地发声；（5）能够由衷地欣赏声音的节奏和韵律。[②] 然而，这种比较仅仅是外在功能上的。从更深入的层面来看，语言不仅能够表征现在、过去和将来，还能表述眼前的事物和那些在遥远空间存在的事物，表现出一种超越时间和空间的穿透力。再者，人类使用语言不仅可以描述具体的事物，也可以描绘抽象的甚至是虚构的存在物，具有一种广泛的内容包覆性。在发音构成上，仅仅以几十种元音和辅音，再辅之以声调的抑扬顿挫，就能组合成几十万种的语言词汇，具有使用效率上的经济性。最后，动物仅能依靠有限的声音和特定的物理、化学信号传递感情和意义，而人类则在

---

① 今西锦司. 人类的诞生 [M]. 东京：河出书房新社，1968：105.
② 郭庆光. 传播学教程 [M]. 2 版. 北京：中国人民大学出版社，2011：22.

不断地创造新词语、新概念，尤其是还能将声音符号转换成文字、图形等符号加以记录和保存，因此，语言的发展史就是一部人类不断创造以适应自身社会活动的历史。

从生物信息系统进化的视角来看，动物主要依靠自己身体内遗传信息的变异来适应周边环境，并且把那些经受住环境考验的信息转化并留存在自身体内，作为遗传物质来传给它们的后代。这是一个缓慢的、充满尝试－错误的低效率进化过程。人类诞生前后，有数百万种生物物种已经灭绝了。这就有力地说明了仅仅依靠遗传物质的信息系统来应对千变万化的复杂环境是多么无力和脆弱。与此截然不同的是：人类主要以自身体外化的、社会化信息系统来适应甚至在一定程度上改造环境，将自身的认识、经验以文字符号等体外化媒介予以记录、保存和积累，作为知识、文化加以传递和留存，尤其是通过学习和教育的方式传授给自己的后代，让自己的后代在实践中实施、总结和拓展。这是一种具有累积效应和协同创新效应、稳妥而积极的环境适应方式。

二、人类信息传播的历史发展脉络

信息传播是通过借用一定的媒介、工具、手段进行自身意义的表达与接受的。人类信息传播始于语言的产生。此后，经过了漫长而缓慢的发展。概括起来，人类的信息传播活动历史大体可以分为四个发展阶段（见图 4.1）[①]：口语传播时代、文字传播时代、印刷传播时代和电子传播时代。值得说明的是，这四个发展阶段不是逐次更替的，而是渐次累加的，表现为一个从单一走向多元、从简单走向复杂、从原始走向现代的不断丰富和完善的过程。

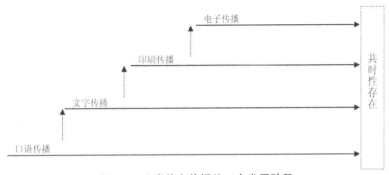

图 4.1　人类信息传播的四个发展阶段

① 郭庆光 . 传播学教程 [M].2 版 . 北京 : 中国人民大学出版社 ,2011:23.

（一）口语传播时代

音韵史的研究表明：口语最开始是用于对自己身边不同的事物的命名，也就是给它们一个称谓，以告知自己的同伴。如：把自己周边的常年绿色植物叫作"树"，自己的同类叫作"人"，那些会飞的动物则叫作"鸟"。尽管这种原始的称谓带有几分幼稚，但是，它在人类的认识史上却有着里程碑式的作用。由于它的使用，周围的一切存在物可以通过归纳、分类在突然间变得清晰而有条理了，甚至进一步把握了它们的特性和运动规律，实际上反映了人类认识事物能力的逐步深入。虽然口语最初只是一种将声音与环境中的事物加以联系的媒介，但是，随着人类生活经验和社会活动的深入，它的抽象能力和泛化水平也不断提升，所传达的意义也日趋丰富和复杂。据此，美国传播学家梅尔文·德弗勒（Melven L. Defleur）认为：语言和思维是紧密相连的，人类说话的规则和思维的规则也是相同的，不过，语言是外向式操作，而思维则是内向式操作。德国释义学家伽达默尔（Hans-Georg Gadamer）则认为：语言本身就代表一种对世界的认知和看法，是一种形式的世界观。[①] 因为人类自从有了语言，就和世界产生了某种联系，在自己的生产和生活中产生了某种意义和态度。它所代表的是一个语义世界。

斗转星移，尽管经过了漫长岁月的变迁，口语依然是我们工作、生活中最熟悉和最常用的传播媒介。不过，这种媒介有两个与生俱来的缺陷：传播距离有限和时间上的转瞬即逝。说它传播距离有限，是因为口语是依靠肺部气流流经声门而产生的振动所产生，它通过空气等介质到达接受者。由于气流能量的有限性，如果不采取特殊措施，如使用电话和视频，或者录音等，口语就只能在较近的范围内使用。说它转瞬即逝，是因为人们讲话时，如果不经过特殊处理，就不能长久保存与传递。回忆起来往往是凭借一个人的记忆能力，保持性较差，也不便于积累。因此，口语这种体外化信息系统就只适应诸如家庭、班级、学术交流等较小规模的、近距离的信息传播环境。

（二）文字传播时代

我国的《易经》中曾有这样的描述："上古结绳而治，后世圣人易之以书契。"[②] 作为人类信息传播史上的第二座里程碑的文字是在结绳记事和原始图画

---

① 郭庆光.传播学教程 [M].2版.北京：中国人民大学出版社，2011:24.
② 黄寿祺，张善文.周易译注 [M].上海：上海古籍出版社，2010:533.

的基础上发展而来的。

据考究，在文字出现以前，世界上许多国家、民族和部落都出现过以结绳来记叙重大事件、风俗习惯甚至传说并进行传播的时代。如位于南美洲的印加古国的大小城镇都有专职的结绳官，他们掌握了复杂的结绳技巧和规则，会将重大的事件以结绳符号的形式记录下来，并在需要时向外界发布、解释相关信息。在公元前 12000 年至公元前 300 年期间，日本经历了将绳索图案印在陶器和陶俑上面的"绳文时代"。[①] 在我国也有"书画同源"的说法。事实上，据考古学的发现，在旧石器时期晚期，我国开始使用图形和图画来传递信息了。不过，那时候是将人们对自然界和自身的认识以图画的形式刻在岩壁和各种石器上。到了新石器时代，这些早期的简单图画就逐渐演变为一种图画文字。

大约在公元前 5000 年至公元前 3000 年新石器时期，在我国的黄河中游地区，也就是如今的甘肃省至河南省，人们就在彩陶上面刻绘出几何图形和符号。到了殷商时期，出现了甲骨文。殷商时期也是我国文字初步形成体系的时期。这一时期，不仅有指事字、象形字、会意字，还有发音标志和词义理解俱备的形声字，甚至还有只起区别字形作用的记号字[②]。文字的载体也由早期的石壁、石器、陶器、青铜器，逐步扩展到了甲骨、竹简、木简，再后来就是纸张。不仅印刷材料越来越轻便，而且设有驿站等邮政设施。文字信息不仅克服了音声材料的转瞬即逝性，摆脱了学习者个体的记忆依靠性，实现了信息的长久保存，而且打破了口语媒介的地域有限性，实现了信息在越来越宽广的范围内快捷传播，有力地推动了各地经济、科技、文化和管理的交流与融合。

（三）印刷传播时代

在文字出现后的相当一段时间内，信息的扩散与传播基本上是沿袭手工抄写。这不仅耗时耗力、工作效率低、成本高，而且规模也难以扩大，影响了信息的流通和传播。这时候的文字使用属于统治阶层和政府官吏的特权。打破这种境况的是纸张和印刷术的出现。

公元 105 年，东汉的蔡伦吸取了前辈的经验，利用树皮、旧渔网、破布、

---

① 郭庆光. 传播学教程 [M].2 版. 北京：中国人民大学出版社，2011：24.
② 按照字形结构，现代汉语一般将汉字分为三个基本类型：形声字、会意字和记号字。其中，记号字又分为独体记号字和合体记号字。独体记号字（如：日、月、人、口）主要来自古代的象形字，部分也来自指事字，如：上、下、立。合体记号字主要是由简化而形成。如："鱼"就是由"刀""田""一"组成。周有光. 汉字和汉字改革 [M].北京：知识出版社，1983：45.

麻头等植物性原料制造了结实、抗磨损的纤维纸张。到了唐朝，我国已出现了采用木料来刻字的雕版印刷技术。1048 年，北宋的毕昇发明了胶泥活字印刷术。这时候的印刷技术看似简单，但是，它具备了活字印刷的三道关键工序：制活字、排版和印刷，其原理和近现代的铅字印刷完全相同。到了元代和明代，则分别出现了木质活字和锡、铜、铅活字。这些印刷技术和当时的造纸技术一起流传到了东南亚和西方国家。

印刷术的发明表明了人类已经掌握了文字复制的技术原理，也有能力批量生产文字信息。但是，那时主要还是依靠小作坊的手工作业，生产效率并不高。到了 15 世纪 40 年代，德国工匠约翰内斯·古登堡（Johannes Gutenberg）对中国的活字印刷与油墨技术进行了改进，并借助造酒用的压榨机进行改装，成功创造了金属活字排版印刷术。这样，文字信息的机械化生产和成规模复制就成了现实。经过 18 世纪的欧洲工业革命，印刷技术中的人力生产被机械生产和电力生产所代替。印刷机的出现导致了报刊的问世。人们通过阅读报刊，不仅了解了自己周边发生的重大事件，也提升了自己的读写能力。教科书的出现则使得举办大规模的公共教育成为可能。印刷技术的发展对经济、文化、教育都产生了巨大冲击，并逐步成为规模较大、不可或缺的现代产业。

（四）电子传播时代

熔金铸字的印刷实现了文字信息的大批量生产与传播，但是，和其他技术一样，印刷技术也是在积累与摸索中不断向前发展的。1837 年，美国人塞莫尔·莫尔斯（Samuel Morse）发明了世界上第一台实用电报机。这使得远距离的快速信息传输成为一种现实。而在这之前，信息的传播总是和人流、物流同步的。

电子传播可分为有线系统和无线系统两种工作方式。有线系统包括莫尔斯发明的电报机、19 世纪 70 年代贝尔（Alexander G. Bell）研制的电话机以及后来出现的有线广播、有线电视、当今时代的计算机通信和有线互联网。无线系统则是以意大利电气工程师马可尼（Guglielmo M. Marconi）1895 年的无线电通信实验作为起点，后来逐步发展到无线电报、无线广播、无线电视以及今天的移动电话、无线互联网络。它通过无线电波的发射和接收来工作。1957 年，苏联成功发射了世界上第一颗人造地球卫星。从此，人类进入了卫星通信时代。20 世纪中期以来，电子信号的传输逐步由原来的模拟信号过渡到了数字信号，信息传播也就进入了数字时代。正是因为这一转变提高了信号传输过程中的抗畸变能力，信息的保真度更高。此后，数字技术渗透到了计算机通讯、互联网通讯。20世纪八九十年代以后，广播电视和出版业也逐步实现了产业的数字化升级。

电子传播带来的不仅是空间距离的跨越和时间上的快捷，而且通过摄影、录音、摄像技术这类体外化声音信息系统和体外化影像信息系统实现了资讯的历史性保存和大量生产与传播。否则，我们仍然只能像过去一样仅凭文字材料或考古发掘进行想象和推测，略显直观性、丰富性和可靠性不足。兼具信息处理、记忆和传输功能于一体的计算机的问世则促进了人脑这一信息中枢的体外化进程，而且其精度高、速度更快。电子传播，尤其是数字技术的出现，将传统的书籍、报刊与现代的卫星通信、视频电话等信息传播方式融为一体，将分散的文字、图形、声音、动画、视频媒介都整合到一个立体化的信息传播系统中，使我们迈入了全新的多媒体信息传输时代，踏入了亘古未见的信息社会。

总的说来，按照信息传播媒介在历史上出现的先后顺序，信息传播媒介大体可分为三类：示现类、再现类和机器类。[①]前面所提到的口语、动作、表情属于示现类媒介。它由人体的感觉器官或身体器官发出。绘画、文字、印刷和摄影属于再现类媒介。在这一类媒介中，信息的生产者和传播者都需要借助于机器来实现。电报、电话、广播、电视、计算机及其网络通信则属于机器类媒介。在这一类媒介中，信息发出者和接受者都必须借助于机器来进行。关于媒介的作用，借用加拿大传播学家马歇尔·麦克卢汉（Marshall McLuhan）的话来说：媒介就是人类感觉器官和身体器官向外部世界的延伸与拓展。而这个延伸与拓展过程的根本目的就在于在交流合作中不断提升人类认识自然、利用自然和改造自然的能力。就信息传播媒介本身来讲，这也是它们日益体外化、日益复杂、日益独立和日益自主的过程，而且会表现出它们自身的运行规律。

第二节　信息传播中的符号

在人类的信息传播过程中，任何信息都是符号与意义的耦合体。一方面，符号是信息的物质载体和外在表现形式；另一方面，意义又是信息的内容和目

---

① Hart A. Understanding the Media[M]. London: Routledge, 1991:5.

的所在。因此，研究信息，就必须同时考察符号与符号所承载的意义。符号的研究大体可分为三个基本层面：一是关于符号构成的形式层面，它以结构主义为代表；二是关于内涵的意义层面，它以分析哲学和语言哲学为代表；三是符号理解的解释层面，它以现象学和诠释学为基本工具。①

一、符号的定义

在现实世界里，符号（sign）的形态多种多样，并且在不同的领域里，符号的意义各不相同。例如：在数学中，我们将"1、2、3"等叫作数字，把"a、b、c"等叫作字母，把"＋、－、×、÷"叫作运算符。在这里，符号的意义是清楚的，也是十分狭窄的。在日常生活中，我们所感受到的声音、动作，物体的形状、颜色、气味甚至运动形式等，只要它们能够用来指代某一特定事物或表示某一特定含义，它们都可以属于符号的范畴。这里，符号仅仅是人们在表述、传播信息时的一种不可或缺的基本元素，而其作用只是帮助人们实现意义的携带和传递。

在信息传播系统中，符号的意义要宽泛得多。有学者认为：② 只要事物 A 和事物 B 之间存在某种指代或表述关系，如事物 A 能指代事物 B，那么，就可以认为事物 A 是事物 B 的符号，事物 B 则是事物 A 的意义所在。这种关系在瑞士语言学家费尔迪南·索绪尔（Ferdinand de Saussure）的眼里就是"能指"（the signifier）和"所指"（the signified）的关系。这里的"能指"可以是引起人们做出任何联想的事物、概念，如文字、声音等，而"所指"则是"能指"所指代或描述的对象性事物或概念，也是所传达的意义之所在。对于符号及其组成要素，英国语言学家特伦斯·霍克斯（Terence Hawks）做了一个最为全面的总结。在他看来，任何事物只要它是独立存在的，而且和另一个事物产生了联系，并且能够被解释，那么，它的功能就是符号。③ 这样，一个符号就牵涉到三个不同的方面：一是所指代的事物，它构成了符号的外壳与形式；二是被符号所指代的对象；三是对符号所含意义的解释。因此，符号只会出现在具有指代或表述的关系之中，并且符号只具有形式上的独立，而在内容上却和所指称的对象有着某种联系。人们使用符号的目的仅仅是借助于符号来进行某种有意义的交流。在

① 李彬. 传播符号论 [M]. 北京：清华大学出版社，2012:7.
② 永井成男. 符号学 [M]. 东京：北树出版社，1989:74.
③ 霍克斯. 结构主义与符号学 [M]. 瞿铁鹏，译. 上海：上海译文出版社，1987:132.

传播过程中，信息发送者通过符号表达某种意义，信息接受者则通过对符号的解读来获得意义。很明显，如果收发双方对符号的意义理解不一致，那么，解读的方式和程度也就不一样。这样，沟通就无法有效进行下去。

前一小节中已经提到，口语是人类掌握的第一套听觉符号系统。有了语言，人类的信息交流与传播就远离了动物的条件反射范畴，达到了一个相对自由的境地。文字及其印刷则是人类独创的第一套具有完整体系的视觉符号系统。借助于文字，人类的信息交流与传播就可以实现跨时间、跨地域的记录、留存和传递。不过，文字终归是口语等声音语言的再现和拓展，所以，学界也常常把口语和文字合称为语言符号体系。[①]虽然语言符号体系是一种最基本的人类符号体系，但它不是唯一的符号体系。说话人的动作、表情、语音甚至于他所使用的图片、视频等素材都可以用来帮助传递信息，实现符号的功能。

二、符号的分类、特性和功能

（一）符号的分类和特性

简单地讲，符号可以分为两个基本类别：信号和象征符。之所以做出这种划分，是因为信号（signal）不仅具有物理性质，而且通常是对象物的替代物，而象征符（symbol）[②]则具有人类的语义性质，通常是对象物的表象或者相似物、相近物。具体来讲，信号具有以下两个特点：（1）信号与其所表示的对象物之间往往具有天然的因果关系。这样，一切自然符号都会是信号。如：人发烧是生病的信号，冒烟是着火的信号。（2）信号与其所表示的对象物之间通常是较为明显的、固定的、一一对应的关系。这样，信号就比对其对象物更易于识别并且可以被转化。如交通信号，物理测量中的电流、电压，旗语，计算机中存储的有待于转换成图形、图像的编程语言和数据等，都是信号。相比较而言，象征符也具有四个特点：（1）它是人类自己创造的一种人工符号；（2）象征符不但可以表示具体的事物，而且也可以表示观点、思想、价值观等抽象事物；（3）象征符不是遗传得来的，而是通过习俗的流传，或者通过学习来认识并继承的；（4）象征符与其所表示的对象之间不一定要有固定的、必然的联系，这

---

① 郭庆光.传播学教程[M].2版.北京：中国人民大学出版社，2011:36.

② "symbol"一词由词根"sum"（一起）和动词"ballo"（丢掷）构成，意为"放在一起"。在古希腊，一根木棒或骨头被劈成两半，有关联的两人各取其一。若日后这两半能完美契合，则可间接地印证这两个人之间的关系或身份。马祖儿.人类符号简史[M].洪万生，等译.北京：接力出版社，2018:2-3.

种关系往往具有一定的自由性和随意性，因此，它可以被人类较为自由地创造。总之，象征符已经超出了知觉范畴，往往带有表象和概念的成分。

由于象征符具有一定的自由随意成分，因此，在实际生活中，同一个对象物可以用多个象征符来表示，并且一个象征符也可以表述多种不同的对象。例如，"和平"这个概念除了用语音或文字来表述，也可以用橄榄枝、白鸽来象征。最后，象征符在本质上是一种社会文化现象。同一个象征符在不同的社会具有不同的解释。即使是在同一个社会里，象征符的意义也可能随着时代的变迁而改变。

（二）符号的主要功能

符号是人类信息传播的基本媒介。通过符号这一桥梁，人类能够进行信息沟通，形成更有效的合作。概括地讲，符号通常具有三重功能：联系与思考、意义加载和意义传递。

1. 联系与思考

学习者的思考既是一种个体内在的信息处理过程，同时也是一种针对符号之间的联系进行操作、转化、输出的过程。人在思考时，首先得有合适的目标和对象。这里的目标就是人性中的合理需要与情感，而对象则可以是眼前的实物，但更多的时候是以前出现过的事物的形象、表象甚至脑海中概念（词汇）、观念等符号形式。但是，概念反映的是一类事物的共同本质特征，具有间接性和抽象性，不能单独存在，而必须借助于语言、文字等符号来表述。这样，思维也就离不开口语、文字等语言符号，而语言符号也就实现了与思维共生共长。

2. 意义加载

符号的意义就是信息发出者的精神内容，即一个人的所思所想。但是，作为精神内容的意义本身是无形的，如果不通过可被感知的一定物理形式的符号来加载和体现，那么，这种意义就只能停留在自己的心中，永远不会有被他人理解、认同的机会。

3. 意义传递

人与人之间传递信息的根本目的在于实现意义的分享。这一过程是动态的，也是具有反馈回路的。首先，信息传出者必须将自己的意义转载到符号媒介上，实现符号化；其次，通过一定的信道到达信息接受者；最后，信息接受者对自己收到的信息进行翻译、理解，读取该符号系列所搭载的意义，进行反馈，视情形或阐释，或再次传出该信息。

三、符号意义及其特点

（一）符号意义及其分类

在人类社会的信息传播中，任何符号都必定与某种意义发生联系。也就是说，在人类的信息传播中，在现象上是利用符号在交流，而实质上是交流的是某种精神内容，即意义（meaning）。

意义到底是什么？它是如何产生的？由于它是无形的、抽象的，所以，对于这个问题的回答也是各不相同，不同的学科也会有不同的定义。在形而上学主义者眼里，意义是超自然的东西。在历史唯物主义者眼里，它只是人类存在和社会实践的产物。意义所反映的是人、自然、社会、他人甚至自己的心理关系、实践关系、历史关系和文化关系。[①] 从信息传播的视角来看，意义就是个体基于对象物和自身之间某种关系的认识以及可能对自身存在、活动、未来发展所带来的某种直接或间接的影响，在当前或未来可能产生的某种功能或价值。它所覆盖的范围甚广，囊括了意向、意图、认识、知识、观念、价值等全部精神活动的内容，是一种普遍性的相对存在。

（二）符号意义的特点

符号是意义的承载者和携带者。任何符号都必定具有某种意义。符号所承载的意义也可简称为符号的意义。我们大体可以从三个不同的侧面去考察它。

1. 明示性意义和暗示性意义

明示性意义就是从字面直接看出来的意义，也是意义的内核部分。暗示性意义属于符号的引申含义，属于意义的外围部分。一般来说，明示性意义是某种社会文化背景下绝大多数社会成员共同理解并在普遍使用的意义。它具有相对稳定性。暗示性意义虽可能有多数人在使用，但更多的是基于个人自身的联想、想象而在特定的少数人群中间使用。它具有相对易变性。这种分类主要出现在语义学和诗歌中。

2. 内涵意义与外延意义

这主要是逻辑学中的分类。因为在逻辑学中，表示词语的符号与概念几乎

---

① 郭庆光. 传播学教程 [M].2 版. 北京：中国人民大学出版社，2011:39.

是同一个概念。但概念可分为内涵（connotation）和外延（denotation）两部分。其中，内涵是对所指称事物的基本特征与本质属性的概括，而外延是所指称事物的具体组成，是一个集合。例如："人"的内涵是"能够制造和使用工具，具有抽象思维能力"，而"人"的外延则是古今中外的一切人，是可以一一列举出来的男人、女人，青年人、中年人、老年人，中国人、外国人，等等。

3. 指示性意义和区别性意义

这种分类主要用于符号学中。指示性意义（referential meaning）是个体在思考时将现实世界中的同类事物的表象、映象加以简化、类化与概括，并用符号来表示时所产生的意义，主要用来指称和明确表述。区别性意义（deferential meaning）则是对两个符号字面含义异同进行辨析时所产生的意义。它不包括比喻、引申和暗示等修辞方法。区别性意义的作用在于揭示两个概念符号之间的异同点，便于准确地使用。[①] 例如，我们说到"植物"这个词（此时也是一种符号）时，它的指示性意义就是自然界中各种草本、木本生物群的表象或映象。但是，当要区别"植物"和"动物"时，我们就会发现：这两个词中的"物"所指称的都是生物，这是这两个词的共同点；而"植物"中的"植"和"动物"中的"动"则分别表示各种草本、木本生物群和鸟兽类这类具有感觉和运动能力的生物群。它们同属于生物群，但是，"植物"的位置是相对不动的，而"动物"具有一定的运动能力。做这种划分的依据主要是动与不动。显然，二者之间既有联系，也有区别。

四、传播过程中符号的意义

前面我们探讨的是符号，而且主要是语言符号本身的意义。然而，在实际的信息传播过程中，除了语言符号之外，另外一些因素，如传播者、受传者和具体情境都会影响到意义的接收效果。

（一）传播者的意义

在信息传播行为中，传播者是信息传播的起点。这时，传播者会通过一定的符号形式（如口语和文字）来承载他心中的实际想法和意图。然而，在这一过程中也许会出现词不达意的现象。如：自己的意图表述得比较粗糙，不够

---

① 郭庆光.传播学教程 [M].2 版.北京：中国人民大学出版社,2011:40.

全面或精确，或者所选用的语词不能精准地代表自己内心中的真实想法。人说出话后，有时会出现自己不满意、后悔甚至抱怨，都是言不由衷或词不达意的表现。

（二）受传者的意义

对于传播者发出的符号信息，哪怕是同一个符号或者同一个符号序列，不但不同生活背景、经历下的受传者往往有不同的理解和解读，即使是同一个群体或相似背景下的受传者也往往有不同的解释。其原因有二：一是符号信息本身所携带的意义会随着时代的变化而变动；二是每个受传者都会依据自己的经验、经历等生活背景和对象事物与自己的利害关系等社会背景来理解和诠释符号信息所携带的意义。

（三）情境意义

这里的"情境"在信息传播学中也叫传播情境，在语言符号这类文字符号中也叫语境（context）。传播情境是指对某一特定信息传播过程能产生直接或间接影响的外部事物、周围条件与因素的统称。具体来说，它包括：信息传播的时间、地点，何人在现场等具体场景。广义来说，它还包括了信息传播人和受传人所处的群体或组织，所沿袭的语言文化习俗，甚至于社会规范与制度等。在许多情况下，传播情境会带来符号信息本身不具有的额外意义，在一定程度上制约着字面意义的发挥。对此，俄国语言学家罗曼·雅各布森（Roman Jakobson）曾指出：语言等符号不提供也不可能提供信息传播活动中的全部意义。[①] 关于阅读及其理解，中国有个成语"字里行间"，它说的就是既要从"字里"去解读符号的字面意义，也就是文字符号的本来意义，但还要从"行间"这个大情境下去解读弦外之音。这是需要读者自己去想象和推测的。

符号本身具有自己的意义，但是，符号所实际表达的意义还要结合符号信息的实际传播环节和符号所在背景去解读。这就是说：符号的实际意义与符号的本来意义产生了偏离。那么，其原因何在呢？第一，有时候，我们所要表达的意义不是很清晰，比如说它还只是一个初步想法，即念头。这些时候，由于意义本身的模糊性，就会不可避免地造成所使用的语言符号的不准确性。第二，在符号与意义的关系中，符号只是外在形式，意义才是实际内容。但是，符号

---

① 霍克斯. 结构主义与符号学 [M]. 瞿铁鹏，译. 上海：上海译文出版社，1987:83.

这一形式具有相对稳定性，而意义则与信息传出者个人的生活实际、社会背景相联系，往往具有丰富性和多样性，从而表现为一定的可变性。也就是人们常说的：语言是有限的，而实际却是无限的。第三，虽然人类这一人群整体使用、驾驭语言的能力是随时代而发展的，并表现为一定的无限性，但是，作为信息传播者个人来说，他所掌握的信息符号必定是有限的。这样，在他选择语言符号进行表达时出现词不达意，或者在对所接收到的信息进行理解时产生了偏离、误解，造成下一轮信息传播中出现偏离或差错，也就是情理之中的事情了。第四，所有事物都是互相联系的，符号也不能孤立地存在。信息接受者在接收到相关信息后，他所能实际理解的意义除了会受到自身文化水平的限制之外，同样还会受到符号的传递过程、环节及其一切附随性因素（如时间、地点、场景、氛围等）的影响。

第三节　社会信息互动中的象征符

人类传播是以社会信息作为媒介进行社会性互动的。和动物不同的是，人类又习惯于用身边常见的具体事物来表示某些与之相似或相近的抽象概念甚至寄托某种特定的思想感情。[①] 这就是人类的象征行为。这里所使用的具体事物就是象征符。

一、象征符

其实，任何一种符号都是源于人类从环境中以他最为熟悉的原型（prototype）出发，并以相似性原则对其他同类刺激物特征信息的抽取与概括。[②] 思维过程中经常运用邻近原则、相似原则、对比原则[③]。由于思维过程中概括范围与抽象程度的不同，因此，一般都会具有双重意义，即字面的直接意义和符号的类比、联想意义。人类在信息传播中所使用的象征符就是基于自身的社会生活的联想、想象，运用相似性原则在第二层意义使用。例如："五星红旗"的

---

① 郭庆光. 传播学教程 [M]. 2 版. 北京：中国人民大学出版社, 2011:42.
② 张浩. 思维发生学：从动物思维到人的思维 [M]. 北京：中国社会科学出版社, 1994:48.
③ 施良方. 学习论 [M]. 2 版. 北京：人民教育出版社, 2001:9-10.

字面直接意义就是"绘有五颗黄色五角星的红色旗帜",而其类比、联想意义则是我们伟大的祖国。

在许多场合,符号的象征行为不仅带有价值取向和行为取向性,包含肯定或否定、赞扬或批判的成分,同时,除了象征符和被象征的事物之间能依据相似的想象原则建立联想关系之外,这种象征行为还必须得到社会上绝大多数成员的认可,表现为强烈而鲜明的社会约定性。本质上,正是由于象征符的使用,人类指称的对象得到了扩大,从眼前的、个别的具体事物扩充到了千变万化的社会事物甚至宇宙事物,更好地表征了世界的丰富性和多样性。因此,它也是人类知识在自身社会实践和社会文化生活中的智慧性拓展。

二、象征性社会信息互动与传播

象征性符号互动理论的源头可以追溯到 20 世纪之初的美国社会心理学家库利(Charles Horton Cooley)的"镜中我"[1]、托马斯(William Isaac Thomas)的情境分析思想[2],尤其是米德(George Herbert Mead)的《精神、社会与自我》一书,后来,又经过了布鲁默(Herbert G. Blumer)、特纳(Jonathan H. Turner)等人的进一步推动和发展。[3]该理论认为:人类个体都是具有象征行为的社会性动物,人类的象征行为是一种积极的信息创造过程。在符号互动论的奠基人米德看来,人类心智形成的奇妙之处就在于个体能够进行想象性预演,也就是通过揣摩他人意图并借助某一(些)人能够正常理解其意义的语言、姿势等符号来解释或定义他(们)周围环境中的某一事物或现象,实现与他人的互动,最终求得彼此行动间的最佳适应。[4]在符号互动论后继者布鲁默看来,象征性符号互动理论的核心是以语言等象征符为媒介的人际关系互动。其基本论断有三个:一是人类个体总是依据自己对某互动情境中事物的意义解释来开展行动的;二是对象事物的意义是在互动过程中产生的;三是任何行动都会涉及人的内心的解释过程,并且是意随境迁。[5]这样说来,即使是同一情境中的某一事物,

① 每个人都是对方的一面镜子,即他人眼中的我。包括想象中的他人感觉与评价,在上述想象中最终形成的自我感觉和自我观念。
② 在托马斯看来,成年人的自我观念取决于情境。这种情境包括:个体进行活动的客观条件、个体的先存态度和情境定义(头脑中对于条件、状况、态度等较为清晰的概念)。
③ 贾春增.外国社会学史[M].3版.北京:中国人民大学出版社,2008:264-269.
④ 侯钧生.西方社会学理论教程[M].3版.天津:南开大学出版社,2010:248-249.
⑤ 张友琴,童敏,欧阳马田.社会学概论[M].2版.北京:科学出版社,2014:73.

对于不同的个体来说，它可能也具有不同的意义。与他进行交互的其他个体的情感、态度、观念都会反过来不断左右他对该事物的意义认定，并且个体还会随时依据情境的不同来选择、认定和修改其意义，调整自己的行为目标，达成某种协调。

依据象征符在信息传播过程中的作用机制和功能的不同，象征符可分为四个基本类型：示现型象征符、论述型象征符、认知型象征符和价值型象征符。[①]这四种象征符分别用在不同的情境之中。

三、象征性文化与现代社会

对于"文化"，不同的学科有着不同的界定。[②]但在社会文化学视野里，"文化"则是通过符号体系的象征性来加以实现的。正如美国文化人类学家 C. 吉尔兹（Clifford Geertz）所指出的那样：文化不过是人类用以表达自身的生活知识和态度，使之得到传承与发展而使用的、以符号形式来表现继承性的观念体系。[③]概言之，符号性和象征性是文化的两大特征。

人类在自身的生产、生活实践中所形成的以语言为代表的象征符体系不仅帮助人类摆脱了自然与生物学意义上的束缚，也有效地提高了个体之间的信息传递效率。然而，这种象征符文化体系一经形成，也就会作为思想和行为的基本框架，即以社会合约的形式，进而表现出一种相对独立性，反作用于社会，调节和规范着人们的日常行为和社会生活。不过，象征符体系这种文化表现形式也并非一成不变，人们有时会渐进地，有时会激进地改造那些旧的符号，创造出新的符号。在当今的互联网时代，文字和文化的极速衍生与变化特征则更为明显。

我们的生活总是被各种视觉的、听觉的甚至触觉的符号所包围。现代人还正在把各种各样的事物作为新符号，赋予着某种意义，与他人进行交流，通过引起共鸣或合作来达到自己的某种目的。这样，现代社会中的生活空间正在加速演变为符号空间和意义空间。随着越来越多的社会个体参与到基于符号的信息创造与分享过程，象征符创新活动必然愈加活跃，并最终导致象征符体系的个性化和多元化。

---

① 郭庆光.传播学教程［M］.3版.北京：中国人民大学出版社,2011:37.
② 郑金洲.教育文化学［M］.北京：人民教育出版社,2000:1.
③ 郭庆光.传播学教程［M］.2版.北京：中国人民大学出版社,2011:45.

第四节　符号信息的人际传播

人际传播是指两个行为主体之间的信息互动。它不仅是一种日常生活中最常见、最直观的信息传播活动，同时也是人与人之间社会关系形成的基础。

一、人际传播的动机

个体与他人之间的人际传播（personal communication）大体出于以下四个基本动机：

首先，出于收集、获取周边有用信息的需要。因为任何个体都必须生活在特定的自然环境和社会环境之中，而这些环境不是一成不变的，而是处于不断的发展变化之中，个体必须通过收集环境信息才能不断地调整自身行为，以有效地适应周边环境。

其次，出于某种社会性协作[①]的需要。人是社会性动物，通常会遇到某些自身不能独立解决的实际问题。这时，不同的个体必须通过信息交换，形成共识，达成一致性目标，或分工合作，或彼此协调，聚集更多的资源与智慧来一起解决，并共同受益。积极的说明、解释、意见征询、方案探讨都属于人际传播的基本方式。

再次，出于正确的自我认知和相互认知的需要。社会性协作关系的建立离不开对自己、对他人的正确了解，而且还要让他人了解自己。事实上，合理的自我认知与评价是他本身能力得到恰当发挥的逻辑前提。过高的自我评价容易造成盲目的自信，在实践中遭受挫折；而过低的自我评价又会让人畏畏缩缩，错失良机。而一个人的社会建树在很大程度上取决于他自我意识的影响。在美国学者库利（C.H. Cooley）看来，个体行为在很大程度上取决于对自我的认识，而这种认识又恰恰是通过与他人的信息（符号）互动而来。他人对自己的评价和态度就如同一面镜子。个体就是通过这面"镜子"来认识自己，把握"社会我"。[②]与他人信息互动得越频繁，越深刻，越丰富，那么，个体的"镜中我"也就越清晰，对自身的把握、定位也就越准确。当然，个体也得了解自己协作

---

① 此处的"社会性协作"是一个较为广泛的概念，具体包括了三个层面的含义：互换信息，形成共识；围绕某一共同目标的责任分工与角色扮演；在某一次行动中的彼此协调与配合。

② 贾春增. 外国社会学史 [M]. 3 版. 北京：中国人民大学出版社，2008:265.

伙伴的人品、性格、能力，以便对协作伙伴的信赖程度与协作前景做出有充分依据的评估、判断，这就是相互认知。

最后，出于个体自身心理状态维护和调节的需要。拥有自己的朋友圈，维护和谐而稳定的人际关系，这不仅有助于消除存在的紧迫感和孤独感，也有利于释放内在压力，保持愉悦的心境，促进身心健康。总之，与动物不同，这种社会性心理的满足是人类从事人际传播的一个主要动因。

二、人际传播的特征与社会功能

（一）人际传播的特征

人际传播的信息非常广泛，它既可能是环境变化信息，也可能是对某一特定问题的看法，还可能是彼此间的情感沟通，其总体特征是内容丰富，形式多样。这些特征体现在以下四个方面：

第一，发送和接收信息的途径多样，方式灵活。不仅可以采取面对面的形式，也可以通过某些特定的媒介（如信函、电话、视频等）来进行，而且可运用某些动作、眼神和表情来辅助。

第二，信息的意义丰富而复杂。多种渠道、多种手段的联合使用，能够形成某些特定的传播情境，产生新的意境。如："我同意你的观点"这句话仅仅是文字形式，其意义是单一、浅显的，但是，如果是发生在面对面的交流中并带上某种柔和而缓慢的语调，加上调皮的面部表情，则含义可能就是部分同意，甚至完全不同意，其意义就复杂、丰富多了。

第三，反馈及时，互动性强。在一来一往的信息交流中，传播者和受传者都会依据对方的反应来实时评估传播效果，适时调整、补充传播的内容和方法，甚至互换角色，才能在传送信息、说服对方和沟通情感方面取得预期的传播效应。

第四，具有自发性、自主性和非强迫性。由于参与传播的双方都是具有独立意志的个体，因此，必须遵守自由、平等、自愿的原则。双方都没有强迫对方接受的权力，也没有接受强制的义务。不过，必须指出的是：课堂教学和聆听学术讲座并不是典型的人际传播——自由式交谈，而是属于群体传播和组织传播，因此，它还不是完全自由选择的。

（二）人际传播的社会功能

人际传播不仅是个体分享信息、沟通感情的最常用方式，更是实现社会协作的基本前提，而且还具有传承文化的重要功能。对于个体来讲，个体要实现从"自然人"向"社会人"的转变和适应，就必须不断学习语言、知识、技能、行为准则、价值规范等内容，从而形成正确的自我观念和社会观念，因此，它在促进个体形成健全人格、实现社会化的过程中具有特殊而重要的作用。

三、人际传播中的自我表达

人际传播，对于行为主体双方来讲都是一种自我表达活动。自我表达是让对方较为充分地了解自己、理解自己与评价自己的重要手段。不过，能不能做到这一点，在相当程度上直接取决于自身的自我表达方式是否恰当，自我表达的内容是否准确、充分、全面。有学者认为：人际传播就是传播者将自己的思考、意见、态度、感受、心情、意志，甚至身份、地位等内容向他人进行表达的活动。[①] 那么，人际传播中的自我表达有哪些特点呢？

（一）它是多种媒体的联合运用

人际传播的本质是个体之间精神内容与意义的交换。但是，交换的质量则取决于媒体，也就是符号载体的恰当运用。在所有媒体中，最普遍的是语言，它包括声音符号和文字形式。值得注意的是：任何一种语言都是由语音、词法、语义、句法和语用五个基本成分所构成。其中，语音是音素（最基本的声音单位）及其组合规则，词法是指语音怎么构成单词，语义是单词或句子所表达的意思，句法是怎样把单词构成有意义的短语或句子，而语用则是指怎样恰当地运用语言来进行有效沟通。[②] 因此，人际传播中的语言不仅在传送说话者的内容与意义，而且还会通过音量、语速、声调、节奏来携带说话者的相关背景信息。以文字形式表达的书面语言则主要用于不能或不便于直接使用声音的场合。而书写者的字体大小、工整或潦草，笔画的粗与细，都会在无意中透露书写者的个性、修养等间接信息。

---

① 郭庆光．传播学教程 [M]．2 版．北京：中国人民大学出版社，2011:74.

② 谢弗，等．发展心理学：第 8 版 [M]．邹泓，等译．北京：中国轻工业出版社，2009:350-362.

（二）体态表情具有特殊而重要的作用

虽然语言在人际传播中是最为常见的形式，但是，它并不是唯一的媒体形式。眼神、面部表情和身体姿势也会起着特殊而重要的作用。如：说话时握拳、挥手、身体前倾等动作往往表示强调；说话者只说了前半句，后半句则用点头、摇头、摆手则起着补充说明作用；在不便明示或有语言困难时，撇嘴可表示不屑一顾，耸肩则是一种无可奈何的表示；通过眼神、表情或辅助动作来限制所表达的声音语言的意义范围，如开怀大笑、痛哭流涕、微笑地点头等动作。体态还具有一般语言所没有的特殊效果。

（三）外观形象具有辅助作用

有学者指出：身高、体型、脸型、发型等身体特征和服装、饰品、随身携带物都属于外观形象的范畴。[①] 其中，服装不仅可以用于遮体、御寒，也间接反映着个体的性别、年龄、文化程度、所从事职业，甚至所处的社会地位和本人个性；发型不仅是一种审美，还可显示一个人的风度、气质和教养；化妆品和随身携带物也是修养、个性、风格的表露。

（四）必须受社会价值观的制约

虽然自我表达是以他人为倾听对象并在某一特定氛围中进行的信息及其意义传播活动，但是，个体的自我表达不能一味地以自我为中心，唯我独尊，而必须尊重他人，顾及他人感受。在我们这样一个礼仪之邦，礼貌、谦逊和诚信都是必须遵守、值得推崇的基本道德准则。也就是说，表达自我、展示个性只是自我表达的内容，而在表达方式上还应该符合所在地区、国家的基本文化礼仪，最大限度彰显真、善、美，从而在展示自我、表达自我的同时，让倾听者感受说话人的人格魅力和内在修养，最终获得他人的肯定和赞许。

第五节　信息传播的一般过程

人类社会信息的传播活动具有明显的过程性，即它总会表现出一定的动态性、序列性和结构性。通常来说，人们研究传播过程不外乎两种方式：一是纵

---

① 郭庆光. 传播学教程 [M]. 2 版. 北京：中国人民大学出版社，2011：76.

向的历时性考察，即遵照时间序列考察传播活动的发生、发展的历史演化；二是横向的共时性考察，即针对传播活动的基本要素、环节和结构进行解剖与分析。笔者在研究信息的传播过程时更倾向于采用第二种分析方式。

一、传播过程中的基本要素

按照学界的观点，一个完整的传播过程通常包括如下五个基本要素。[①]

（一）传播者

传播者又被称为信源，是指某一传播行为的引发者。该引发者会通过发出某种（些）讯息的方式主动地作用、影响于他人。在社会信息传播过程中，传播者既可以是个体，也可以是群体或组织。

（二）受传者

受传者又被称为信宿，即讯息的接受者与反应者，也是传播者的作用、影响对象。不过，说受传者是施加作用、影响的对象，并不意味着受传者是一个消极的、被动的存在，相反，它可以通过反馈活动来反作用、反影响于传播者。同样，受传者既可以是个体，也可以是某一群体或组织。此外，传播者和受传者的划分也是相对的，因为这二者可以随时发生角色的互换与交替，因此，传播者在某一时期也会转变为受传者，而受传者也会在某一时期转变为传播者。

（三）讯息

讯息是指一个能够表达完整意义的音信、消息。对应于英文，则是"message"。它的外延比"信息"（information）要窄。它通常由一组相互关联的有意义的符号所组成，是符号和意义的统一体。从形式来看，讯息是传播者和受传者之间的互动媒介，而其落脚点则是两个不同的个体借助于这个共同的、约定俗成的符号媒介完成意义的交换，在相互启发与相互补充中，最终相互理解，形成共识，采取共同的行动，实现个人难以完成的任务。

（四）媒介

媒介又被称为传播渠道、信道。它是讯息的载体和搬运者，也是一种将传播过程的各种因素加以连接的桥梁和纽带。如有线或无线电话、网络音频、视频聊天等，都是现代人常用的媒介。

---

① 郭庆光．传播学教程［M］．2版．北京：中国人民大学出版社，2011:48-50.

（五）反馈

反馈是指受传者在接收到某一讯息之后的回应（response）。在信息传播过程中，不仅传播者通过讯息来对受传者施加影响，同时，受传者不是被动的、消极的存在，而会发挥其自身的主动性和能动性，通过反馈这种形式反作用于传播者。实际上，获得受传者的反馈信息才是传播者的原始目的。

总之，反馈是信息传播过程中不可或缺的因素，也是社会信息传播的互动性和双向性的最根本体现。但是，反馈的速度、质量（如清晰度）又会受到传播媒介的影响。而在人与人的信息互动中，传播者、受传者、讯息、媒介和反馈这五个基本要素是作为一个系统而存在的，它们既相互支撑，也会相互影响，共同完成着人类的信息交换。

二、常见的几种传播过程模式

在科学研究中，模式是以图形、程式① 的方式来阐释、说明所研究的对象物的一种方法。② 作为人们用于理解事物、探究理论的一种常用方法，它一方面与现实世界中的事物具有某种对应关系，但又不是该具体事物的单纯描述，而是经过了某种程度的抽象。另一方面，模式还与一定的理论相对应，但又不等于理论阐述本身，而是对某种理论较浅显的解释或素描，因此，模式就成了人们理解事物和建构某种理论的桥梁。

（一）传播过程的直线模式

1948 年，美国学者拉斯维尔（Lasswell）在一篇名为"传播在社会中的结构与功能"的学术论文中，首次提到了构成传播过程的五个基本要素，并按照一定的结构顺序予以排列，这就是人们常说的"5W 模式"：who（谁）、says what（说了什么）、in which channel（通过什么渠道）、to whom（给谁说）、with what effect（带来什么效果）。③ 后经英国学者麦奎尔（D. McQuail）整理和发挥，形成了如图 4.2 所示的基本线性模型。

---

① 规定下来的一般格式。新华词典编纂组．新华词典 [M]．北京：商务印书馆，1980:105.
② 郭庆光．传播学教程 [M].2 版．北京：中国人民大学出版社，2011:50.
③ Lasswell H D. The Structure and Function of Communication in Society[M]. New York:The Communication of Ideas,Harper and Brothers,1948.

图 4.2　拉斯维尔的直线传播模式

该传播模式是人类第一次将人们天天在使用，却又不甚明了的信息传播活动以明确而又清晰的方式系统地概述为五个基本要素（环节），在传播学史上具有里程碑意义。不过，它属于单向的线性模式，忽略了反馈，因而没有完全揭示出"双向互动"这一显著特点。

美国信息学者 C. 香农和 W. 韦弗也从电子通信的角度进行了探讨，其突出贡献在于提出了"噪音"（noise）的概念，他认为：相当于传播者的信源所发出的信息，经发射器编码成可以传送的电信号并发射后，在流经媒介时，一般不是在封闭的真空环境，通常会受到外界的干扰，造成失真和衰减。

（二）传播过程的循环互动模式

上述直线传播模式的缺陷也是显而易见的。首先，传播者和受传者的位置、关系并非固定不变的。它们会在一定的条件下进行转换。其次，由于传播的双方都是具有能动性的主体，通过反馈实现互动才是社会传播的本质特征，而直线模式却没有考虑反馈和互动环节。

20 世纪 50 年代，受 C.E. 奥斯古德的影响，施拉姆提出了传播的"循环模式"（见图 4.3）。与前述的直线模式相比，该模式具有两个显著特点：（1）不存在传播者和受传者的概念，传播双方都是传播行为的主体，它们借助于讯息，实现了你来我往和相互作用；（2）参与传播的双方在不同的环节、阶段依次扮演着译码者、释码者和编码者的角色，分别发挥着接收符号并正确解读、解释意义、将讯息合理符号化并加以传送的功能。

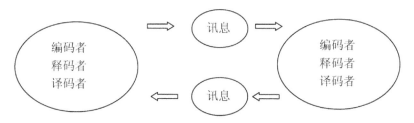

图 4.3　奥斯古德和施拉姆的循环模式

该循环模式强调了社会信息传播的互动性特征，不过，在传播过程中，传播双方并不是完全对等或平等的关系，而是通常处于一种信息、知识甚至能力上的不对等的关系之中。此外，这一模式只适合于面对面的交流，并不适合信息被大量复制、转播的大众传播（见图4.4）[①] 情形。因为在诸如课堂授课、学术讲座等大众传播中，那些受众个体不仅既是编码者、译码者和释码者，而且通常来自不同的社会、经济、文化环境，理解和处理信息的方式以及意识阐释都可能不相同，更为主要的是，这些受众个体之间会相互影响，表现出明显的交叉影响特征。

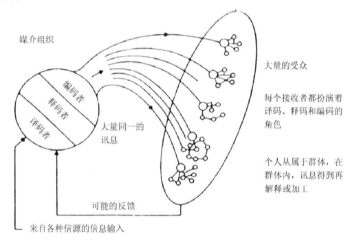

图 4.4　施拉姆的大众传播模式

三、传播过程的基本特点

通过上述传播过程的要素描述和传播过程的模式特点分析，不难发现传播过程具有如下三个主要特点。

（一）动态性

即对于一个传播过程，从形式上来看，它是一串有意义的符号的组合与排列在特定的渠道中的流动，但从实质上来看，则是传播者和受传者之间意义或精神内容的双向互动。

（二）序列性

即信息传播过程中，上述五个基本要素的作用在不同环节中分别起作用，而

[①]　郭庆光.传播学教程 [M].2 版.北京：中国人民大学出版社，2011：53.

且具有先后顺序，在信息有条不紊的流动中渐次完成各功能，最终完成信息交换。

（三）结构性

即传播过程中的各要素、各环节不仅具有时间上的先后顺序，也有形态上的分化和连接形式，并且各传播要素、环节还具有自身的深层结构。

总之，对传播过程基本特点的把握，有利于人类通过社会信息交换，实现更有效的意义分享，形成共识，以团队的方式在分工合作中实现优势互补。

第五章
学习中的问题解决

美国实用主义哲学家杜威曾经说过：包括学习科学在内的所有社会科学都必须将人类日常生活中的状况与问题作为研究对象，并且在解决问题的实践中来验证该理论的正确性。[①] 事实上，人类为了适应不断变化的环境，求得现实与理想之间的平衡，就必然会不断地发现问题、解决问题、再发现问题、再解决问题……这种循环似乎永无终点，所以，从某种意义上来说，人类既是问题的解决者，也是问题的生成者。这样，才能不断满足自身生存与发展的需要。自20世纪60年代以来，对学习中问题解决（problem solving）能力的研究与培养就一直是认知心理学家们关注的焦点领域之一。[②] 作为思维"冲浪"的问题解决，既是学习的主要线索，也是学习的价值所在。在现实中，问题解决的过程会受到问题解决者本身的原有知识与技能、智力水平、意志品质等多个因素的影响。从广义来说，各种形式的思维都是为了解决某种问题。这种问题包括了源自现实生活的问题、心理学视野下的问题、哲学思考层面上的问题以及课堂互动中问题等。囿于时间、精力，在本研究中，将"问题解决"限定在学习层面内予以考察，并把它当作是一个与学习者个体的生活、社会实践情境（situation）紧密联系的、一般形式的思考与推理过程来讨论。

第一节　问题的界定与分类

一、"问题"的界定

作为日常用语之一的"问题"，其含义似乎不言而喻。但是，在研究"问题

---

① 贾春增. 外国社会学史 [M]. 3版. 北京：中国人民大学出版社，2008:264.
② 吴庆麟. 认知教学心理学 [M]. 上海：上海科学技术出版社，2000:168.

解决"时，我们还是有必要给"问题"下一个明确的定义。德国格式塔心理学家邓克尔（Karl Dunker）曾说道："当一个有机体有个目标，却又不知道如何到达目标时，就产生了问题。"[1] 这说明"问题"不仅是个体主观的感受与认知的结果，而且是一个相对的存在。因为只有在个体辨识出他所期待的目标与他所处的情境存在着差异，并确定要做某件事情时，才会有问题的存在。同样，一个问题，因为能力、经验的不同，对于有些人来说是问题，而对于另外一些来说却不是问题。在英语中，对于有待解决的"问题"，其用词是"problem"，而对于在一问一答环境下有待回答的"问题"，则会使用"question"一词。在汉语词典里，对"问题"的词条解释有三项：[2]（1）"要解决的矛盾"；（2）"要求回答或者解释的题目"；（3）"事故、毛病、困难"。例如，一件要解决的事项，一道要解答的数学习题，在会议中有待讨论的主题以及有待回答的提问，做事时存在困难等，都是"问题"。它们之间并没有做严格的区分。在学习心理学中，心理学家给"问题"的定义是：[3] 学习者个体所面临的不能直接运用已有知识、技能和经验加以解决，而必须重新组合原有的认知结构才能使问题得到解决的矛盾、困境。这样看来，一个问题至少包含了三个基本部分：（1）初始状态，即一组对问题所处的环境、条件的描述性信息，以界定问题的原始存在；（2）目标状态，即对问题需求的明确描述，也就是希望能够得到的问题最终状态；（3）差距，它反映了问题的初始状态与目标状态之间的距离，差距的大小及情境的复杂程度等往往决定了问题的难度。

综合上述分析，按照笔者的理解，可将"问题"表述为：个体首次遇到而且在记忆中没有现成的办法可供使用的一种情境式困惑。这种情境式困惑通常表现为个体欲实现的目标状态与现存状态之间存在着差异。因此，问题具有两个基本的特征：情境性和困惑性。其中，情境性中的"情"是以"目标"的形式出现，反映的是个体的某种情绪、动机与需要成分，也使得"问题"带有强烈的主体感受特征；而"境"则是指制约问题的客观环境，包括物理环境与社会环境，从而又使问题具有客体制约性特征。这种"需要"与"制约"的关系也就构成了某种困惑或矛盾，而这种困惑、矛盾的转化、消除过程就是问题解决的过程。

① Gilhooly K J. Thinking: Directed, Undirected and Creative[M].London: Academic Press, 1988:75-90.

② 新华词典编纂组 . 新华词典 [M]. 北京：商务印书馆，1980：882.

③ 韦洪涛 . 学习心理学 [M]. 北京：化学工业出版社，2011:120.

二、问题的分类

每一个问题都有其特征、属性。依据问题的某一（些）特征做出分类，有利于问题的分类表征、解决与评价。通常，我们可以对问题在其寻求答案的多少、呈现情境、信息表述的充分性、寻求解答的指向性和创造性等五个维度上进行划分（见表5.1）。

表5.1 问题的分类

划分依据	问题类型	问题来源或主要特征
问题寻求答案的多少	封闭性问题	答案唯一
	开放性问题	答案有两个或多个
问题呈现情境	现实问题	在现实生活环境中遇到的问题。界定信息不充分，答案多样，往往存在最优化
	书本问题	在书本上呈现。大多条件充分，答案具体或唯一
问题信息表述的充分性	确定性问题（或结构良好问题）	具有明确的条件、目标和解决办法，如数学教科书上的练习题
	不确定性问题（结构不良问题）	没有明确地说明问题的条件、目标和解决办法，如父母该怎样教育孩子
	争论中的问题	没有固定结构，带有情绪色彩，容易使人持某种极端立场，如死刑是否应该被废除
问题寻求解答的指向性	理论问题（基础性研究问题）	以探讨和发展科学的基础理论为取向。如人类基因库的研究
	应用问题	在科学理论的指导下来开发新产品、新项目，以应用于现实生活为取向
问题的创造性	常规性问题	来源于日常生活，创造性较低，主要是现有知识、经验的直接运用。如学生通过类比方法去运用已有知识来求解同一类型的习题
	创造性问题	创造性程度较高，需要重组现有的知识、经验，寻找新的策略，才能使问题得到解决。其方法具有独特性、变通性和流畅性特征

注：此表的整理、加工参考了韦洪涛《学习心理学》（2011）第121-122页中的资料。

第二节 问题解决的定义

从前面的讨论可以得知：问题的实质是一种情境式困惑。消除与走出困惑才是问题提出者的初衷。人类对解决问题这种普遍行为的系统研究已经有一百余年的历史。其研究对象大体可分为三个类型：[①]（1）基于行为主义思想对动物学习行为的实验研究。其主要代表是桑代克（Edward L.Thorndike）、苛勒（Wolfgang Kohler）、哈洛（Harry F.Harlow）等。（2）对思维过程的分析。其主要代表是杜威（John Dewey）、罗斯曼（J. Rossman）、邓克尔（Karl Dunker）、加涅（Robert Mills Gagné）等。（3）依据信息加工思想来分析问题解决过程。其主要代表人物是纽威尔（Allen Newell）和西蒙（Herbert Alexander Simon）。早在1889年，桑代克就以"猫"和"问题笼"进行了组合实验，并提出了"试误"（trial-error）说。1925年，格式塔心理学家苛勒曾用黑猩猩在笼子外摘香蕉作为一个案例进行问题解决的实验，认为解决问题必须经历一个知觉重建的过程，而且正是这种知觉方式决定了问题的难度，并提出了"顿悟"（insight）说。此后，哈罗整合了桑代克和苛勒两人的观点，认为试误和顿悟只是问题解决过程中从低级跃向高级的两个不同阶段，并提出了"学习心向"（learning set）说[②]。对于上述实例，美国认知心理学家安德森（J. R. Anderson）做了概括，[③]认为所谓问题解决应当具备以下三个基本特征：

第一，目标指向性，即指明问题解决最后能实现的目标或到达的终点状态。

第二，目标分解与操作序列形成，即通常会将上述具体目标分解为一系列较小的子目标（也称为子任务），形成操作序列。

第三，选择算子进行认知操作，也就是找到实现每一子目标的途径或办法，进行某种认知操作。这种能使问题从一种状态转换到另外一种状态的行动就是算子（operator）[④]。因此，整个问题的解决就是如何合理而有序地使用那些已知的算子。

强调内部心理加工与转换的认知信息加工理论则认为：问题解决的本质是

---

① 段继扬. 问题解决理论的演进［J］. 心理学探新，1992（1）：15.

② 学习心向，也称为学习定式，指在过去经验影响下的一种有准备的心理状态，犹如物理学中的"惯性"。当人们反复运用某一思路来解决问题时，就会习惯于运用这种方法来解决新问题。因为有过去的经验可供使用，所以，这种方法往往也能奏效，但是，它也会妨碍新的、更有效的方法的发现和使用。

③ Anderson J R. The Cognition Psychology and Its Implications［M］. 3rd ed.New York:Freeman,1990:221.

④ 算子（operator）就是某种认知操作或某种具体的改变办法。概括地说，就是改变问题状态的阶段性行动。如：对某个概念的理解深化了一步、移动一段距离、乘出租车到达某地点等。S. Lan Robertson著、张奇等译的《问题解决心理学》（中国轻工业出版社，2004）中的解释没有明确表述步骤实施的"阶段性"，似有不妥，故加上。

一个认知问题，也就是知识结构问题。该理论采用"物理符号系统"[①] 和"序列式串行加工"思想来阐释问题解决的基本过程。据此，来自美国卡内基－梅隆大学的两位信息加工理论学者纽威尔和西蒙也提出了与安德森相类似的观点，认为：[②] 问题是一种情境。该情境具有三个基本组件：（1）起始状态；（2）目标状态；（3）在一定的限制条件下从当前状态向目标状态所必须经历的一系列认知加工活动。问题解决的过程实际上是对问题空间（problem space）的相关信息进行搜索的过程。在整个信息搜索过程中，不能只存在一个唯一的答案，否则仅凭记忆就能解决，如认出自己的任课老师、回答别人问"你叫什么名字"之类的场景，而是存在多种解决办法可供选择。只有在运用已有的环境信息（约束条件）和现有的知识、经验经过一系列认知加工活动，最后推断并生成出其他有用信息的时候，我们才能称自己处于一个情境化问题（situated problem）之中。这里，"问题空间"是指问题解决者对解决问题时可能遇到的所有问题状态的集合的描述与表征。它包括了问题解决者最初遇到的问题情境（初始状态）、在逼近目标的过程中可能遭遇到的各种问题情境（中间状态）以及最后到达目标时的目标状态三个不同部分，而从初始状态到目标状态的一系列过渡（中间）状态则受到问题的算子与限定条件共同影响。

问题空间通常会使用网络图和问题行为图两种方式来表述。图 5.1 就是一个问题空间。其中的节点（圆圈）表示问题的各个状态，节点之间的连线则表示通过某种有效操作可以使问题从一种状态转化到另外一种状态。通常情况下，从起始状态到达目标状态不是一条直线，而是经过多个操作后的折线，并且有多个路径可供选择。当然，有些路径走得通，而有些路径则走不通。任务解决者必须从上述网络迷宫中选择一条到达目标状态的途径，并且最好能找到其最短路线。

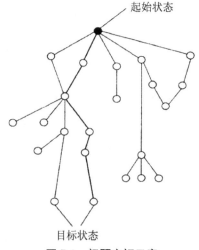

图 5.1　问题空间示意

---

① "物理符号系统"假设认为：任何一个能体现一定智能的系统必须输入符号、输出符号、存储符号、复制符号、建立符号结构、条件性迁移，以实现系统的六大功能。辛自强. 问题解决研究的一个世纪：回顾与前瞻[J]. 首都师范大学学报, 2004(6):103.

② 邵志芳. 认知心理学：理论、实验和应用 [M]. 上海：上海教育出版社, 2006:354.

为了清晰、有序地表示问题解决者在问题解决过程中的思想和行为，信息加工论者还会使用问题行为图。在问题行为图中只有两个元素：问题空间的状态与操作。我们通常用方框表示问题空间的某一状态，而用箭头表示对状态的操作，使用箭头的方向表示状态改变的路径。在画图时，我们一般是遵循自左而右、自上而下的顺序。图 5.2 就是某一被试在解决一个题为"DONALD + GERALD = ROBERT"的密码算题时，根据被试的部分口语材料所记载并整理出来的一个问题行为图。

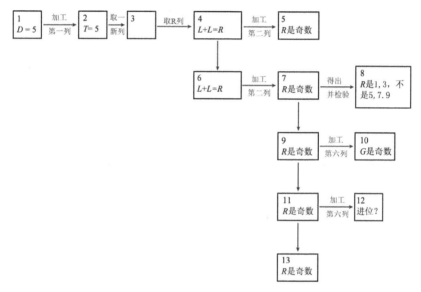

图 5.2 某被试解答问题的问题行为图片段

加涅对问题解决的理解与纽威尔和西蒙略有不同。他认为，问题解决是智慧技能中的最高成就，也是获得、创建高级规则的主要途径，属于创新范畴。它与先前习得的原理、规则的直接运用不同，而是将若干个规则组合起来使用。这样，学习者既解决了当前的问题，也学会了由先前某些规则联结而成的"高级规则"和解决问题的一般方法（也就是认知策略）。[①] 不过，在目前，将问题解决看作是对问题状态空间的搜索（searching of a problem space）的观点已经成为认知心理学和人工智能（artificial intelligence，AI）领域中的主流分析思维。

---

① 加涅. 学习的条件和教学论 [M]. 皮连生，王映学，郑葳，等译. 上海：华东师范大学出版社，1999:202.

第三节　问题解决的基本过程

　　将问题解决看作一个对问题空间的搜索过程，虽然突出了重点，但似乎不够全面、系统。有鉴于此，1910 年，杜威在观察大量实例并做出简要概括的基础上，提出了问题解决要经历"五步法"：（1）失调：遭遇问题，感到困惑；（2）诊断：确定困惑到底出在何处，粗略地指出所追求的目的[①]，需要填补哪些缺口，最后要到达的目标，也就是确定问题的性质和解决关键；（3）假设：提出各种可能的解决办法；（4）推断：对各种解决方法的结果做出预期，选择其中一种最可行的办法；（5）验证：实验其中最可行的解决办法。[②]1931 年，罗斯曼在杜威的基础上又做了修改，提出了问题解决过程的"六阶段论"[③]，具体包括：感觉到困惑→系统地陈述问题→收集、分析主题信息→综合评价各种解决方案→综合形成新观念→检验上述新观念。布兰斯福特和斯坦（J. Bransford & B. Stein）将问题解决划分为五个阶段，提出了问题解决的 IDEAL 阶段模型[④]：（1）识别问题与机会（identify problem and opportunities）；（2）定义目标和表征问题（define goals and represent the problem）；（3）搜索可能的问题解决策略（explore possible strategies）；（4）预期结果并付诸实施（anticipate outcomes and act）；（5）回顾与学习（look back and learn）。

　　1986 年，基克（M.L. Gick）也提出了一个类似的问题解决模型（见图 5.3）。在该模型中，有两点值得我们注意：一是问题解决不是一个线性过程。它通常有两条路线，一条是在建构了问题表征后，马上就激活了某个正确的图式，因而问题解决的方法很明显，没有必要再去搜索、尝试其他办法了；另一条是在问题表征之后，没有现成的图式可供利用，不得不通过各种办法来搜索并尝试。二是当某一个搜索得来的办法在尝试后，马上会进行及时的反馈。如果未达目标，既可回头重新修改问题表征，也可搜索、尝试另外一种办法，还可在新问题的问题空间中做进一步搜索、尝试（如果经过评价，新生成的问题更接近目标的话，这个可能性选择在图中未被标注）。这样，通过步步推进，最终使问题得以解决。

[①]　"目的"与"目标"不同，前者比较概括、笼统，后者则比较具体，且有较强的针对性。

[②]　涂纪亮. 实用主义、逻辑实证主义及其他 [M]. 武汉：武汉大学出版社，2009：21-22.

[③]　段继扬. 问题解决理论的演进 [J]. 心理学探新，1992（1）：17.

[④]　"IDEAL"为各阶段的第一个英文字母的合成. 伍尔福克. 教育心理学 [M].10 版. 何先友，等译. 北京：中国轻工业出版社，2007：295.

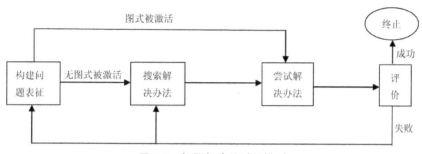

图 5.3 问题解决的过程模型

概括地讲，问题解决的过程遵循下列步骤：发现问题—表征问题并进行分析与界定—搜索解决办法—执行解题策略—反馈与评价。其中，问题表征也称为问题理解，指的是将问题中的各相关要素整合成一个具有一定的逻辑性并彼此连贯的结构。它的正确程度影响到后续的问题解决行为。这是问题解决的基础性工作。寻找并尝试各种方法来解决问题是一件困难且有风险的事情，通常会运用能促进问题解决却不能保证问题一定得到解决的启发式（heuristic）策略[①]（也称为一般性策略）。

第四节　问题解决中的策略

问题解决的早期研究主要关注的是：当人在遇到某类问题时，该如何使用某些通用领域的策略性程序性知识，即启发性策略，来帮助自己在问题空间中走出困境。这些一般性策略概括起来主要有下述五种。

一、差异减少法（difference-reduction method）

认知心理学家们发现：当人在自己不熟悉的领域中遇到问题时，经常会使用的一种办法就是：尽量选择与问题目标状态更为接近的算子。这好比在黑夜

[①] 解决问题的策略可分为两类，一类是上述的启发式策略，是指个体运用已有的知识经验来粗略地搜索问题空间以寻求答案；另一类被称作算法（algorithm）策略，指按照某种规则或逻辑顺序来搜索问题的答案。其使用有两种情况：（1）对于有确定算法的问题，只需按照解题步骤一步一步地执行下去，就能够使问题得到顺利解决。不过，这类方法需要更多的限制性条件，因而通常用于特定领域的特定问题。（2）对于还没有发现确定算法的问题，就采用尝试—错误法，将问题解决的所有可能操作一一尝试。这种方法在理论上也能保证问题的最终解决，只是执行效率不高。

里爬山，只要你不断往上走，就会离山顶越来越近。因此，这种办法被形象地称为"爬山法"（mountain-climbing method）。不过，人类解决问题的经验已经证明：这种办法有时能奏效，有时也会把人引入歧途。其失败的理由很简单：因为这种办法缺乏全盘考虑，因而只是一种最原始的办法。

二、手段—目的分析法（means-ends analysis）

在问题解决探讨的早期，还有一种复杂的选择子目标和算子的通用解决方法更受认知心理学家们的关注。这种方法被称作手段—目的分析法，是纽威尔和西蒙在1972年提出来的，并被应用在通过编制计算机程序模拟人类问题解决的实践中。

手段—目的分析法的主要思路是：通过算子的运用来减少当前状态与目标状态之间的差异。其流程如图5.4所示。不过，仅仅一次运用算子就可以将初始状态转变为目标状态的情形较为少见。因此，该方法将目标状态分解为一系列的子目标状态，通过寻找、运用不同的算子来将问题的初始状态逐渐过渡到一系列不同的子目标状态，在逼近中最终到达目标状态。在这种方法中，子目标的分解确定甚为关键。我们必须先找到某一恰当的算子，再确定算子的应用条件与当前状态是否匹配。若无差异，方可使用。否则，将排除该差异作为下一个子目标。如此向前，步步逼近最终的目标状态，直至成功，这种差异排除过程如图5.5所示。

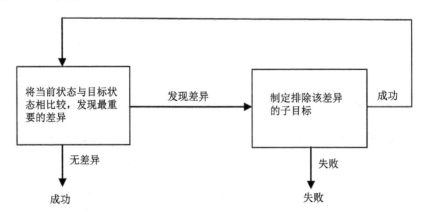

图 5.4　手段—目的分析法的基本过程

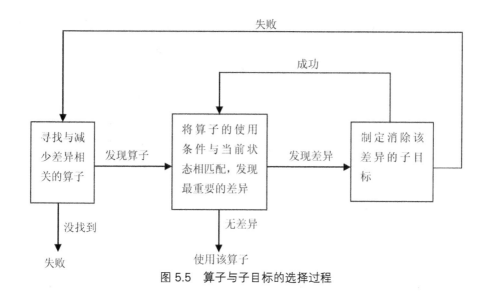

图 5.5　算子与子目标的选择过程

从图 5.5 中不难看出，与差异减少法不同，在手段—目的分析法中，如果某一算子不能被使用，问题解决者便会将使用该算子作为新的目标（当然是子目标），而不是单纯地放弃该算子。总的来说，该方法在很多的日常情境中能够十分奏效。其不足之处在于：在处理复杂问题时，由于子目标有时会比较多，而人的工作记忆却不能无限制扩大，因而可能会因为遗忘各子目标的轨迹而致使问题受挫。

三、逆推法（working backward strategy）

在问题解决的早期阶段，还有一种方法也得到了关注。在这种方法中，问题解决者从设定的目标状态开始，向后逐步递推至初始状态，因而也被称为倒推法。在认知心理学家们看来，运用逆推法的关键在于：问题解决者必须具有一定的与该问题相关的领域知识，才能比较合理地将问题的最初目标分解为一系列能促使问题得到解决的子目标。一旦子目标选择不恰当，就会使问题解决陷入困境。但是，当遇到从问题空间的起始状态出发有多条路径可走，而只有一条路径能最后走通时，那么这种办法非常有效，例如，在几何证明题中就会经常使用这一方法。

四、类比式问题解决（problem solving by analogy）

当个体遇到某一新问题时，我们还可以将它与以前曾被解决的某一熟悉问题联系起来，从而找到其解决办法。在这里，由于新问题与旧问题之间具有结构特征上而非表面特征上的相似性，因而，过去某一问题的解决结构可以迁移至当前的问题情境之中。例如，在学习解数学习题时，学生常常会将教材中的某一例题结构用于当前所做的习题之中。这时，他会将例题中的解题步骤转变成当前习题的解决步骤。这些解决步骤就是他对新习题所设定的一系列子目标。在使用类比法解决问题时，我们经常会受到表面相似性的误导。其原因是，对于类推所及的那个新问题所在领域还没有较为透彻的了解。

五、头脑风暴法（brain-storming method）

头脑风暴法又称为脑力激荡法。这一发散性思维方法是由奥斯本（A. Osborn）提出来的。其主要步骤有：（1）界定问题；（2）展开想象力，提出尽可能多的解决办法，哪怕是看似离奇的设想；（3）确定合适方法的筛选标准；（4）运用筛选标准，从所提出的所有解决办法中选择最好的方法。其中，筛选标准的确立通常要满足三个条件：一是能够实现所需解决问题的目标；二是具有现实的执行条件，或者能够创造条件以执行下去；三是符合相关的伦理与法律标准。

第五节　复杂问题解决中的创造性

一、复杂问题的性质

自 20 世纪六七十年代以来，问题解决的信息加工理论的研究主要集中在结构良好的"瘦知识"（knowledge-lean）任务环境（如不同版本的"河内塔问题"）。这类知识往往有着方便进行形式化①描述的特点，其解题技能通常不需要很长的时间来学习与实践。自 80 年代以来，人们更加重视知识在问题解决中的作用，而且逐步从关注问题解决的"硬件"结构、性质转向了关注问题解决中的学习功能、所习得知识的意义上。②在社会高度分工与合作的今天，不能只凭诸如"手段—目的分析法""倒推法"之类的启发式策略来应付各专业领域里的"富知识"（knowledge-rich）任务环境。这是因为这类办法除了不能确保问题得

---

① 这里的"形式化"主要是指对问题空间进行变换和对过程做产生式系统分析。
② 辛自强. 问题解决研究的一个世纪：回顾与前瞻［J］. 首都师范大学学报，2004（6）：105.

到成功解决之外，还有一个不足：通常执行效率不高。

20 世纪八九十年代，人类对于问题解决的探讨已经进入了通过实验法、个案法等手段对真实生活中复杂问题解决（complex problem solving，CPS）——劣构问题解决的研究阶段。[①]由于环境条件（问题边界）的动态性和复杂性，甚至于目标状态的模糊性，其解决过程会更多地受到所在领域特征和能力水平差异的影响，表现为一种基于个体经验的、认知的、情感的、意志的、与社会环境进行信息互动的整合型能力[②]。但是，问题解决的基本要素依然是问题解决者、任务和环境这三个因素。笔者综合相关资料，提出了如图 5.6 所示的真实问题解决基本模型，可为真实问题解决提供参考。

真实问题情境

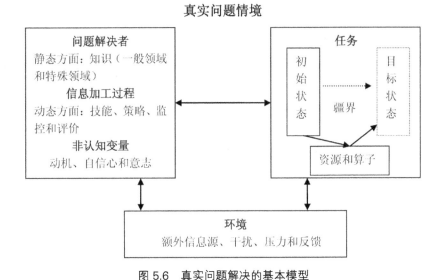

图 5.6　真实问题解决的基本模型

二、创造性与问题解决

纵观思维研究的历史，人们对思维活动的内部机制研究主要是通过问题解

① 案法有助于形成假设，广泛应用于理论形成的初期，而实验法便于对有目的的假设进行验证和测试，适合在理论形成的中期应用。因此，这两种方法可以互相补充。邢强，张金桥．国外复杂问题解决研究综述 [J]．心理学动态，2001, 9(1):12-17.

② Sternberg R J. Conceptions of expertise in complex problem solving: A comparison of alternative conceptions [M]// Frensch P A, Funke J. Complex Problem Solving: The European Perspective. Hillsdale, NJ: Lawrence Erlbaum Associates, 1995:295-321.

决这种方式来进行的①，而思维创造性（creativeness）的发挥则是复杂问题解决中的最优表现。事实上，在1970年加涅最初提出的八类学习②中，问题解决是其中最高级的学习形式。后来，加涅又把认知的学习结果分成了言语信息、认知策略和智慧技能这样三个平行的类型。在智慧技能中，最高级的形式就是高级规则，而高级规则主要是通过问题解决来习得。

（一）"创造"的内涵

"创造"（creation）指最终生产出新的、有社会价值的产品的活动或过程。这些产品既包括了物质形态的产品（如新技术的发明，能解释某一类现象的新原理等），也包括了观念（思想）形态的产品（如文学作品、歌曲的创作、论文的写作等）。从创新的程度来看，"创造"可以分成"真创造"与"类创造"两类。③ 其中，"真创造"是指科学家和其他发明家最终生产出来的、对整个人类都是全新的，而且具有社会价值的产品的活动。相反，"类创造"则相对于个体来说是新东西，而对于人类来说却是已经出现过的东西。不过，它同时也是人类生活与实践中普遍存在的一种潜能，而不只是极少数天才的专利，属于人类在问题解决活动中会常常会涌现出的一类创造。不管是"真创造"还是"类创造"，其过程与本质都是相同的，即在占有庞大而复杂的网络化和层次化的命题性、陈述性知识以及较高自动化程度的基本技能的基础上，对原有概念、规则进行整合或推导、演化，进而找到某一（些）与问题解决相适切的策略性、程序性知识。

（二）问题解决中的创造性

创造性也被称为创造力（creativity），是指个体运用新奇独特的思路、办

---

① 人类对思维的研究主要是循着两条主线进行的，一是从思维活动的结果来展开，如通过对具有高创造性人才的思维品质进行观察研究或者实证研究，如吉尔福特（J. P. Guiford）把思维的创造性品质分为八个方面：问题敏感性、流畅性、灵活性、独创性、细致性和再定义能力；二是从思维的动态过程入手，如问题解决的试误说、顿悟说、信息加工理论、杜威的五阶段理论、专家—新手比较等。

② 即1970年加涅依据繁简水平而分成的八类学习：信号学习、刺激—反应学习、连锁学习、言语联想学习、辨别学习、概念学习、规则学习和解决问题。1971年，其又将其中的前四类合并成"连锁学习"，将概念学习分成了"具体概念学习"和"定义概念学习"两类。这样，就变成了六类：连锁学习、辨别学习、具体概念学习、定义概念学习、规则的学习、解决问题的学习。1977年，加涅将学习结果划分为认知、动作技能和情感三个领域，其中，认知领域则包括了言语信息、认知策略和智慧技能，"智慧技能"又包括了辨别、概念、规则和高级规则（问题解决）四种依次递进的形式。以笔者之见，加涅在这里所说的"言语信息"就是我们前面讨论的陈述性知识，包括语言、文字等形式；"认知策略"大体对应于策略性、程序性知识，而"智慧技能"则牵涉到陈述性知识（如概念），也涉及程序性知识（如规则）。广义的智慧技能还会涉及某些"动作技能"（日常的自动化技能）和态度（是否符合个体的需要，也与经验相关联）。加涅. 学习的条件与教学论[M]. 皮连生，王映学，郑葳，等译. 上海：华东师范大学出版社，1999:13-14.

③ 邵瑞珍. 教育心理学[M]. 上海：上海教育出版社，1997:128-129.

法生产出对社会有价值的产品的能力属性。其主要特征是对传统常规思维的超越，因而具有新颖性（novelty 或 originality）和有用性（usefulness）这两个特征。它的两种基本形式是：发明和发现。① 发明是指制造新颖的事物，而发现则是指找出本来就客观存在但是尚未为人们所了解、熟识的事物或者规律。在大多数人看来，高创造性似乎总是和高智商如影随形的。然而，不少研究均已表明：② 创造性主要取决于知识技能、智力、人格 ③、文化环境四个因素。和其他三个因素一样，智商只是创造性的必要条件，而不是充分条件。高智商者可能具有高创造性，也可能具有低创造性。较低（不是太低，比如 IQ 在 100 左右）智商者也可能表现出较高的创造性。此外，创造性与学业成绩（如考试分数）也不是简单的正比关系。按照沈德立先生等人的观点，对自己周围的陌生事物充满好奇心，并保持广泛而不失稳定的探究和求真兴趣，能打破单一的相关联想定式，善于做出相似甚至是相反的联想，采用非逻辑思维形式的想象，时常对原来感知过的形象（陈述性知识中的表象）进行再加工、再改造，实时捕捉、记下那些昙花一现的灵感，就可能创建出在现实世界中不存在，甚至于原来认为根本不可能的新形象、新概念、新事物。这些因素的整合作用常常会导致创造性思维的产生。④ 总之，最为重要的一点就是：首先，创新性思维表现为凡事能独立思考，不迷信，不盲从，能够辩证地分析、看待问题，这就是批判性思维（critical thinking）；其次，它表现为能够突破陈规旧套，寻求变异，善于从多个角度去寻求问题解决的答案，具有发散性（或开拓性）思维（divergent thinking）。一个具备了创新思维方式的个体必然会具有较优秀的发现问题和解决问题的能力，也就是创新能力。

　　笔者在本书指涉的"问题"指其情境与目标之间关联性对于学习者个体来说是首次遇到，其突出特点是"新"，没有现成的经验可供使用，而问题解决的本质就是在新情境下实现新的目标。当然，在这里，由于目标不是空中楼阁，而是一种客观存在状态，因此，问题解决活动首先涉及对与当前问题情境紧密相关的言语信息（尤其是那些重要的、属于陈述性知识中网络命题形式的名词性

① 施建农. 人类创造力的本质是什么？[J]. 心理科学进展，2005，13（6）：705-707.
② 张景焕，林崇德，金盛华. 创造力研究的回顾与前瞻[J]. 心理科学，2007，30（4）：995-997.
③ 人格，也称为个性，其英文是"personality"，来源于"persona"，原指演员在舞台上戴的面具。在心理学上是指一个人能与他人相区别的、独特的思维方式与行为风格。它统合了感觉、情感、意志等主体机能，因而最终表现为一种个体的自我意识、自我展现、自我控制能力。
④ 张丽华，沈德立. 论创造性思维产生的有利条件[J]. 教育科学，2006，22（1）：88-91.

概念及其联系）的快速而准确地理解问题，即言语信息和认知策略，其次才是在掌握大量规则的基础上进一步对原有规则进行类比、转换、推演、组合等，创造性地使用问题，也就是利用自己已经熟知、掌握的某些规则来推导、再建另外一个（些）规则的问题。在问题解决这样一个具有较强目的指向性和系列性认知操作的过程中，① 如要使问题得到较好的解决，个体的创造性通常必须充分地发挥、释放出来，其中的创造性思维是关键。

---

① Greeno J G. Nature of problem-solving abilities [M]// Estes W K. Handbook of Learning & Cognitive Process: V. Human Information. Hillsdale, NJ: Lawrence Erlbaum Associates, 1978:239-270.

第六章
多层次立体语义网络的形成

学习者个体的学习、生活经验都会以长时记忆的形式留存在大脑中。加拿大认知心理学家托尔文（Endel Tulving）在 1972 年时就提出：存储在我们头脑中的长时记忆主要是两类信息。[①]一是我们亲身经历过的某些事件或情景细节，二是比较抽象的、能够应用到不同情境的基础性、常规性知识，诸如对字词的解释、概念的定义、数学计算公式、物理定律、化学反应的方程式等。它们分别是第二章第一节中所提到的情景记忆（episodic memory）和语义记忆（semantic memory）。由于情景记忆一般会与特定的时间、地点相联系，具有时空多变性，且随着个体经历的不同而不同，而语义记忆则具有较好的稳定性，能够迁移到不同应用情境，尤其是它和个体之间具有某种生存或发展的关联性，即意义，因此，我们在常规意义上所说的"知识"或"一般知识"就是语义记忆。[②]它和情景记忆一样，都可以通过口头或书面语言来表达，共同组成了陈述性知识。不过，也有学者指出：记忆是一个连续体，以抽象为特征的语义记忆和以具体为特征的情景记忆分别居于这个连续体的两端。一方面，它们都以表象为基础；另一方面，情景记忆经过一定程度的累积，再通过分析、总结、概括，也能逐渐转化为语义记忆。[③]表 6.1 列出了这两类记忆之间的主要差别。

---

① 杨治良，孙连荣，唐菁华．记忆心理学 [M]．3 版．上海：华东师范大学出版社，2012:42-43.

② 邵志芳．认知心理学：理论、实验和应用 [M]．上海：上海教育出版社，2006:196.

③ 杨治良，孙连荣，唐菁华．记忆心理学 [M]．3 版．上海：华东师范大学出版社，2012:42-43.

表6.1 情景记忆与语义记忆的比较

项目	鉴别特征	情景记忆	语义记忆
信息	来源	感觉	理解
	单元	事件、场景	事实、概念、观念
	组织	时间	概念
	参照	自我	宇宙、社会
	真实性	个人信赖	社会承认
操作	登记	经验	符号
	时间编码	直接、临场的	间接、不在场的
	情感	较重要	不重要
	推理潜力	有限	丰富
	上下文依赖性	较显著	不显著
	干扰性	易受干扰	不易受干扰
	存取	细致	自动
	提取问题	时间、地点	什么
	提取结果	改变系统	不改变系统
	提取机制	协同	演绎、展开
	回想经历	过去的情节、事件	实际的知识
	提取报告	回忆	知道
	发展顺序	较迟	较早
	童年期遗忘	易受影响	不易受影响
应用	教育	无关	有关
	常规应用	较少	广泛
	人工智能	困惑多	较成功
	人类智能	无关联	有关联
	经验证据	遗忘	语言分析
	实验室任务	特定场景	一般知识
	证据来源和可靠性	目击者，可接受	专家，不可接受
	遗忘症	受影响	不受影响

第一节 双重编码理论

如果说表象和概念分别从具体与抽象的层次描述了事物，那么，命题就可说明两个事物之间的关系，代表的是个体的某种观念。不过，在1975年，美国心理学家拉希（Eleanor Rosch）就提出，对于自然界中存在的事物，概念的形成过程是：首先，以个体最为常见和熟悉的事物作为参考对象，也就是原型；然后，以原型为中心，再在生活中逐步增加与这一原型具有相似性特征的某些成员，最终形成了一个系列，构成了一个类别范围，也就是范畴。[①] 如：麻雀是我们最常见的小动物之一，我们可以以"麻雀"为原型，再加上与"麻雀"一样具有"有喙""有羽毛""能够飞"这三个特征的"燕子""鸽子""企鹅"等一系列新成员，从而形成"鸟"的类概念。

加拿大心理学家佩维奥（A. Paivio）认为：头脑中的长时记忆有两个不同的编码系统：表象编码系统和语义编码系统。[②] 人们在使用命题来表征信息和观念时，既会使用描述事物知觉特征的表象，同时也会使用语言等抽象符号来表达某种意义，属于表象与语义的双重编码（dual coding）。不过，虽然表象与语义两种编码方式在信息加工上是重叠的，但是，也有先后、主次之分。如：对于一幅自己在某旅游景点拍摄的照片，虽然是会几乎同时使用表象和言语两种编码方式，但由于语言的抽象层次更多，转换时间更长，因此，语言编码会相对滞后一点。还有，对于具体的事物性概念（如：松树、河流等），我们可能同时使用表象和语义两种编码方式，而对于抽象名词（如：美德、行为等），可能就只能通过语言来使用语义编码。

概括地讲，双重编码理论认为长时记忆中存在着言语系统和非言语系统。前者以概念、命题为基本表现形式，后者又叫表象系统，它以个体在特定情境下的时空关系、事件为基本表现形式。二者既相互独立，又相互支撑，构成了长时记忆的两端。

第二节　特征比较模型

事物都有某些区别性甚至是标志性特征。20 世纪 70 年代中期，史密斯（E. E. Smith）和里普斯（L. J. Rips）等人提出了特征比较模型（feature comparison model）。[③] 该模型认为：所谓概念，就是一系列特征的集合。因此，两个概念之

① 杜文东，吕航，杨世昌. 心理学基础 [M].2 版. 北京：人民卫生出版社，2013:175.
② 唐孝威，孙达，水仁德，等. 认知科学导论 [M]. 杭州：浙江大学出版社，2012:191.
③ Smith E E, Shoben E J, Rips L J. Structure and process in semantic memory: A featural model for semantic decisions[J].Psychological Review,1974, 81(3):214-241.

间的相同特征越多，这两个概念之间的联系越紧密。象征着两个概念之间接近程度和紧密程度的术语，叫作语义距离。[①]多个概念之间的语义距离的排列就形成了一个语义空间，具有多个维度。图 6.1 就是一个语义空间。图的左侧是几种鸟之间的接近程度，右侧则是一系列哺乳动物之间的接近程度。由于一个概念的特征往往不止一个，而且有主次之分、本质与非本质之分，因此，可通过对学生是依据哪种维度的特征来评价并排列这些概念，以判断被试（如学生）对概念掌握程度。在图 6.1 中，横坐标表示动物的大小，而纵坐标则表示动物被驯化的程度。

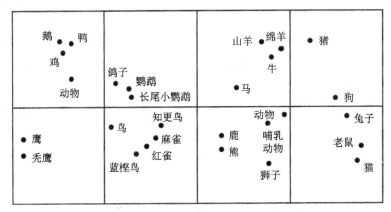

图 6.1 鸟类和哺乳类成员间接近程度的评价示例

在特征比较模型里，有两类特征必须加以区分：一是某类事物必不可少的，我们经常用它来对某一个概念下定义的那些特征，叫作定义性特征（defining feature）；二是并非必不可少，但具有一定的描述和解释作用的那些特征，叫作描述性特征（descriptive feature）。当我们使用命题对两个相关联的概念进行判断时，往往会先从定义性特征方面进行比较，再比较它们的描述性特征。两个概念之间的共有特征愈多，那么，判断速度就愈快。当这两类特征加起来后的数量也不多，共有特征也不是特别显著时，判断者就只对二者的定义性特征进行比较。

特征比较模型能解释许多概念和概念之间的比较效应，尤其是在判断某一类别的一对上位概念和下位概念时，能表现出范畴大小效应（category size

① 邵志芳. 认知心理学：理论、实验和应用 [M]. 上海：上海教育出版社, 2006:204-205.

effect）——能更快地判断出两者中的下位概念。由于该上位概念不仅包括了该下位概念，而且比下位概念指称的范围更为广泛，也就是范畴更大，其抽象程度会更高，特征也就更少。当能供比较的、共有的定义性和描述性特征不多时，必须对二者的定义性特征中的那些特征逐一进行比较，可是，该下位概念的定义性特征更多，因此，更容易被识别，耗时也就更短。

第三节　多层次、多维度语义网络模型

相当于一个观念的命题通常作为一个基本信息单元存储在人们的长时记忆之中。在大脑中，各种命题或信息之间是怎样发生联系的呢？按照美国认知学家艾伦·科林斯（Allan M. Collins）和奎利恩（M. Ross Quillian）的解释，概念首先是以节点的形式存储在概念网络中，而这个节点的概念又可以分层次地被组织成具有逻辑结构性的种属关系，然后由一个个概念相互联系，构成一个多层次的、多维度的巨型网络。

在图 6.2 所示的语义网络中，"动物"的概念有三个层次：层次 1、层次 2 和层次 3。层次越高，其水平越抽象。如："金丝雀"是一个下位概念，位于层次 1 的水平，其上位概念是"鸟"，位于层次 2 的水平，而"鸟"的上位概念则对应于层次 3 的"动物"。在具有种属关系的一对概念中，每一类事物的特征总是按照"认知经济性原则"储存在尽可能高的层次上 [1]，使得其下位概念能够共享这些特征或属性，而没有必要另外开辟存储空间。如：尽管下位概念"金丝雀"也是"有翅膀"的，但是，"有翅膀"指挥存储在上位概念的"鸟"这一层次，这样才符合层次排列的经济性原则。

知识的提取过程就是对概念的意义搜索。搜索概念的某一特征或属性时穿越的连线愈多，也就是搜索距离愈长，则被搜索的时间愈长。[2] 如果要判断某个观念，即连接两个概念的某个命题是否正确，如"金丝雀有翅膀"，那么，首先要找到的是"金丝雀"这个节点，也就是图 6.2 中的层次 1，然后再去找"有翅膀"这一特征。如果找不到，则向上一级去寻找，即进入"鸟"这一节点，在

① 邵志芳.认知心理学：理论、实验和应用 [M].上海：上海教育出版社,2006:199-200.
② 彭聃龄.普通心理学 [M].4 版.北京：北京师范大学出版社,2012:294.

层次2上进行搜索。搜寻结果是：鸟是有翅膀的，那么，它的下位概念"金丝雀"也必然是"有翅膀的"，从而完成了这一命题知识的提取。对于同一层次的两个节点知识，反应时间的长短还会受"典型效应"（typicality effect）的制约，即更为典型的那个概念的反应时间会更短。[①] 如果二者之间缺乏语义上的关联，则搜寻所需耗费的时间会更长。

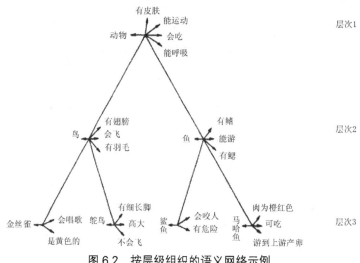

图 6.2　按层级组织的语义网络示例

通常，人类的知识可以分成事实性知识和概念性知识两个大类，而概念性知识又可以分成单一的概念、原理、理论三种基本形式。[②] 学习者个体总是按照事物的特征，依据不同的概括水平，将事实、概念、原理、理论等语义知识存储在个体自身的立体化、多层次的语义网络之中，也正是凭借这些命题、信息之间的联系与区别，才构成了人们进行逻辑推理和解决问题的基础。

第四节　语义网络节点的激活与扩散

在语义网络模型中，节点对应着概念，而概念之间则通过路径来联系。该

---

① 杨治良，孙连荣，唐菁华. 记忆心理学 [M]. 3 版. 上海：华东师范大学出版社，2012：45.
② 概念表示某一类事物的本质特征，而原理、定理、定律等是若干个概念之间的逻辑形式，理论则是由若干个原理类知识组成。三者的范畴是逐渐增加的。

模型能解释语义知识提取中的"启动效应"和"词优效应"等一般情形，但是，却无法解释"典型效应"。有鉴于此，艾伦·科林斯（Allan M. Collins）等人于1975年提出了"激活扩散模型"（spreading activation model）作为对语义网络模型的补充与完善。

图6.3是激活扩散模型的示意图。在图6.3中，一旦某一个节点知识被激活，那么，由它产生的兴奋性就会沿着节点路径向与它相连接的其他节点扩散，而且其扩散强度也会随着扩散距离的加长而衰减。不过，与前述的语义网络模型不同，两个概念节点之间的路径不仅有关联性的远近和长短之别，还有表示语义联系频度的强度之异。

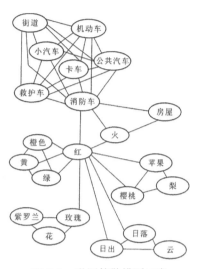

图 6.3 激活扩散模型示意

第七章
知识迁移

第一节　"迁移"概述

当今社会，信息呈爆炸式增长，知识更新周期越来越短。学校不可能将人类的所有知识、技能甚至于某些常规性策略都传授给学生，而必须使他们能够将原来所学灵活地运用到陌生的情境之中，解决新问题。这种灵活运用知识的能力就是知识迁移能力。

一、"迁移"的定义

在学习者个体终其一生的学习活动中，新的学习总是以原来的学习作为基础来进行的，新问题的解决也总会受到先前问题解决经验的影响，因此，有人将这种先前学习对后续学习的影响称为迁移（transfer）[1]，然而，影响是相互的，后续的学习也同样会影响原来的学习与记忆效果。有鉴于此，詹姆斯（M.S.James）将"迁移"定义为：在一种情境中习得的知识、技能、态度对另一情境中习得的知识、技能、态度的影响。[2] 上述定义虽说严谨，然而有些复杂，不够实用。因此，笔者更倾向将"迁移"简单地理解为先前学习或问题解决对当前学习或现实情境问题解决的影响程度。

二、迁移的分类

为了从不同的视角来更好地理解迁移，我们通常会从迁移的影响效果、影响方向、变化维度、自动化程度、情境差异程度、内容概括性程度来进行分类。

---

[1] 英语中"transfer"一词由前缀"trans-"与词根"fer"两部分构成。其中，表达词语基本意义的词根"fer"与英文单词"fetch"意义相同，都是"去取得、去拿来"之意；而前缀"trans-"则是"跨越、跨过"之意，意指这种"取得"隔了一定距离，因此，归根结底，"transfer"就是要到有一定距离的地方拿来某些东西为现在之用。

[2] 吴庆麟.认知教学心理学[M].上海：上海科学技术出版社,2000:209.

不少"学习心理学"领域的图书都对此做了比较细致的阐述。为了简便起见，笔者将其整理在表 7.1 中。可以设想，随着对迁移研究与认识的深入，还会出现更多的迁移类别。

表 7.1　知识迁移的主要类型与实例 [1]

划分依据	迁移类型	主要特征与实例
影响效果	正迁移	一种学习对另外一种学习能产生积极的帮促作用，如促使学习者有更好的心理准备，单位时间内的学习效率更高，能更加灵活地解决所遇到的问题等，常有举一反三、触类旁通之效。如掌握了英语的人再去学习德语就感到比较容易
	零迁移	也称为中性迁移，指一种学习对另外一种学习没有影响
	负迁移	一种学习干扰了另外一种学习。常见的有前面的知识学习妨碍了后面知识学习的理解正确性或效率，干扰了后续问题的解决等。例如，刚刚学过汉语拼音再去学习英文字母，就会引起混淆
影响方向	顺向迁移	先前学习对后续学习产生影响。这类迁移比较多见，如学习者面临一个新问题时，能够运用所学的知识、技能来解决问题
	逆向迁移	后续学习对先前学习的影响，如学习者遇到新问题时，不能完全利用原有知识技能来解决，因为这种知识技能本身存在缺陷，因而必须加以修正、改组，通过新问题的解决，进而完善、巩固了原有知识，这种迁移就属于逆向迁移
变化维度	横向迁移	先前学习对与自己居于同一复杂程度上的后续学习的影响，也被称为水平迁移。如刚刚学习完圆的面积计算公式，然后马上实际去计算某一圆形的面积应用
	纵向迁移	后续学习与迁移学习不在同一层次，从低位水平的下位学习向高位水平的上位学习跃进，也称为垂直迁移，包括上位（总括）学习和下位（类属 [2]）学习，故有相对的上位概念和下位概念之分。如小学生已经掌握了"水果"这一上位概念，再来学习"石榴"这一下位概念，如果告诉学生说石榴也是水果，那么，学生就很容易掌握石榴这一概念
迁移时的自动化程度	低路迁移	反复练习的技能在几乎不需要意识参与就能自然而然地实现迁移，其主要特点是简单性和无意识参与。如反复练习过某些家电修理，就很容易将这一修理技能迁移另外一些家电的修理中去
	高路迁移	有意识地将某一情境下所习得的抽象知识运用到另一个不同的情境。如将教育学中的某些基本理论运用到实际的课堂教学之中去，就常常需要事前搜索并回忆这些理论的基本表述、主要特点、应用情境等事项

---

[1] 此表主要依据吴庆麟《认知教学心理学》第 209-211 页、韦洪涛《学习心理学》第 142-144 页、刘儒德《学习心理学》第 196-200 页相关资料整理而成。

[2] 在生物学上，有七个自下而上的分类等级，即种、属、科、目、纲、门、界，而（物）种是最基本的单元，近缘的种归类到属，近缘的属归类到科，依次类推，最高为界。

续表

划分依据	迁移类型	主要特征与实例
情境差异程度	自迁移	原有知识在相同情境下重复使用
	近迁移	将原有知识应用到与原来学习情境相似的某一情境之下。如某些相近学科之间的知识迁移
	远迁移	将原来所学知识运用到与原来学习情境有较大差异的某一情境之下。如将学校所学知识运用到家庭、社会实践之中
内容概括性程度	特殊迁移	一个专业领域内某一知识点或主题的学习直接地影响到另一领域内相关知识点或主题的学习
	一般迁移	将一种学习中所习得的一般性技巧、策略、原理、态度等迁移到另外一种学习之中。如学习活动中的选择性注意、学习过程中的意志坚定性、乐观进取的学习态度等的迁移

三、迁移测量的设计

学习者个体在学习中所习得的知识技能、问题解决能力在学习新知识、解决新问题时有没有出现迁移？有多大程度的迁移？为此需要进行相应的实验设计和测量。

在进行迁移的实验设计中，首先必须严格区分哪些是在当前学习中经过练习、训练而产生的认知结构、行为等"performance"[①]变化，哪些是由于一种学习对另外一种学习产生、施加了影响而导致的"performance"变化，因为只有后一种变化才是我们希望测量的对象。实验设计中，通常遵循以下四个步骤：（1）在经过预测的基础上，建立智力与基础知识较为接近的同质组（或班），再分为人数大致相等的实验组和控制组。（2）按顺向迁移和逆向迁移两个层次进行实验，即在顺向迁移实验中，让实验组先学习知识点A，控制组休息或从事其他无关活动，然后，让控制组与学习组同时学习知识点B；在逆向迁移实验中，让两组都学习知识点A，然后让实验组学习知识点B，控制组进行休息或从事其他无关活动。（3）测量与比较。在顺向迁移条件下，两组同时测量知识点B，而在逆向迁移条件下测量知识点A，然后对测试数据进行统计分析。（4）做出总结，分别说明两种迁移是否产生以及产生的数量化程度并给予必要的解释（见表7.2）。

---

① 英文中的"performance"在翻译成汉语时，没有一个恰当而固定的词相对应，其原因在于"perform"（执行、履行）中的抽象名词后缀"-ance"既可表示"执行"的过程、状态，还可以表示"执行"的结果。按照笔者理解，它的准确含义应该依据上下文（context）来判定。只有当它用于表达"执行"的结果，而且是一种理想的预期结果时，才翻译成"绩效"，在不好不坏的中性意义上或者用于表示"perform"的"过程、状态"则是我们常说的"作业""行为"。

表 7.2　两种基本类型迁移的实验设计

迁移方向	分组	先学	后学	测量
顺向迁移	实验组	A	B	B
	控制组	—	B	B
逆向迁移	实验组	A	B	A
	控制组	A	—	A

在以上实验中，为了计算迁移的数量，通常会采用原始分数（raw score）来计算，这样比较简便易行。当然，由于研究迁移的目的不同，迁移的实验设计还会衍生出其他一些变化形式。

第二节　对迁移内涵的历史探寻

学习迁移具有普遍性。自人类从事学习活动以来，人们就一直关注着学习的迁移现象。如我国自古代以来就流传着"举一隅不以三隅反，则不复也"[①]"触类旁通""温故而知新"等反映迁移思想的教学理念。对于学习迁移现象的形成与解释，历史上有许多学者从不同的角度、层面进行过探讨。

一、形式训练说

最早对迁移现象进行系统研究的是"形式训练说"（theory of formal discipline）。该学说认为：迁移是通过感官能力（官能）的训练与提高来实现的。其直接来源是德国心理学家沃尔夫（C. Wolff）[②]于 19 世纪后期提出的官能心理学（faculty psychology）。由于官能心理学认为，作为整体的心（mind）由诸如观察力、注意力、记忆力、思维、想象力、推理、意志等官能成分组成，而这些官能成分能相对独立地存在，可以分别从事不同的活动，如同肌肉一样可以通过练习而得到加强，加强后的官能可以自动地迁移到不同的活动中，因此个

---

① 金良年. 大学译注·中庸译注·论语译注［M］. 上海：上海古籍出版社，2010:128.

② 虽官能心理学始于中世纪（5—15 世纪这 1000 年），但作为德国数学家莱布尼兹唯心论哲学的直接继承人，沃尔夫（Christian Wolff）却是官能心理学思想的系统化第一人。他秉承亚里士多德的形而上学分类思想，从理性主义认识论出发，把人的心理分成"知"和"情"两个官能，其中，"知"的官能包括注意、感觉、记忆、想象、悟性（区分和判断一般性概念）和理性（由纯概念推导出结论）等，而"情"的功能则是指欲求、需要，包括了愉快和不愉快的感情以及表示强烈欲求的意志。

体能力得到了提升。按照该理论，教育的主要目标就是通过高难度的练习来训练心的各种官能，至于练习、训练的内容有没有联系实际则是次要的（因为它们会被遗忘）。于是，有利于训练记忆、判断、推理能力的数学与自然科学中的繁、难、偏、旧的题材就成了最好的学习材料。

这种迁移学说在欧洲与北美流行了近 200 年，对我国的学科课程设置也有较大影响。[①] 其可取之处在于重视心智基本能力训练的做法具有较普遍的迁移意义，但是，也容易造成从理论到理论、从书本到书本，与社会生活严重脱节，让学生总是处于一种在被动、无趣的状态中学习的尴尬局面。另外，教学的唯一目的就是训练各种官能吗？整体官能的各部分真正能够单独地接受训练并自动迁移到其他相关活动中去吗？该学说似乎没有提供严格而完整的科学依据。

二、相同要素说

由于人们对形式训练说半信半疑，1890 年，美国著名心理学家詹姆斯（W. James）用记忆实验的方法来验证形式训练说的有效性，结果发现：训练并不能提升记忆力，记忆方法的改善才是提高记忆力的有效办法。继詹姆斯之后，又有许多心理学家通过更为严密的实验从不同的角度向形式训练说提出质疑，其中，以桑代克（E. L. Thorndike）和伍德沃斯（R. S.Woodworth）研究的影响最大。1901 年，桑代克进行了一系列注意、知觉辨别、记忆等方面的迁移实验，得出结论说：[②]（1）经过练习，被试的成绩会有明显提升，也会影响到后续的相关学习，不过，采用直接训练的办法会比通过迁移取得的成绩要好得多；（2）在注意、观察、知觉与记忆等方面的训练并没有迁移到以后的相似活动中去。据此，桑代克认为那种通过特定形式的训练来获得普遍迁移的注意力、观察力、记忆力并不有效，因此，形式训练说不能成立。只有在前、后学习任务之间具有相同的元素，如相同性质的学习材料、类似的学习方法、能应用相同的原理与规则、具有相同的学习目标或相同的学习态度等，也就是相同的刺激（S）—反应（R）联结时，才可能将先前知识学习中获得的特定行为迁移至新的学习任务中去。这就是他的相同要素说（theory of identical elements）。这个学说后来被伍德沃斯修改为"共同成分"（common components）说，意指迁移的测试情境与

---

① 曹宝龙. 学习与迁移 [M]. 杭州：浙江大学出版社，2009:23-24.
② 邵瑞珍. 教育心理学 [M]. 上海：上海教育科学出版社，1997:225.

原来的学习情境之间存在着共同成分时，都会出现迁移现象，使学习更加容易。1944 年，韦斯曼（A.Wesman）重新检验了桑代克的早期实验，并在学习前后对中学生的一般智力与成绩进行了测试，结果发现：通过任何一个科目的短期学习来显著地增加注意力、观察力、记忆力等智力成分是不大可能的。[①] 随后，在 20 世纪 60 年代，还有学者进行过类似的实验，但并没有什么全新的发现。

　　相同要素（成分）说针对形式训练说的不足做了某些方面的改进，指出了迁移的条件性与差别性，其生理基础是在大脑皮层中建立相同的短暂性神经联结，或者说是对先前学习活动中因为刺激而留存的神经网络之间记忆痕迹的提取、应用，具有一定的客观性，也得到了不少有说服力的实践印证。但是，其过于重视学习情境异同对迁移的影响而忽视学习者主体思维能动性的发挥，不仅缩小了学习迁移的范围、层次，同时也制约了学习个体透过表象，运用分析、概括、抽象等高级思维来处理复杂而多变问题情境时的灵活性，表现出一定的局限性。此外，即使两个学习活动中存在着相同的成分，一个学习活动可能促进也可能干扰另一个学习活动，因为心理学上存在着前摄抑制（proactive inhibition）和后摄抑制（retroactive inhibition）[②] 的干扰问题。两个学习材料之间的共同成分愈多，干扰愈严重。如何促使正迁移、减少负迁移，这不能不引起人们足够的重视。

三、概括化学说

　　相同要素说将迁移的考察点集中在先后两个学习之间是否具有共同的成分上，这既表现出一定的合理性，也存在着一定的局限性，引发了人们对迁移的进一步思考。

　　1908 年，美国联想主义学派心理学家贾德（C.H. Judd）以实验的形式（著名的小学生"水下打靶"实验）研究了"概括性"（generality）和"原理"（principle）的迁移，进而提出了"概括化学说"（theory of generalization）。在他看来，原来所学的知识 A 之所以能够迁移到后续的学习 B 中，是因为在学习 A 时获得了一般性原理，这种原理的适应性更广，可以全部或部分迁移至后续的学习 B 中去。按照这个理论，在发生迁移的两个学习活动之间具有共同的成分

---

① 邵瑞珍. 教育心理学 [M]. 上海：上海教育科学出版社，1997:226.
② 前摄抑制指原来的学习对后续的学习起干扰作用，后摄抑制则是指后学的材料内容对前面的学习产生干扰作用。

只是迁移发生的必要条件，而不是充分条件。迁移能够产生的关键在于学习者在学习 B 时发现了它与前一个学习 A 具有相同原理，即学习者主体能够将习得的经验加以类化与推广，因此，这一学说又被称为"经验泛化说"（theory of experience generalization）。

赫德里克森（G. Hedrickson）和施罗德（W.H. Schroeder）于 1941 年，奥弗林（R. L.R. Overing）等人于 1967 年都通过类似实验进一步验证了贾德的经验泛化学说。

概括化学说重视学习者主体运用分析、比较、综合、分类、抽象、概括等思维形式进行深度加工，并认为通过抽象与概括可以找出事物的本质属性与必然联系，舍弃那些非本质属性和偶然联系，使个体认识从低级的感性认识阶段提升到高级的理性认识阶段，而且概括化水平越高，迁移的适应范围就越广。因此，原理和规则的学习具有普遍性的意义，便于推广到与之相关联的问题解决之中。这种思想体现在学习上，那就是：重视理解，尤其是建立在深度思考上的高概括性表征，反对囫囵吞枣和死记硬背。

四、转换—关系说

在对上述概括化迁移理论进一步考察的基础上，1929 年，格式塔心理学家苛勒（W. Kohler）进行了一项让小鸡、黑猩猩和一个三岁小女孩在不同颜色程度的纸张上寻找食物的实验，结果发现：迁移的关键并不是具有共同的要素或相同的原理，而在于洞悟到手段与目标之间的关系；此后的 1936 年，斯宾塞（K.W. Spence）又将对这种关系的辨别称为转换（transposition）。后来，人们将苛勒的关系说和斯宾塞的转换说合称为"转换—关系说"（theory of transposition-relationship）。后来肯德勒（T.S.Kendler）、亨弗雷德（D. Ehrenfreund）通过进一步实验，又进一步揭示了转换的某些条件与特征，如：训练任务的环境与测试任务之间差异越大，转换越难出现；年龄、智力越高，转换越易于出现；原来的学习越充分、深刻，后面学习的正迁移越容易出现等。[①] 按照这种理论，迁移产生的关键是对于事物整体中各种关系的识别和理解，因而离不开学习者个体的积极思考。

---

① 曹宝龙. 学习与迁移 [M]. 杭州：浙江大学出版社, 2009:32-33.

五、学习定式说

1952 年，哈罗（Harry F.Harlow）在著名的"猴子实验"和"小孩实验"中证明了学习方法的学习有利于形成某种态度倾向性，即学习定式（learning sets）。也就是说，先前的学习使后继的学习处于一种准备状态，产生了预热效应，为实现迁移创造了条件。依据这一迁移理论，教师或学习者在选择学习内容时，如果能够在保持内容一致性的同时还能注意在方法上由浅入深，循序渐进，就有利于提高技能的执行速度，且有利于形成某种态度。不过，正如前面所提到的那样，学习定式也可能会因为那些表面相似特征的出现而做出错误判断，甚至会限制选择问题解决策略的灵活性。

第三节　现代知识迁移理论

前面所讨论的几种知识迁移理论都试图在简单的联想学习的基础上探寻人类学习迁移的一般性规律。但是，由于其缺少科学的知识分类思想指导，不仅造成了迁移研究结果的不一致性，也造成了迁移理论在应用上的局限性。20 世纪 80 年代，基于知识分类的信息加工思想已得到了教育界人士的广为认同。在这一历史背景下，人们对知识迁移的研究集中到了三个方面：与陈述性知识相对应的认知结构迁移理论，与程序性知识中专业领域基本技能相对应的产生式迁移理论，与程序性知识中的专业领域策略性知识相对应的元认知迁移理论。下面逐一展开讨论。

一、认知结构迁移理论

20 世纪 60 年代，美国教育心理学家奥苏贝尔（D.P. Ausubel）运用贾德的概括化理论对有意义言语学习做了进一步的考察与研究，同时提出了著名的图式迁移理论。由于图式是指建立在命题、表象、线性序列和网络命题之上的一类综合认知结构，因此，这一迁移理论也被称作认知结构迁移理论（theory of transfer of cognitive structure）。

奥苏贝尔对迁移的实质、认知结构中影响迁移的主要因素、开展新学习时应该注意的问题进行了全面而深入的研究。

（一）认知结构及其主要变量

所谓认知结构或者图式，从广义来说，它是指学习者个体在头脑中的全部观念（知识）的内容及其组织方式。从狭义来说，它仅指学习者个体关于某一领域、科目的全部观念（知识）的内容与组织方式。认知结构特征是指在进行新知识学习时学习者个体的原有认知结构所表现出来的内容性质和组织形式方面的属性。在奥苏贝尔看来，认知结构特征变量主要有三个：可辨别性、稳定性和可利用性。原有认知结构中的这三个变量是影响学习迁移的关键性要素。[1]

1. 认知结构的可辨别性

在学习者遇到一个新的学习任务时，学习者能否清晰而准确地辨别、区分新旧知识之间的差异？这就是认知结构的可辨别性（discriminability）。当原有知识体系是按照一定的逻辑层次结构、经过严谨的组织时，学习者不仅可以快速地找到新知识的接纳点，也会相对容易地区分新、旧知识之间的异同点，有利于长期记忆与保持新知识。相反，如果新旧知识是相似、难以辨识的，由于原有知识点的先入为主以及出于减少工作记忆的需要，新知识可能会被原来处于稳定结构中的旧知识所代替，以至于很快被忘记，于是负迁移出现了。这是学习中需要避免的。

2. 认知结构的稳定性

在新知识的学习中，原有知识越稳定、牢固，将越有助于后续新知识的学习。原有知识的稳定性（stability）与后续学习的正迁移有着显著的正相关。在练习中得到了及时反馈、纠正，在不同情境下得到了应用、总结的深度加工方式无疑有助于增强知识深刻性，进而提升其稳定性。

3. 认知结构的可利用性

个体面临一个新的学习任务时，他原有知识体系中是否已经具有可以同化（吸收）、固定新知识的适当观念和基础知识？这就是认知结构的可利用性（availability）。依据同化理论中新知识与原有知识之间的关系，可能出现三种不同的同化方式：上位学习方式、下位学习方式以及并列结合方式。其中，处于顺向类属关系的下位学习相对容易。知识、观念的概括化水平愈高，包摄范围

---

[1] Ausubel D P. The Psychology of Meaningful Verbal Learning[M]. Oxford: Grune & Stratton, 1963.

愈广，新知识的同化、迁移愈容易。

（二）图式迁移理论的学习意义

为了给学习者塑造良好的认知结构（图式）以促进正迁移，奥苏贝尔认为，可以从改进学习材料编排、学习内容呈现方式和运用"先行组织者"策略进行教学。

1. 学习材料编排及其呈现方式的改进

学习材料中的知识点排列、组合方式会深刻地影响学生的认知结构的形成与习得。如果学习材料中的知识组织与排列具有一定的层次结构性，将最具包摄性和解释性的知识点放置于这个结构的顶点，再在它下面依次排列包摄性渐次缩小的、越来越分化的命题、概念和原理，既能不断分化，又能综合贯通，就可以有效地促进学习中的正迁移。由于学习者在学习新知识时采用渐次推进的自然顺序，因此，学习材料的呈现在纵向上应遵循从整体到部分、从一般到具体、不断细化的原则，在横向上则应该采取融会贯通的原则，以加强各知识点和各章节之间的逻辑联系。当前，有的师生运用思维导图（mind map）软件进行各知识点之间的结构与层次分析，不仅形象，而且符合人脑的理解、记忆规律，因此，它能有效地巩固学习效果。

2. "先行组织者"策略的运用

在学习者学习某一新知识之前，如果能用较为通俗的语言简要地说明将要学习的新知识与原来所学知识之间的联系，给学习者呈现一定过渡性材料作为认知框架（cognitive frame），这就是"先行组织者"（advance organizer）策略。当教师发现学习者的知识结构中缺乏可用来吸纳、同化新知识的上位观念时，可以设计并在教学中嵌入一个适当的上位观念，即陈述性组织者（expository organizer），以充当新知识的"锚点"，改进学习者的认知结构的可利用性。当发现学习者对新旧知识之间异同不甚明了或者原有知识掌握不牢固时，教师可设计、提供一个比较性组织者（comparative organizer），以帮助学生清晰地辨识新旧知识的异同点，巩固原来所学知识，以改进认知结构中的可辨别性和稳定性。

二、产生式迁移理论

虽然上述认知结构迁移理论能够有效地解释陈述性知识的学习迁移问题，但是，并没有涉及技能学习中的迁移问题。为此，1990 年前后，安德森（J. R.

Anderson）和辛格利（M. K. Singley）提出了技能学习中的产生式迁移理论。

（一）基本思想

产生式迁移理论是对安德森思维适应性控制理论（adaptive control of thought theory，ACT）的继承和发展。其主要思想是：前后两项技能的学习之间之所以能发生迁移，是因为这两项技能的产生式出现了交叉与重叠，而且交叉、重叠愈多，迁移量就愈大。[①] 依据 ACT 理论，一个熟练技能的学习可分成两个阶段：最开始是阅读解释性文字材料的陈述性阶段，通过诸如命题、概念等形式的陈述性知识加以表征，促进技能产生前的规则理解。接下来是程序性阶段，将技能的陈述性知识转换为以产生式表征的程序性知识。在这里，产生式是一种关于条件（condition）与行动（action）的运演规则，也称为 C–A 规则。条件 C 表示行为产生时所必须满足的条件，并不是来自外部的刺激，而是学习者的工作记忆的内容；行动 A 则既可能是外显的动作，也可能只是个体头脑中某种心理操作。这样，具有抽象特征的产生式既可表征诸如加减法之类的简单操作，还可以表征常规问题解决策略，只是二者的概括性水平明显不同。

总之，产生式迁移理论是将产生式规则当作两个技能之间的共同要素，既是运用现代认知心理学相关理论对早期的桑代克"共同要素说"的扩展，同时也融合了奥苏贝尔的认知结构理论。

（二）迁移类型

由于产生式迁移理论既涉及陈述性知识，也涉及程序性知识，因此，产生式迁移理论中可能出现的迁移共有四种类型：（1）从一种程序性知识到另一种程序性知识之间的迁移。如先前习得某一技能可用来帮助解决另一新问题或学习另一技能。如果先前产生式得到了充分的训练，这类迁移时常会自动发生。（2）从程序性知识到陈述性知识之间的迁移，即某一技能的获得有助于陈述性知识的学习。如学习者掌握了良好的阅读技能，将有助于他去获取大量的自然科学和社会科学知识。例如，记笔记习惯的习得（认知技能之一）就是通过保持注意力的集中而促进陈述性知识的学习。（3）从陈述性知识到程序性知识的迁移。这是最为常见的一类技能学习迁移。因为大多数技能的习得都会经历这类转换。例如，对大量物理现象的观察、了解将有助于较为透彻地理解某

---

① Anderson J R. The Cognition Psychology and Its Implications [M]. 3rd ed.New York:Freeman,1990.

些物理学原理并将这些原理付之于实际应用。（4）从陈述性知识到陈述性知识之间的迁移，即原有的陈述性知识促进或干扰了后续另一种陈述性知识的学习。如前面所提到的奥苏贝尔通过认知结构所研究的言语知识之间的迁移。

（三）对学习的意义

虽然安德森等人设计并运用大量的实验进一步证实了他的迁移理论，但是，与这一主题的研究仍然停留在计算机模拟阶段。不过，其学习意义却是不言而喻的。例如，在编排技能型学习材料时，应该使相邻的两个知识点之间有适当的交叉或重叠，不应人为地跳过某些重要步骤，以便让前一知识点的学习更好地为后续知识点的学习做准备。此外，基本概念与原理、规则等陈述性知识的准确理解有助于技能中产生式的转换与形成。总之，先前技能的练习与训练必须充分，才能逐步减少意识监控，达到自动化的熟练程度。

三、元认知迁移理论

元认知（meta-cognition）是指个体对认知过程的认知。它负责对个体整个认知过程的意识、监控和协调，包括三个基本成分：元认知知识、元认知体验和元认知监控。[1]元认知策略是一种特殊的认知技能，也属于程序性知识的范畴。它在策略性知识学习和问题解决中都发挥着重要作用。自弗拉维尔（John H. Flavell）在1976年提出"元认知"的概念以后，人们就开始关注元认知和迁移之间的关系。[2]元认知迁移理论认为，只有当学习者个体拥有相当的元认知水平之后，经过训练的认知策略才能在多种情境中达到迁移的程度，因为具有较好元认知技能的学习者能够自动地监督和调节自己的认知过程。他们面对新的学习任务或情境问题时，会积极地寻找当前情境与过去经历过的某些问题之间的相似性，运用原有经验对当前情境做出比较、分析、综合、概括，以寻求解决问题的有效策略。通常情况下，学习者会从自身业已具备的知识情况和怎样围绕预定学习目标来合理调节学习过程两个方面进行思考，如：我能够完全理解当前的学习主题吗？对于这一问题，我过去积累了哪些知识和经验？在当前情境中，我能实现的最理想结果（目标）是什么？在当前情况下，对于这一问题的较好的解决策略、方法应该是什么？我该怎样发现错误信息并通过不断地

---

① Flavell J H. Metacognitive aspects of problem solving[J]. The Nature of Intelligence, 1976:231-235.

② 曹宝龙. 学习与迁移[M]. 杭州：浙江大学出版社, 2009:48.

修改错误来确保这一认知或问题解决过程按照预定方向进行？与原来预期的结果相比较，目前的结果满意吗？如此等等。通过对上述问题的追问或反思，学习者个体始终可以清醒地了解自己的认知过程，并不断地加以调节、优化，直至学习过程结束。因此，元认知技能的运用就成为了实现认知策略有效迁移的强有力保障。

　　元认知作为一系列高层次技能的集成，主要涉及学习者自身、学习任务和实施策略之间的关系，其迁移必须具备一定的条件。首先，学习者必须是主动地，而不是被动地、强迫式地进行学习；其次，学习者必须通过大量的、不同类型情境中学习经验的积累，并逐步概括化，才能形成一定的元认知能力。[①] 有研究者认为，[②] 许多与学习相关的迁移障碍都是由缺乏元认知技能训练而引起，从而使得学习者不能有效地识别不同情境中的问题，并在认知过程中及时地进行自我监督、自我调节。

第四节　迁移的本质与迁移习得的有利条件

一、对迁移本质的探讨

　　前面提到，最早出现的迁移理论是"形式训练说"。它强调的是诸如记忆、思维、推理、想象等官能训练价值（常规能力）的普遍迁移。随着科学心理学的出现，诞生了桑代克的"相同要素说"和贾德的"概括化学说"。前者认为，只有前后的两个学习任务之间具有相同的成分时才会产生迁移，注重的是学习材料的外表现象；而后者则认为，迁移出现的条件并不是学习材料表面结构中是否具有相同的要素，即表面相似性，而在于学习者能够透彻地分析、理解学习材料内部各知识点之间的逻辑关系，进而做出综合与概括，强调的是学习者对学习材料的理解程度。与"相同要素说"相比较，尽管都是考察学习材料，但是却有内外之别。另外，它强调了学习者的主观能动性。苛勒等人提出的"关系—转换说"强调的是学习者"顿悟"学习材料和行为目标之间的关系。其实质就是关注学习者从整体上去把握学习材料所隐含的各种关系的能力，反映的是

---

① 申克. 学习理论：教育的视角 [M]. 3版. 韦小满，等译. 南京：江苏教育出版社，2003：13-14.

② 吴庆麟. 认知教学心理学 [M]. 上海：上海科学技术出版社，2000：222-223.

一种问题解决能力，而不是单纯的知识性学习。哈罗的"学习定式说"考察的视角依旧是问题解决能力，但是他关注的重点是通过学习所形成的学习者态度倾向性对后续行为目标的影响。上述五种早期的学习迁移理论尽管在迁移的对象上有着新知识学习和问题解决的差别，但是，其认识取向都是基于行为主义的"联结"思想，基本研究路线是遵循"学习材料→学习者＋学习材料→学习者"的线索来进行的。它们所反映的是一种由从外部因素到内部因素、由表象到深层、由单一到综合的渐变过程。

自20世纪60年代以来，随着认知科学的发展，学习迁移研究者从知识分类与实际运用角度探讨了学习迁移的机制和条件。但是，研究的对象依旧还是学习者和学习材料，因为任何一个学习过程都离不开学习者和学习材料。然而，在研究过程中越来越突出学习价值与意义——通过学习活动来改变行为或解决问题。奥苏贝尔的认知结构学说继承了贾德的"概括化学说"，强调了学习者的认知结构在静态的陈述性知识学习中的桥梁和纽带作用，突出的是学习者个体的心理表征能力，即认知结构的三个特性：可辨别性、稳定性和可利用性，追求的是学习过程中的深度理解及对结构进行综合、概括的能力。安德森的产生式迁移理论既是"相同要素说"的发展，也融合了陈述性知识学习中最新研究成果，研究了动态、技能性、程序性知识中的"条件—行动"规则，具有行为指向性和一定的问题解决成分。弗拉维尔的元认知迁移理论从如何运用技能的策略性、程序性知识层面出发，强调了学习者对学习目标（如问题解决）的识别和个体对整个学习过程的监控和调节，追求的是学习的功能与价值，更多地体现了认知思想与人本理念的整合。

二、迁移习得的有利条件

依据林崇德先生的观点，学习迁移能否发生主要取决于三个要素，即学习者迁移意识、认知结构特性、学习材料的相似性。[①]

（一）学习者具备迁移意识

学习认知中的自我调控是影响学习迁移的关键因素。在认知自我调控过程中，学习者是否具有较强的主动迁移意识对于正向迁移能否发生具有重要影响。

① 林崇德．学习与发展：中小学生心理能力发展与培养 [M]．北京：北京师范大学出版社，2011:20-21.

有效的学习者常常能深刻意识到知识迁移的重要性，有一种利用一切可能的机会来实现知识迁移的心理动机与准备，因而能快速、准确地判定不同学习内容之间的相关性，理解、抓住可实现迁移的具体情境，恰到好处地选择相关经验或资源并使它们建立某种联系，这大大减少了头脑中的惰性知识，提高了原有知识、经验的可利用性。

（二）原有认知结构具有可利用性、可辨别性和稳定性

学习者头脑中原有的知识内容及其组织形式称为认知结构。依据奥苏贝尔的有意义学习理论，认知结构是新知识学习的基础与桥梁，原有的知识对当前知识的学习必然产生影响，因而认知结构对于知识迁移也会有重要影响。如果原有知识的可利用性低，那么我们只好采用割裂的、机械的方式去学习新知识，因而不能快速、有效地建构新知识的意义，致使学过的新知识很容易遗忘。如果新旧知识之间不容易区别开来，界限模糊，那么这种低分离度就会很快使得新知识的意义被原有的知识意义所替代，因而不会独立地存在下去。原有知识的清晰性和稳定性在认知结构中可以起到固定新知识的作用。如果原有知识不是很清晰、稳定，那么，这种新旧知识之间的可分辨性也会因为不能为新知识的学习提供有效的"锚点"而最终影响知识迁移。

（三）学习材料之间具有一定的相似性

学习材料之间的相似性可以分为两种：结构特征相似与表面特征相似。结构特征相似是指诸如原理、关系、规则等内部本质属性的相似。表面特征相似则是指诸如具体内容等非本质特征上的相似。无数教学经验表明：学习材料之间的相似性愈大，学习者愈容易发现这种相似性，因而也就愈容易实现知识迁移。

第八章
学习与生存、人格臻善

　　学习意味着知识的获取，蕴含着行为、习惯的某种改变。当今社会，芸芸众生都感到：生命有限，学习无涯。但是，如果要问人为什么要学习，或者学习的终极价值是什么，那么，答案可能是考进好学校，找到一份好工作，更有效地解决自己和亲人所关切的问题，学会和不同的人打交道，实现自己的人生理想，为社会做贡献，提高思想境界，追求真理，诸如此类，不同年龄、职业的人的回答可能千差万别。自国际教育委员会提出《德洛尔报告》（"The Delors Report"）并向联合国教科文卫组织发布"学会认知（learn to know）、学会做事（learn to do）、学会共处（learn to live together）、学会生存（learn to be）"这四大教育支柱之后，[①] 人们似乎有了一个比较清晰的答案，那就是通过学习学会怎样读书，怎么去解决实际问题，如何与他人和谐共处，怎样使自己能够更好地生存和发展。然而，这些都只是学习的一部分价值。

　　古希腊哲学家普罗泰戈拉（Protagoras）曾提出一个著名的哲学命题：人是万物的尺度。[②] 也就是说，正是由于人这一智慧生命在地球上的存在，世间万物，包括人类自身的学习活动，才真正产生了意义，因此，学习的终极价值只能从人的本质中去寻找。但人的本质又是什么呢？从事物质资料的生产与劳动是人类及其历史产生、存在和发展的前提，并且人类的基本面貌都是由劳动、生产决定的。可是，人们从事生产劳动或其他社会活动时却不是以个体的方式独立开展的，而是结成一定的社会关系，在相互依赖、相互合作中进行的，表现为一种类的存在，因此，人的本质就是劳动和社会性。有学者指出：相对于劳动本质和社会性本质，人的需要本质不仅在内涵上更深刻，在外延上更广泛，而且涵盖了前述两种本质的发生原因，还是人的一切生命活动的内在根据与存

---

① 斯科特，和茜茜，盛群力. 21世纪需要哪一类学习？总体愿景与"四个学会"新解［J］. 数字教育，2016（4）：70-86.
② 安晓斌. 论人格心理学的学科地位［J］. 文学教育，2018（12）：52-53.

在方式，因此，人类自身需要才是更为深层的本质特征。[①] 笔者认为，由于自身需要、物质生产（劳动）、社会关系的总和分别从三个层面上描述着人的存在本质、生活本质和现实生成与制约本质，因此，学习的动因也就必须从个体生存与在社会中成长两方面去寻找。

第一节　生存与学习

人，从出生、长大到成熟、衰老与死亡，构成一个生命周期。而在这期间，概括地讲，人生也就是两件事：生存和发展。虽然可以依靠本能实现一部分生存需要，可是，在当代，这两件事都离不开学习，因为通过学习这种主客体之间的能动性发挥，人类可以创造更有效率或更有价值的劳动来满足自己的生存、发展需要。在学校，或者在我们的周围，有的人热爱学习，有的人讨厌学习，甚至放弃学习。对学习不同的态度也就造就了不一样的人生。作为一种社会现象，学习既会受到思维特征、认知水平、能力结构等智力因素的影响，也会受到个体的兴趣、动机、气质、性格、自我意识水平、信念、世界观等非智力因素的影响。在当今这样一个信息瞬息万变、知识更新周期不断缩短的时代，学习动力的激发与保持依然是一个让千千万万家长和学生普遍感兴趣的话题。如果仔细观察并思考学习现象，则我们不难发现：专注与弘毅固然重要，但是，在初期，兴趣才是最好的老师。然而，兴趣既有认知成分，也有情感成分，它们分别属于方法和价值范畴。而价值归根结底是人性中的一种现实或潜在的需要，因此，学习活动能否满足学习者个体的需要才是影响学习成败的最原始、最深层的动力源。事实上，学习者通常都会更多地注意、思考那些在自己生活中能使他们感兴趣的事情，而这些学习活动通常能给他们带来积极、愉悦的情绪反应，甚至是兴奋、激动的主观强烈感受，故学习过程是享受的、快乐的，因而也是可持续的，甚至是终身的。

---

① 赵家祥.马克思关于人的本质的三个界定[J].思想理论教育导刊,2005(7):24-26.

一、本能与生存

（一）本能

本能（instinct）就是生而有之、不学就会的能力。它主要使自己得以保存，其种族能够繁衍下去。其实，世界是物质的，而物质是不断运动、变化的，运动总是有源头的，而此处的"物"指的是除人以外的具体事物，"质"是经辨别、探究后的属性（性质），而"本"是指"原始的""本来的"。也就是说，一切存在的具体物都有源头。如水的本（源头）是氢氧元素的结合。另外，有本之物亦有某种势能。这里的"能"指会做某些事情，也就是说能够适应某种环境或条件的变化，表现为一种变化力。如作为水的一种形式的雨滴会从高空落下，遇到泥沙时还会渗透进去，而遇热则可能变成水蒸气，再遇到冷空气时又会变成雨滴，按照自己的某种规律去运动。虽然它也具有"能"的性质，但是，它还不是本能，因为只有生物①才有本能。同样，石头也没有本能。但是，石头下面的小草这种生物就具有本能，因为小草在从大地吸取营养的同时还能绕过它正面的石头向旁边的间隙处生长。本能的最大特征是它不同于欲望和理智行为，不受神经和意识控制，是一种环境下的自发行为，这大体可以追溯到人类条件反射的早期模式及其进化。例如，婴儿生下来就会吸吮妈妈的乳头，当他遇到强光照射，还会自动眯眼睛，以缩小瞳孔，减少进光量。这就是婴儿的本能。与其他生物不同，人类能够通过意识特别是对行为后果的预测，在趋利避害中来控制、调节自己的行为，表现为一种理性，具有超越一定时间、空间的能力。

（二）学习与生存

何谓生存？按照自组织理论，它就是生物系统中能够自我复制的大分子结构处于稳定的状态。②这里特指人的生存，是个体为了满足衣、食、住、行、种族延续等生物性存在所开展的一切活动的总称。经过漫长的进化，我们自身的肌体已经能够对某些需要做出自主反应。在某些时候，我们体内天生的生理平衡机制就会发生调节作用。例如，我们一直都在自主呼吸着，但是，当体温过

---

① "生物"为"有生命之物"的简称，其基本特征是通过新陈代谢实现自身的生长、发育与**繁殖**，具有应激性和适应性，能够在遗传与变异中不断进化。裘娟萍，钱海丰. 生命科学概论 [M].2 版. 北京：科学出版社，2008:9-10.

② 段勇. 自组织生命哲学 [M]. 北京：中国农业科学技术出版社，2009:8-9.

低或过高时，体温平衡机制 ① 就会发生作用：或者打寒战用以提高体温，或者通过出汗以降低体温等。此外，对某类特定刺激物的反射也会起到一定作用，如大多数生命的肌体在疼痛时会发射性缩回。个体生命要延续下去，就必须有食物、清洁水源等。不过，反射是生来就有的，不是习得性的，它类似于由遗传基因所决定的本能。可是，这些东西都来自环境，而环境又有正性（对生存有益）、中性（与生存无关）和负性（对生存有害）之分，因此，个体必须学会与环境打交道，才能准确地知道哪些物体可用来满足我们的需要。然而，环境也不是一成不变的，仅仅依靠反射和体内平衡机制还不能顺利生存下去。这时候，学习活动的存在就正好增加了在多变环境下求得生存的可能性。其中，经典条件反射和操作性条件反射就是最初的学习形式。不过，这两种反射的条件刺激与反应也需要经过多次甚至是无数次尝试与联结才能形成，而且有敏感化和习惯化之分 ②。这样，学习这种习得性行为就成了天生的体内平衡机制和反射的重要补充而在人类的生存实现中发挥着重要作用。

二、人性

人性是人的各种属性、特性的总括，在狭义范围内，则是指个体是否满足自身需要时所产生的情感和理性。和动物最大的不同是：人不仅具有作为一个自然人而存在、反映生理本能的自然属性，还有在生产、劳动等社会实践中所形成的反映自身社会关系、状况的社会属性。实际上，人的这种社会属性是生产关系、实践协同性、个体行为社会性和个体意识的社会性等一系列社会因素的综合 ③，并且通常会通过社会活动和社会意识来体现。

人通过个体的现实存在来实现自然属性和社会属性的辩证统一。一方面，人的自然属性是社会属性的物质基础和必要支撑，也是生理需要中最直接、最常见的一种人性需要；另一方面，人的社会属性规定、制约着人的自然属性，因此，人的自然属性并不是那种纯粹的物质的、生理的自然属性，而是一种继承了人类社会文明成果的自然属性。它们在相互依赖、相互影响中求得共同发

---

① 生理平衡机制在医学上也称为稳态（homeostasis）。它指体内细胞为了适应其生存与活动需要所提供的相对恒定的物理化学条件，主要包括适宜的温度、酸碱度、渗透压和各种维生素、矿物质的合适浓度。贺伟，李光辉，张洁琼. 正常人体机能 [M]. 武汉：华中科技大学出版社，2011:21.
② 敏感化指个体对某类刺激物更易于做出反应，而习惯化则与之相反，是指对某类环境刺激更加迟钝、不敏感。
③ 刘亚政. 人是自然属性和社会属性的统一 [J]. 实事求是，1990(2):23-24.

展，而人的本质在其现实性上则是一切社会关系的总括。在现实中发生的是人与自然物、人与他人（含群体）这两类最基本的关系。

第二节　人性中的学习需要

任何个体都必须从自然界和社会中获取一定数量和形式的事物，如食物、住房、衣服、睡眠、劳动、人际交往等，才能维持自身生存，实现自身发展。这些需求经过人脑的意识与反应就形成了需要（needs）。在场论的创始人、德国心理学家勒温（Kurt Lewin）看来，个体在他的生活空间里形成一个影响其自身行为的环境心理场。在这一心理场中，个体将与自身相关联的某些生理条件或社会资源环境维持在一种相对稳定、平衡的状态，即遵循动态平衡原理（principle of homoeostasis），使糖类、蛋白质、脂类、维生素、水、氧、无机盐等营养物质保持体内平衡，以保持健康生存。[①] 如果这种平衡关系被打破，就会刺激下丘脑中的摄食中枢、饮水中枢、情感中枢和某些腺垂体的激素分泌，给人带来一种紧张或焦虑，这就是身体中需要的原始形式。但是，个体有试图恢复这种平衡的潜在倾向，一旦条件允许，就会产生某种行动。[②] 需要在人的各种心理活动、行为中充当内部动力，是个体产生一切行为的源泉和基本依据。事实上，也正是人的内在需求引发行为，而个体对环境的认知视角、深浅程度等则决定了其行为的方向与方式。个体的行为既有目的性，也有认知选择性，并且遵循最小努力原则。

一、马斯洛的需要层次理论

20世纪50年代，美国人本主义心理学家亚伯拉罕·马斯洛（A. H. Maslow）提出了一个人类需要层次（hierarchy of needs）理论，认为：[③] 生理需要、安全需要、归属与爱的需要、受尊重的需要、认知需要、审美需要、自我实现的需要是人类的七种基本需要（见图8.1）。

---

① 马斯洛. 动机与人格：第3版 [M]. 许金声，等译. 北京：中国人民大学出版社，2007:15-16.

② 叶奕乾，何存道，梁宁建. 普通心理学（修订版）[M]. 上海：华东师范大学出版社，1997:447；贺伟，李光辉，张洁琼. 正常人体机能 [M]. 武汉：华中科技大学出版社，2011:54-55.

③ 马斯洛. 马斯洛人本哲学 [M]. 唐译，编译. 长春：吉林出版集团有限责任公司，2013:26-29.

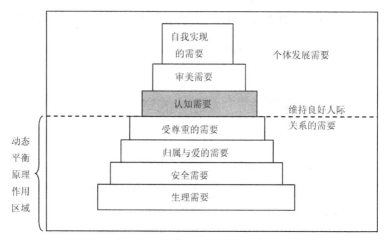

图 8.1　人类需要的七个层次

在这七个基本需要中，各个需要是相互联系、相互支撑、相互重叠的，具有一定的层次结构。只有在较低级的基本需要得到一定程度的满足之后，才会产生更高一级的需要；只有在前面六个基本需要得到满足之后，才会产生自我实现（self-actualization）的需要；在某一时刻，个体最强烈的需要支配着他的大脑意识，成为实施该行为的决定力量，但是，一旦得到满足之后就不会再有这个层次的需要了，又会产生更高一级层次的需要。自我实现的需要就是个体追逐、实现自己理想的需要，既源于现实，又高于现实，是个人潜能的创造性发挥，能够促使学习者去从事自己认为有价值、有意义的事情。在马斯洛看来，这仅仅是大多数人的奋斗目标，也只有少数人才能进入的境界。

在马斯洛看来，个体需要的发展过程就是一个从低级到高级的、波浪式的推进过程，不同需要的高峰会从一种需要转变到另一种需要中（见图 8.2）。[1]比如，在婴儿时期就主要是生理需要，再大一点的时候就出现了安全需要、归属与爱的需要，到了青少年时期便会出现被尊重的需要、求知的需要等，再接着可能就是审美的需要。如果一切顺利的话，到了中年和壮年时期就会产生自我实现的高层次精神需要。不过，低级需要比高级需要在程度上更为迫切，但是，低级需要的满足给人带来的只是慰藉与消除紧张的作用，并不会产生内心的宁静感、丰盈感和幸福感，而高级需要代表了一种普遍的健康趋势，其实现需要更多、更好的外部资源。层次越高，其自私的成分就越少，

---

① 叶奕乾，何存道，梁宁建. 普通心理学（修订版）[M]. 上海：华东师范大学出版社，1997：451.

社会贡献与价值也越大。①

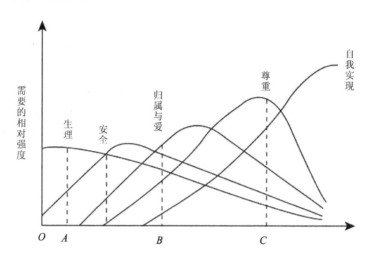

图 8.2 马斯洛需要层次的渐次变化

人类的学习行为是高于意动需要②的一种高层次需要，它始于好奇心，以对周边事物的理解、分析、组织、系统化为基本表现形式，以寻找联系和意义、价值为基本目的。

二、阿尔德夫关于人类的三种需要

马斯洛依据需要的不同层次（阶段）将人类需要纳入一个动态发展的连续体中，引起了人们的普遍关注和重视，也在实践生活中得到了某种程度的验证，具有一定的实际指导意义。如一个饥肠辘辘或者身处险境的学习者就很难将心思集中到学习上；与同学发生争吵、相处紧张的学习者也会分散一定的学习注意力；学习能力没有得到团队和老师的认可、欣赏时也会让学习者在接纳新观念时缺少开放性，从而影响创造性等。然而，他将人的需要产生看作是一个自然而然的纯生理成熟过程，撇开社会现实约束条件，也就是社会存在，去抽象地谈论人的需要和自我价值的实现，没有说明应该通过怎样的途径、手段去满足这些需要，也就是需要满足途径的现实性与合理性问题，因而会表现出某些致命的缺陷性。此外，他还忽视了人的某些高级需要会反过来影响低级需要的复杂性。

---

① 马斯洛. 马斯洛人本哲学 [M]. 唐译，编译. 长春：吉林出版集团有限责任公司，2013:31-33.
② 意动需要包括生理、安全、归属与爱、被尊重和自我实现五个层面，它与认知需要、审美需要相对。

后来，阿尔德夫（C. P. Alderfer）针对马斯洛需要层次理论做了一些完善。他指出：人类需要大致分为三个类型，即基本物质生活条件满足的生存需要、维持融洽人际关系的需要以及满足内心要求发展的成长需要。这些需要并不完全是生理依赖型的，有的是通过后天的学习得来的，而且这三种需要之间并不是等级递进关系，也没有天然的鸿沟，而是一个逐渐变化的连续体。更为重要的是，如果某一种需要获得的满足愈少，则个体满足这种愿望的意识、要求愈强烈，如经常挨饿的人会希望得到比正常情况下更多的食物。个体低级需要的满足会自然而然地滋生对高级需要的追求。如果高级需要缺失，则会使个体更加强烈地追逐低级需要。人类的需要并不都是完全按照从低级到高级的顺序推进，也可能越级，还有可能在遭到遏制时出现倒退现象。

第三节　人类学习中的情感

学习的过程并不是一个冷冰冰、毫无情感色彩的认知表征、加工与问题解决过程，而总是和个体情绪、意义紧密地联系在一起的。没有丝毫兴趣的强迫式学习不仅可能劳而无功、事倍功半，更会扼杀学习者个体将来长期去探求真理的原始欲望。然而，情绪是怎么引起的、其本质到底是什么、在学习中经历一个怎样的变化阶段等，一直是学习研究中最为复杂也最为薄弱的一面，然而却又是最为重要的一面。近年来，随着人本主义的复归和情绪心理学的研究深入，关于情绪对学习影响的研究越来越受到应有的重视。

一、情绪和情感

在日常生活中，个体都有过喜悦与满足、苦恼与忧虑等不同情绪体验。国内不少学者都认为：情绪和情感所反映的都是客观事物、活动与个体需要之间的关系，是客观事物、活动是否符合个体需要的主体性感受与体验。[①]然而，情绪与情感也是有区别的。情绪（emotion）发生在大脑进化的低级阶段，特别是和那些调节与维持生命的丘脑系统、脑干系统、边缘系统、皮下神经核团等

---

① 沈德立．高效率学习的心理学研究 [M]．北京：教育科学出版社，2006：244；孟昭兰．情绪心理学 [M]．北京：北京大学出版社，2005：4．

神经部位相联系，无论是从种系发展还是个体发展来看，其出现的时间都较早，属于人和动物的共同体验形式。由于它总是与一定的情境（situation）相关联，因而具有随情境变化而变化的特征，带有某些易变、不稳定的特征。情感则是与个体的社会性需要相关联的情感，发生时间较晚，属于人类所特有，是在情绪的基础上形成的，它虽然也和一定的情境相关联，但大多具有长期、稳定的特征，属于情绪概括化（generalization）的结晶。在人类的实践活动中，它又会反过来影响情绪。此外，人们还常常会在表征感情形式时用情绪，而表征感情内容时用情感。[①]

　　情绪的形式有多种，根据情绪发生时的强度、持续时间长短、个体的紧张程度不同，可以分为三类：心境、激情和应激。[②] 心境（mood）是指一种微弱的、平和的、能持续较长时间的情绪状态。这种情绪带有非定向的弥散性特征，并不是针对某一特定事物、活动的主体感受，而只是一种淡薄的认知背景。个体往往会采用与当时心境相同的态度去对待周边的一切事物与活动。表现在学习中，积极的心境有利于提高对记忆材料的检索速度。此外，还存在着"状态依存的学习"（state-dependent learning）问题，即情绪能够成为以后回忆中的检索线索，与心境氛围相一致的学习材料更易于编码和记忆。激情（passion）是一种大脑皮层对皮下神经中枢的抑制减弱或解除而产生的猛烈而短暂的、爆发式的强烈兴奋状态。它常常出现在个体受到对立倾向的刺激或遭遇到某种重要而罕见的发展契机之时。激情具有二重性：一方面，它使个体意志坚定，克服困难与险阻，迈向目标彼岸；另一方面，也会使个体视野受限，意识控制减弱，不能准确预测行为结果，甚至于因为冲动而遗憾终身。应激（stress）是指个体遭遇到某些紧急事件、偶发危险时而出现的一种急速、高度紧张的情绪状态。这时，个体或急中生智、勇渡难关，或手忙脚乱、束手无策。

　　人类情感大体可以分为理智感、道德感和美感。[③] 在实践中，个体在探求真理、认识真理、维护真理及其过程中的情绪感受和体验就是理智感。它是随着认知活动的不断深入而逐渐发展起来的，也和智力活动密不可分。道德感是个体通过一定的道德（价值）标准对他人行为或者自身行为进行评判所产生的情绪感受。它涉及个体与他人、团队、集体、社会关系的处理，往往会从社会

① 孟昭兰. 情绪心理学 [M]. 北京：北京大学出版社，2005:7.
② 沈德立. 高效率学习的心理学研究 [M]. 北京：教育科学出版社，2006:244-245.
③ 沈德立. 高效率学习的心理学研究 [M]. 北京：教育科学出版社，2006:245-246.

生活的各个方面体现出来，表现为自尊心、责任感、义务感、集体荣誉感等。美感是个体的审美需要、情趣得到满足的一种主观感受。它在社会文化和实践中形成。如欣赏一幅艺术品，观赏大自然美丽的景色等，既有匀称、和谐、协调的实体属性，也是一种主体与客体的相对价值关系的表现，反映了个体的精神文化追求，能增添生活情趣，或给主体以愉悦的享受，或激励个体奋发向上、不懈进取，最终促进了人类文明的进步与发展。

　　和情绪一样，在学习活动中，情感作为探索、认知、行动中的契机性因素，对人的学习需要具有加强、放大与调节方向的作用，或直接提供动力源泉，或支配、调节学习方向。有经验表明：[①] 学习活动的快感度能调节、改变个体的学习行为，也就是当某些学习行为能给学习者一种愉快的情绪体验时，学习者倾向于去模仿并反复练习、运用，而不愉快的学习体验则会促使学习者回避、离开原来的学习行为。在教学活动中，教师的各种表情模式（如脸部神态、肢体动作等）也生动地传递着信任、赞许、阻止、批评等情感信息，在默无声息中感染着学生的学习行为，并在学生中逐渐蔓延开来，而由此带来的适当的情绪、情感紧张度与兴奋性最有利于智力活动的开展。

二、学习中的情绪、情感

（一）好奇心

　　情绪和认知之间往往具有因果效应并且会互相影响。[②] 当学习者中枢神经系统达到一定的意识唤醒（arousal）水平时，他往往会选择自身周围的新奇事物进行观察，[③] 并作适当思考：它是因为什么而来到这里？会不会危害自身安全？我们能够用它做点对自身有价值的什么事情？等等。也就是说，当个体的注意力集中在自身的知识不足之处、产生信息缺失感时，就会引起好奇心（curiosity），并进而表现出一种求知欲，以减少或完全消除信息缺失感，甚至予以某种程度的利用。

　　学，然后知不足。古希腊哲学家芝诺（Zeno of Elea）曾用圆的面积表示个体已经掌握的知识部分，用圆外的空白表示个体的无知部分，圆越大，其圆周

① 沈德立. 高效率学习的心理学研究 [M]. 北京：教育科学出版社，2006:246-248.
② 孟昭兰. 情绪心理学 [M]. 北京：北京大学出版社，2005:4.
③ 有学者认为：周边陌生事物的出现会给个体带来一种心理上的紧张、不自在，甚至焦虑（anxiety），出现部分害怕的心理。

所接触的未知面也就越大。在学习活动中，随着学习者对某一主题了解的增多，学习者将会发现更多不了解的地方，也正是这种信息缺失感促使他去探求更多、更深的知识。

在学与教活动中，适当变化的学习任务和教学方法有助于保持学习者的好奇心。斯蒂佩克（Stipek）认为：对于年龄较小的学生，通过实际动手操作来进行探究往往有利于保持其好奇心，而对于年龄稍大一点的学生，具有逻辑结构性的问题和能引起困惑的矛盾性问题都有助于保持其好奇心。[1]

（二）学习兴趣

学习兴趣（interests to learn）是指个体趋向于去认识、探索某种事物或从事某一学习活动，并具有积极情绪的认知动力倾向。[2] 对学习对象具有选择性、在学习过程中具有动力支撑作用且伴随着学习者个体的积极情绪反应是其最主要的三个特征。兴趣就是最好的老师，也是学习活动中最活跃的因素。一个对数学有着浓厚兴趣的人常常会最先关注数学资料及其介绍，进而进行数学思考，他的认知活动总是优先选择与数学相关的事物，并具有积极的情绪感受，留下一种愉快的经历。

在谈到兴趣的本质是什么时，瑞士认知心理学家皮亚杰（J. Piaget）指出：实际上，兴趣只是需要的延伸和拓展，它反映的是对象与个体需要之间的关系。我们之所以会对某一现象、内容、活动感兴趣，是因为它能满足我们某一方面的需要。[3] 当然，如果个体对某一内容没有丝毫的了解，自然也就不会对它产生出兴趣，因此，兴趣也会和认知活动有着密切的联系，通常情况是：认识愈深刻，且愈符合个体的需要，兴趣会愈浓。

学习者对某一学习对象、活动感兴趣通常不外乎下述几个原因：或者是由于学习对象、活动符合个体的内在价值观念、信念，或者是由于学习者拥有与这一对象、活动相关联的、较为宽广的背景知识。这样一类兴趣常常被称为个体兴趣（individual interest），具有稳定而持久的特征，也是开展学习活动的主要推动力量。如果仅仅只是觉得学习任务本身新奇，具有某种刺激性或挑战性，

① Stipek D. Motivation to Learn :Integrating Theories and Practice [M]. 4th ed.Boston: Allyn and Bacon, 2002.
② 叶奕乾，何存道，梁宁建. 普通心理学（修订版）[M].上海：华东师范大学出版社，1997:474；沈德立. 高效率学习的心理学研究 [M]. 北京：教育科学出版社，2006:242.
③ 皮亚杰. 儿童的心理发展 [M]. 傅统先，译. 济南：山东教育出版社,1982:55.

则是情境兴趣（situational interest）。虽然教师可以通过操作相关教学活动来激发这类兴趣，但是，随着学习活动的结束，这类情境兴趣也就消失殆尽，具有短暂性特征，同一任务不可能再次成为该学习者的学习兴趣。一言以概之，学习个体的兴趣是以需要为基础的，在认知活动中不断发展、累积起来的，因而最终总是表现出与某一情境任务、自身价值观、知识、能力等因素的相互联系和相互作用。

沈德立先生等人曾采用心理测验法与问卷调查相结合的方法综合研究了216名中小学生，结果发现：（1）小学生的数学学业成就受到数学兴趣发展水平的显著影响，个人兴趣和情境兴趣等都会显著地促进数学学习；（2）中学生的数学学习成就基本不受智力水平的影响，但会受到数学学习中的兴趣、态度、动机、对数学学习的恐惧等因素的显著影响。[①]

（三）专注

当学习者个体满怀信心地投入某一学习活动时，经常会达到一种忘我的境界，以至于在学习结束时不禁感叹道：时间怎么过得这么快！对于这种学习体验状态，美国芝加哥大学的米哈里·齐克森（Mihaly Csikszentmihalyi）通过几十年关于幸福研究中的乐观主义体验总结了心流理论（theory of flow）。在齐克森看来，心流就是学习个体将自己的几乎全部身心倾注于某一项学习活动上的感觉，给学习者带来的是兴奋感和充实感。在心流状态里，学习者是如此地沉湎、倾注，以至于任何其他的事物已经变得可有可无。该体验是如此让人入迷，以至于即使付出了大量的艰辛劳动，也是心甘情愿、绝无怨言，不为其他，仅仅就是去干好这件事。心流体验通常具有两个特点：[②]一是在流畅地逼近某一学习目标的过程中，任务挑战性与自身技能达到了最佳搭配（通常是挑战性略高于技能水平），挑战性过大或者技能过少都会产生挫折感，挑战性太小又会让人提不起精神。学习目标对于个体来说必须具有积极意义的，而且过程信息必须得到及时的反馈，时刻让人感到在朝原定目标接近。二是参与者一心一意、心无旁骛，丧失了自我意识，时间感和其他暂时的忧虑几乎消失殆尽。总之，心流中的这种超脱于外部状态的深度快感让人乐此不疲。

---

① 沈德立. 高效率学习的心理学研究 [M]. 北京：教育科学出版社,2006:279-280.
② Csikszentmihalyi M. Beyond Boredom and Anxiety[M]. San Francisco:Josey-Bass,1975:72.

（四）意志

学习者在综合自身情况及周围环境设定某一学习目标之后，始终能够围绕既定学习目标来调节自身的学习行为，排除外界干扰，不断解决困难，矢志不渝地去完成预定目标的心理状态，这就是意志的表现。它也是最能体现个体的主观能动性的地方。通过调节情感，如理智地对待激情、排除与目标无关的诱惑事件干扰等，合理地控制、优化行为模式，最终实现目标，是意志功能之所在。

要使学习活动成为意志行动，必须满足三个条件：第一，让学习者本人自觉地预测学习结果，制订切实可行的学习计划，最终设定符合其自身意愿（需要）的学习目标；第二，学习者个体能主动地通过个体内部（心理）意识来选择、调节自身的外部动作和行动；第三，及时排除干扰，克服眼前困难，一往无前。意志的强弱是以任务的困难程度和为克服这一困难的努力程度来评价的。实现既定学习目标的决心、充分相信自身实力与努力的信心和百折不挠、愈挫愈勇、不达目的决不罢休的恒心是促使学习者最终顺利完成高难度学习任务的心理品质。

（五）态度

英文中的"attitude"一词源于拉丁文中的"aptus"，其基本含义是"适合""适应"，泛指个体对某一特定事物所持有的稳定的、评价性的内部心理倾向。[①] 在自身防御、环境适应、个体需要与价值观体现中，态度都起着积极而明显的作用。美国心理学家弗里德曼（J. L. Freedman）认为态度包含了认知（cognition）、情感（affection）和行为倾向（behavior tendency）这三种成分。但是，作为对态度对象进行认识、理解的认知成分往往是中性的，[②] 而情感作为态度的核心成分在二者不一致时往往起主导作用，最终影响着个体的行为倾向。长期以来，态度被看作是对某一特定对象赞同或反对的一维结构，自美国心理学家格林沃德（Greenwald）和巴纳吉（Banaji）于20世纪90年代中期提出内隐性社会认知（implicit social cognition）[③] 的概念以来，学界很快出现了"内隐

---

① 张林，张向葵. 态度研究的新进展：双重态度模型 [J]. 心理科学进展，2003，11（2）：52-57.

② 当然，现实中也不能完全排除某一时候由于刻板印象、偏见等可能会带来认知的非公正性。

③ 内隐性社会认知理论认为：个体过去的经验虽然不能被个体所感受到，但是，这种先前经验在默无声息中影响着个体的行为。Greenwald A G , Banaji M R. Implicit social cognition: Attitude, self-esteem and stereotypes [J]. Psychology Review, 1995,102(1):4-27.

态度"（implicit attitude）的概念。该理论认为：过去的经验和态度能够沉积下来，并在无意识状态中悄然影响着个体的情感和认知走势。在此基础上，威尔逊（Wilson）和林德赛（Lindsey）等学者提出了"双重态度模型"（dual attitude model），认为：人对某一特定对象的态度同时包含着两种不同的评价，一种是能够为个体所意识到的外显态度，从记忆中提取出来时需要更多的动机和知识容量，但它改变起来相对容易，也就是说，在日常生活中，人们所改变的态度只是外显态度；另一种则是无意识的、能够自动激活的内隐态度，它变化缓慢，因而不能轻易地被改变。[1]

总之，人的情绪、情感十分复杂。它不仅有肯定与否定、积极与消极、紧张与轻松、激动与平和之分，也可能既促使个体积极行动，又削弱人的活动能力。有研究表明：[2]过高或过低的情绪、情感唤醒水平都不利于学习活动的开展，而适中的情绪、情感唤醒水平则是开展学习活动的最佳时刻。

第四节　学习动机的激发与保持

从某种意义上来说，动机都是个体需要的具体表现形态。作为一种引发个体行为的内在状态，它主要取决于个体的认知水平和其周围的具体环境。[3]在马斯洛眼里，学习动机属于个体的存在性动机（being needs）。它具有唤醒、定向、选择、强化、调节等功能，能够帮助个体开始某一学习行为，并达到一定的学习目的。

一、学习动机的内涵及其分类

（一）学习动机的内涵

个体从事任何活动都不会是无缘无故的。为达到一定的目的而采取行动的原因和动力就是人的行为动机。它说明了人为什么会有这种行为而不是那种行为。然而，人的行为动机既可以是有意识的（大部分是如此），也可以是潜意识

---

① Wilson T D, Lindsey S, Schooler T Y. A model of dual attitude [J]. Psychology Review, 2000, 107(1):101-126.

② 林崇德. 学习与发展：中小学生心理能力发展与培养 [M].3 版. 北京：北京师范大学出版社,2011:365.

③ 林崇德. 学习与发展：中小学生心理能力发展与培养 [M].3 版. 北京：北京师范大学出版社,2011:370.

的（如定式）。^① 动机和需要总是密切相关的、互不可分。它的引发必须具备一定的内在条件和外在条件：当个体头脑内部存在某种达到一定强度的需要，并且在外部出现了某种能够满足需要的对象时，才会产生动机。这种激发过程涉及三个要素：需要的强度（达到一定的阈值）、需要的一定持续时间（不是昙花一现）、外部恰当对象的出现（经过了选择与判断）。总之，学习动机是学习者个体激发、引导、维持学习动作并使学习行为指向某一特定的学习目标的力量。它解释了引发、定向和保持某种学习活动的原因。^②

（二）学习动机的分类

依据开展学习活动的归因，可以将学习动机分为内部动机和外部动机。学习活动本身对学习者个体具有一定的意义和价值，因而产生好奇心与兴趣，或在学习过程中获得了某种乐趣，或出于锻炼能力、自我提高等，并不需要某种外部诱因或奖赏、惩罚，关注的是学习过程本身给个体带来的快乐与享受。这就是内部学习动机（intrinsic motivation to learn）。与此相对，在从事学习活动中，个体关注的是其外部效果，将学习活动看成是个体达到某一目标的工具和手段，如在考试中取得好成绩，获得老师或家长的表扬，在将来能找到一个好工作，或者逃避某种处罚，这就是外部学习动机（extrinsic motivation to learn）。

在实际中，个体开展学习活动往往会同时受到内部动机和外部动机两个因素的影响，内部动机和外部动机作为两个因素会同时影响学习动机的实际构成，依据各自不同的强弱程度，可以分为如图 8.3 中的四种类型。

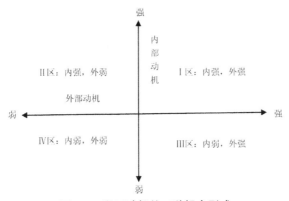

图 8.3　学习动机的四种组合形式

---

① 叶奕乾，何存道，梁建宁. 普通心理学（修订版）[M]. 上海，华东师范大学出版社，1997:455-457.

② 刘儒德. 学习心理学 [M]. 北京：高等教育出版社，2010:220-222.

经验表明：内、外两种动机统一体的实际情形，往往是此消彼长，因此，处于Ⅰ、Ⅳ两区的学习现象不太常见。处于Ⅱ区的学习者以内部动机为主，学习者个体才会真正地产生学习兴趣，甚至于痴迷、热爱，更能促使学习者更为有效地进行和坚持学习活动。相反，处于Ⅲ区的学习者往往是由于外部压力或教师、家长的催促而去完成学习任务，或者获取某种奖励，或逃避处罚，因此，这一类学习动机往往会导致学习行为的短暂性，甚至于因为过分注重结果、轻视过程而导致投机取巧或粗制滥造，不利于学习素质的提高。

二、学习动机的不同解读

（一）行为主义者的学习动机观

在行为主义者看来，对学习结果的强化（reinforcement）是个体再次出现相似学习活动的原因，强化的力度与频次有利于在人脑内部建立稳固的神经元联结。因此，如果学习者个体取得了好的分数，受到了老师的表扬，他就会有学习动机；如果他的学习结果没有得到好的分数或者老师的表扬，他就没有学习动机；如果对他的学习结果予以诸如老师批评或者同学嘲笑之类的惩罚，他就会产生逃避学习的动机。

（二）认知主义者的学习动机观

在认知心理学家们看来，学习者出于生存或者更好发展的需要，天生就具有一种了解周围世界、探索周围事物变化规律并采取恰当行动的心理倾向。因此，当学习者在生活与实践中遇到新奇或困惑的事物、现象时，他的内部学习动机本能地被激发了。这样的事例确实也比较常见，如小孩子总是对自己周围的环境饶有兴趣；当个体从事某一新任务时开始是乐此不疲，一旦熟悉之后便兴趣全无；人类总是对出于他们预期的结果有一种打破砂锅问到底的习惯等。

在更为广泛的意义上，人的学习行为中不仅表现出一种探索未知世界的需要，而且还常常会对那些能满足认知需要的对象进行了解，然后做出实现的可能性评估，也就是个体的动机不仅取决于其学习行为的价值，也取决于这种学习行为实现的可能性。因此，学习者个体经常会反复思考这样两个问题："这个学习是否真的对我有价值""我是否有能力顺利完成这个任务"，也就是进行期效（expectancy-value）判断。

（三）社会建构主义者的学习动机观

在社会建构主义者看来，学习者个体天生就具有一种担心自己能力不够强大以致不能有效抵抗外界侵袭而将自己归属到某一特定群体或团队的安全性需要。学习的价值就在于通过学习活动的参与来维持自身在这一特定群体或团队中的身份（identity），从而取得一种稳定的人际关系。当个体最初进入某一群体时（也称为合法的边缘性参与），虽然能力不足或渺小，对团队的贡献也会很微小，但是，可以通过使自己涉身其中并对该特定群体中优势人物的观察与模仿来进行学习，得到他人指点，并不断取得进步。

（四）人本主义者的学习动机观

人本主义者认为：人类是环境的主宰，与动物完全不同，他们有个性，有追求，天生具有一种通过认识、改造周边环境来实现自由、释放自己潜能的本性，因而没有不愿意学习的个体（除非这些学习者的动机被导入到了某一非学术性的环境中）。学习活动的开展是以个体的内部需要大满足为前提的，教育只是帮助学习者个体达到自我实现（self-actualization），必须以人的全域发展为目标，包括智力、情感、自尊、兴趣、意志锤炼等多个因素，最终实现认知与情感的和谐统一。

四种主流学习观中的学习动机比较见表 8.1。

表 8.1　四种学习动机观的比较

维度	行为主义	认知主义	社会建构主义	人本主义
动机来源	外部	内部	内部	内部
影响因素	结果强化 奖励、处罚 其他诱因	寻求环境 理解与控制 预期、信念	参与身份认同	自我决定 自我实现
代表人物	斯金纳	韦纳与格拉罕	莱夫和温格	马斯洛和德西

资料来源：刘儒德.学习心理学 [M].北京：高等教育出版社，2010:226-233.

三、学习动机的统合模型

学习动机的影响因素确实较多，如何将它们予以有效统整？目前，比较实用的学习动机模型是凯勒提出的 ARCS 模型。

（一）凯勒的 ARCS 模型

1987 年，美国学者约翰·凯勒（J. M. Keller）将影响学习动机激发的因素分为四类:(1)对任务的兴趣,通常表现为注意(attention);(2)任务与自身具有某种相关,即关联性(relevance);(3)对自己有能力完成的信心(confidence);(4)最后能给学习者带来某种情感的满足(satisfaction)。这一学习动机激发理论的具体内容如表8.2所示。ARCS动机激发模式揭示了学习动机的基本因素、主要过程和具体方法,可以广泛地用于教学、培训领域。但是,实际工作中学习动机的激发与保持是一个不断提升的动态循环过程。

表8.2 ARCS动机激发模式

类型		途径	问题及主要解决方法
注意	A1	感知唤醒 (perceptual arousal)	怎样引起学习者兴趣?运用新颖方式,采用个性化、情绪化的学习材料
	A2	探究唤醒 (inquiry arousal)	怎样让学习者进行探究?抛出问题,进行讨论
	A3	适当变化 (variability)	怎样保持学习注意力?运用多种讲演风格,使用形象化的案例或比拟手法,增加趣味性
关联性	R1	目标定位 (goal orientation)	怎样最大限度地满足学习者需要?与学习者一起制定学习目标
	R2	动机匹配 (motive matching)	指出学习效用
	R3	熟悉性 (familiarity)	怎样向学习者提供合适的选择?运用情境化练习,适当地采用小组活动
信心	C1	学习条件 (learning requirements)	怎样帮助学习者合理预期?解释学习条件、合格标准以及评价
	C2	成功机遇 (success opportunity)	怎样让学习者树立学习信心?提供相关经验或超过案例
	C3	个体控制 (personal control)	怎样让学习者意识到成功是自身能力与努力的结果?让学习者自己选择,相信有付出必有回报,不能轻言放弃
满足	S1	内部强化 (intrinsic reinforcement)	怎样促进学习者充分运用自身知识和能力?给学习者提供真实而自然的练习机会,激发学习潜能
	S2	外部奖励 (extrinsic rewards)	怎样为学习提供成功强化?及时反馈,适当地表扬,恰当的奖励
	S3	公平性 (equity)	怎样让学习者正确地评价自己的performance?选择与学习目标一致的考试内容,运用公平的考试与评分程序

资料来源:Keller J M, Kopp T W. Application of the ARCS model to motivational design [M]// Instructional Theories in Action: Lessons Illustration Selected Theories. Hillsdale, NJ: Erlbaum, 1987:289-320.

（二）个体—环境交互模型

考虑到上述学习动机模型的交互性与累积性不足，笔者提出了一个描述学习动机激发与保持的个体与学习环境相互作用模型（见图 8.4）。在该模型中，个体因素包括学习需要、目标导向、情绪状态、学习信念四个方面，而环境因素则主要包括任务、教师、家庭同伴、考核评价四个变量，任务变量主要涉及任务本身的性质、价值和难度，教师变量主要涉及教师的人格魅力、期待、及时反馈情况，家庭同伴变量则涉及家庭的期待、同伴竞争情况以及学伴之间的交流与合作，评价变量则涉及评价的形式、有效性、与自身目标的关联度。

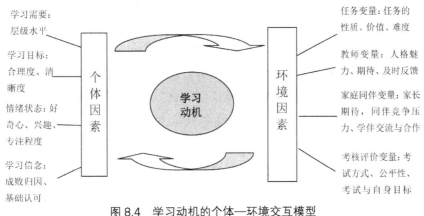

学习需要：层级水平

学习目标：合理度、清晰度

情绪状态：好奇心、兴趣、专注程度

学习信念：成败归因、基础认可

个体因素

学习动机

环境因素

任务变量：任务的性质、价值、难度

教师变量：人格魅力、期待、及时反馈

家庭同伴变量：家长期待，同伴竞争压力、学伴交流与合作

考核评价变量：考试方式、公平性、考试与自身目标

图 8.4　学习动机的个体—环境交互模型

第五节　学习者的社会化

19 世纪 90 年代前后，以德国教育家保罗·纳托普（Paul Gerhard Natorp）、法国社会分工论者迪尔凯姆（Émile Durkheim）、美国实用主义教育家杜威（John Dewey）为代表的学者提出教育的基本目的在于实现个体社会化。此教育价值观已渐入人心，形成主流。[①] 如今，随着信息化和现代化程度的进一步提高，人与社会的关系也越来越受到重视。如果说，学习和教育的基本职能之一是实现个体的社会化，那么，我们首先得搞清楚什么是"社会"，什么是"社会化"，这样才能继续讨论个体社会化的内容和途径问题。

---

① 陈桂生. "个体社会化"辨析 [J]. 思想·理论·教育, 2005（1）: 42.

一、"社会"的概念

"社会"一词对于我们来说，其实并不陌生。但是，如果要问"社会是什么"，却并不见得大家都谈得清楚。

在《新华词典》里，"社会"是指"以共同的物质生产活动为基础而相互联系的人们的总体"[①]。这里的"社会"有三层递进的含义。首先，它是一群人，其极限是全部个体的集合——人类；其次，这群人总是相互联系着；最后，这群人相互联系的目的在于共同生产出我们生活中所需要的衣、食、住、行等物质产品。其实，"社会"是一个合成词。它由表示古代人们祭祀土地神的场所、活动的"社"和表示个体汇聚、集会的"会"联合而成。因为在古代，由于粮食耕作技术还比较原始，人们思想上有些迷信，敬畏土地神，祈求来年风调雨顺，有个好收成，于是会在春、秋两季的民间节日里结伴（如以 25 家或 100 家为一社）举行演艺集会，以祭祀土地神，故后来"社"也就成了乡民集会的泛称。据考究，在江户时代末期，日本出现了许多不同的宗教文化派别，其教派、教团就被称为"社会"。我国近代学者在翻译、解读日本社会学著述时，沿用了该词语，于是，"社会"也就有了当代中文里通行含义和用法。[②]在英文里，其对应的词语是"society"。该词来自拉丁文"socies"[③]，意思是"同伴"（companion）或"结交同伴"（to associate），所对应的词根是"soci"，其基本含义是"联合""结合"，后缀是"-ety"，属于抽象名词的后缀，意思是联合的过程、状态和结果。[④]总之，在内涵上，"社会"的基本含义就是有某种共同利益或目标而在一起活动的一群人。

在外延上，小到一个家庭、一个兴趣小组、一个班级、学校或网络虚拟社区，大到一个地区或国家，都属于社会的范畴。它包括了无数的社会组织、社会群体和个体。[⑤]其中，社会组织又可细分为血缘组织、业缘组织、学缘组织和地缘组织等。不过，也有学者指出：从严格意义来说，"社会"仅指那些为了

---

① 新华词典编纂组.新华词典[M].北京：商务印书馆：1980：739.
② 奚从清.角色论：个人与社会的互动[M].杭州：浙江大学出版社，2010：45.
③ 刘毅.英文字根字典[M].北京：外文出版社，2007：471.
④ 蒋争.英语词汇的奥秘[M].北京：中国国际广播出版社，2013：276.
⑤ 此处的"群体"是指自然形成、面对面交往的初级群体，如家庭、邻居、朋友圈等。"组织"是指具有特定目标的次生群体，如班级、学校、工作单位、党团组织等。张友琴，童敏，欧阳马田.社会学概论[M].2版.北京：科学出版社，2014：114，127.

实现不同目的、个体数量可多可少、以不同方式联合着的社会组织。①由于组织归属、分工协作方式和成果分享程度的不同，社会组织也会有社会性质上的不同，也就是社会化程度的差别。但是，所有社会组织都有两个共同特征：一是组织中成员具有共同的利益，彼此能够进行某种程度的沟通并共同参与某些活动；二是该组织也会和其他社会组织发生不同程度和性质的交往，并且遵循自愿原则。

二、社会化

人自出生之日起，便一直处在与社会环境的互动之中。例如，一个刚刚出生不久的婴儿毫无自理能力可言，对外面的世界也是一无所知。他必须得到家人或亲人等的帮助才能实现生存。其在成长过程中，得到他人与某个团队的帮助也越来越多，也逐渐参与其社会事务，为某个社会组织所接纳，不知不觉地就成为这个社会组织的一分子，并拥有着广阔而不定的发展潜能。对此，马克思曾一针见血地指出：人是最名副其实的社会性动物，不仅是一种合群的动物，而且是只有在社会中才能相对独立存在的动物。②也就是说，人归根结底是社会的人，它只有在社会中才能得到存在和发展。

社会化，从字面含义来看，它指的是向社会转化或者向社会组织转化的程度，然而，这里的"化"只是某一具有过程与程度的模糊表述。③但是，社会是人的社会，被转化对象也不可能是空洞的，而且能够向社会转化的也必须是人，不可能是其他动物或物种。因此，此处的"社会化"是指一个人从出生后由"自然人"转变成"社会人"的过程。更准确地说，它就是教育学、社会学理论中经常提到的"个体社会化"。这里的"个体转变"有两层意思：一是个体通过学习语言、知识、技能、为人处事的基本准则等以逐步适应社会环境；二是个体能够从他人、社会的角度思考问题并形成与社会上绝大多数人相一致的观念、价值和行为规范体系，能够自觉地维护社会基本秩序，促进社会的持续、稳定和健康发展。④从心理学的角度来看，社会化也就是个体的社会化发展，它是指个

① 陈桂生."个体社会化"辨析[J].思想·理论·教育，2005(1)：43.
② 刘亚政.人是自然属性和社会属性的统一[J].实事求是，1990(2)：23.
③ 陈桂生.对学校教育中学生"个性"与"社会化"问题的再思考：兼评徐俊《"个体个性化"与"个体社会化"究竟是什么关系》[J].北京大学教育评论，2016，14(1)：182.
④ 郭庆光.传播学教程[M].2版.北京：中国人民大学出版社，2011：74.

体形成适应社会的人格并接纳、掌握社会普遍认可的行为方式的过程。① 从更
为综合的角度来讲，社会化就是个体通过社会环境的交互，通过吸纳、传承社
会文化，使其自身逐步具有某种社会化行为模式并成为一个合格的社会成员的
过程。② 这样说来，社会就是处于某一历史发展特定阶段，以一定的物质资料
的生产活动为目标，遵循一定的社会关系和行为规范而自愿进行交互的人类共
同体。③

　　仔细想来，上述定义只考虑了问题的一个方面，那就是个体如何被动地
去适应社会的过程。其实，任何个体都是有主体性的、能动的个体，也就是
说个体能够积极地介入社会环境，对社会观念、关系、行为规范、价值体系
等进行内化后的再现、再创造，并和其他个体一道共同创造新的社会文化。
考虑到这一点，笔者试着将"社会化"定义为：个体通过与他人、社会组织等
社会环境的互动，不断学习知识、技能、行为规范、价值体系等社会文化，
以更好地适应社会生活，成为一名合格的社会成员，同时，利用自身的经验、
专长和其他个体一道来传播新文化、创造出新文化的过程。这样，就辩证地
看待了个体与社会化的关系，既强调了社会环境对个体的影响、塑造功能，
同时重视了社会化后的个体也积极地参与社会文化的再创造作用，突出了社
会化的互动本质。

三、个体社会化

　　"个体社会化"最早出现在 19 世纪末叶的欧美社会学著述之中。随后，逐
渐引起了社会学、认知心理学、教育学、人类学等学科的共同关注。④ 认知学
家们关注的是个体社会化过程中的认知因素，人的认知发展影响着个体的社会
化过程，社会化的程度也会反过来制约着个体的认知发展。社会学家认为个体
社会化主要是个体对社会行为规范的接受、内化并愿意作为社会的一分子来将
这些社会准则作为自己的价值践行准则。人类学家则看重社会化过程中的人文
因素，并认为人类社会的基本问题之一就是文化的传承和创新。他们强调的是
个体的人文习得和个体如何与社会文化保持一致。

① 彭聃龄.普通心理学 [M].4 版.北京：北京师范大学出版社，2012:602.
② 卢勤.个人成长与社会化 [M].成都：四川大学出版社，2010:3-4.
③ 奚从清.角色论：个人与社会的互动 [M].杭州：浙江大学出版社，2010:49.
④ 黄靖.浅议个体社会化研究之现状与发展 [J].学园，2009(12):1.

（一）个体社会化的意义和特点

1. 社会化的特点

个体的社会化是个体走向社会的桥梁。个体的社会化过程具有如下几个显著特点：（1）潜移默化性。一个人自从呱呱坠地之后就自然而然地处于某种社会环境之中。个体的思想和言行举止都会无意识地、潜移默化地被其周围环境影响着。这种熏陶几乎是不以个体的主观意志为转移的。这种潜移默化中带有某种无条件性、强迫性。这在个体成长的早期尤为明显。（2）阶段性。人的一生大体要经历婴儿期、幼儿期、学龄期、少年期、青年期、成年期和老年期这样一个生命周期。在这七个不同阶段，个体任务有着不同的内容和特点。（3）终身持续性。个体从出生、长大成人直至耄耋之年都一直在不间断地与社会环境因素进行着交互，没有千篇一律的模式，而且会随着社会的发展而变化。个体的社会化过程贯穿着他的整个人生。（4）一定的能动性。即使是在婴幼儿时期，个体也会通过哭、笑等动作来表示自己生理、心理需求的满足程度。稍微长大后，尤其是进入学校读书之后，认识的事物和现象越来越多，并且逐步有了自己的思考，个体的能动性会越来越强，并且对社会化的内容具有了一定的选择性。待其具有成熟而较为缜密的思维之后，个体还会以自己的人格特质、魅力反过来去影响其周边人的生活观念、生活方式甚至人生信念等。

2. 社会化的意义

个体的社会化无论是个体本身还是对社会的和谐与进步都有极其重要的作用。其意义具体体现在：（1）促进个体从自然人向社会人转变。刚降临人世间的婴儿仅仅是个生物性个体。之后，经过各种手段和方式的训练与教化，他逐渐了解了是非、善恶及其理由，哪些是允许做的，哪些不允许做，慢慢地习得了一个社会成员所必须具备的知识、技能、态度和行为规范，形成了正确的是非观、价值观和人生观。这样，人的生物性逐渐上升为社会性，人成为社会人。（2）为社会存在与发展奠定了必要基础。任何一个社会的存在与发展都离不开物质的、精神的以及人类自身的生产与再生产，而这些生产往往都必须由社会化的人进行分工合作才能实现。同时，个体社会化程度的提高有利于增强全社会的凝聚力和向心力。相反，没有个体的社会化，群体就缺乏统一的行为规范和价值观念，必然导致社会的无序甚至失控。（3）合理调节个体需要与社会需要之间的矛盾。任何个体都有其个体的生物性需要，也有其群体的社会性需要。

它们有时会发生冲突。这时，社会性程度较高的个体往往能同时兼顾这二者的利益，不会走极端。最为理想的状态是：以自己的专长积极参与社会事务并从中找到合理位置，释放自身潜能，体现个体存在的尊严与社会价值。

（二）个体社会化的主要内容

个体社会化的内容极为复杂而广泛，不同的历史时期和不同地域的民族，其内容不尽相同。概括起来，大体包括以下四个方面。[①]

1. 生活技能的社会化

这主要指个体学习日常生活知识与生活自理能力。在儿童时期，个体的生活自理能力还比较差，因此，他们社会化的主要内容是穿衣、吃饭、睡觉、上洗手间和在模仿中学习用语言来表达自己的意思，以为未来的独立生活做准备。

2. 职业技能的社会化

这主要是指个体依据社会的需要，通过接受各种形式的教育与专门训练，以掌握某些职业的基本知识与基本技能或实现知识、技能更新的过程。在现代社会里，科学技术的发展日新月异，信息以几何级数增长，人的一生都须不断学习、更新自己的知识体系与生产、劳动技能。

3. 行为规范的社会化

这是指个体通过各种方式的教育和周边舆论的影响，在约束自身行为、调适各种关系方面所形成的习惯、规矩和信念。这里的行为规范社会化又可细分为五个方面：（1）日常生活规范方面。它主要包括个体在日常生活中所遵循的礼貌、习惯和规矩。如用餐的习惯，家庭成员之间的相处方式，待人接物的礼节，公共场合的言行举止，工作单位的基本规章等。（2）政治规范方面。这是指个体不断地学习、内化他所在国度的社会政治制度所许可并采用的态度和行为准则并逐步成为一个符合该社会政治规范要求的成员的过程。（3）法律规范方面。即个体不断学习他所在国度的法律、法规并自觉用来指导、规范自身言行的行为，也就是知法守法，不逾越法律的边界。（4）道德规范方面。这是指个体通过不断的学习以了解、内化他所在社会的基本道德要求并自觉维护社会健康运转的行为。（5）社会角色扮演方面。角色是美国社会心理学家米德（G. H. Mead）从舞台戏剧中借用的一个概念，原指演员在舞台上按照剧本、导演要求

[①] 奚从清. 角色论：个人与社会的互动 [M]. 杭州：浙江大学出版社，2010：147-149.

所扮演的某一特定人物形象，在社会学中是指与某一特殊社会位置相关联的个体行为模式。[①] 通俗地讲，社会角色就是指个体在某一群体内或社会中产生的与个体自身的社会地位、身份相匹配的一整套责任、权利和义务与行为模式。[②] 实际上，角色是文化生成，而且任何个体通常都兼具多重角色。

4. 目标理想的社会化

它是指个体通过持续不断的学习与训练，能够正确理解个体发展与社会发展之间的辩证关系，并依据自己的兴趣、专长形成解决问题的知识链和某些领域的较复杂问题的解决能力，把社会发展目标不断转化、整合为个体自身的生活目标与人生理想，自觉地将知识、技能、智慧、创造力回馈于社会的过程。

（三）个体社会化的条件

要顺利地实现个体的社会化转变，必须具备一定的主客观条件。

1. 主观条件

个体的任何生命现象都是蛋白质和核酸这类有机高分子的直接或间接表现[③]，因此，要实现个体社会化，在主观方面必须具备一定的生理功能与逻辑思维能力，这就是个体社会化的主观条件。它包括正常的逻辑思维能力，运用语言传递信息、交流思想的能力，通过学习与社会实践将经验、知识予以内化、抽象以形成自身独特想法、见解、计划甚至科学概念的能力。此外，和动物不同，人类具有较长的生存依存期。[④] 从幼儿、儿童时期起，个体就不断地接受父母、亲人和老师的照顾、关怀和指导，一直生活在某种社会环境中，在生理上、心理上、智力上接受了广泛而充分的社会化熏陶。这样，个体不仅具有了基本的生活自理能力，还有具有了初步的与他人打交道的能力，实现了初步的社会化。

2. 客观条件

除了主观因素，家庭、学校、工作单位（劳动集体）、同龄群体、大众传媒等社会因素也会促进个体的社会化进程。

第一，在儿童时期，个体主要在家庭这个初级群体生活。他们不仅学习了穿衣、吃饭、注意个人卫生等基本生活技能，而且也学会了情感表达，甚至还

---

① 林秉贤. 社会心理学 [M]. 北京：群众出版社，1985:246.
② 《社会学概论》编写组. 社会学概论（试讲本）[M]. 天津：天津人民出版社，1984:63.
③ 裘娟萍，钱海丰. 生命科学概论 [M].2 版. 北京：科学出版社，2008:45.
④ 奚从清. 角色论：个人与社会的互动 [M]. 杭州：浙江大学出版社，2010:145.

学会了认字、朗读、计数、爱护财物、尊老爱幼等社会化技能与规范。

第二，进入学龄期之后，学校与教师的影响上升到主要地位。由于学校是具有一定的教育方针和培养目标，能够有计划、有步骤地向学生传授知识、技能、行为规范、价值标准的社会组织，这时，他们的语言由口头语过渡到书面语，原来相对自由、约束较少的环境也变成了组织纪律性强、强制大的环境，思维方式上也由形象思维逐步上升到抽象思维，自我意识有了较大发展，主体能动性也得到了显著增强。

第三，走上工作岗位后，个体将原来所学的知识、技能与行为价值规范外化于社会。由于在不同劳动集体中劳动者与生产资料的关系、性质不同，且每个劳动单位通常都具有不同的利益追求、工作岗位、组织管理方式、劳动成果分配方式，个体在劳动集体中的地位和作用也不尽相同，社会关系的反映最为深刻。这时候，个体一方面依据自己的兴趣、能力、风格通过劳动获得了基本的生活资料，同时也在集体劳动中得到了某种程度的情感寄托与精神满足。对大多数人来说，工作还是谋生的基本手段，因此，他们一生的大部分时间都会在工作单位度过。

第四，值得注意的是，随着个体年龄的增长，那些年龄接近、地位与爱好相似、生活背景趋同者自发组成的朋辈群体（又称同龄群体）的影响会越来越大，在青春期达到顶峰。他们平等相待，互相关心，有商有量，相互感染，也相互模仿，其影响力有时甚至会超过家庭与学校，并且普遍存在于中学、大学和单位同事之间，对个体的社会化影响不可小觑。

第五，报刊、书籍、电视、网络、影音制品、电影等大众传播媒介不仅兼具新颖性、知识性、教育性、娱乐性、审美性和舆论性等特征，同时也会在无形中督促、监督社会规范和行为准则的实行，使不同群体的审美情趣、意识形态、社会目标等趋于一致，对个体的社会化产生不可小视的影响。

（四）个体社会化的基本类型

1.基本社会化

基本社会化主要是指从婴儿到青少年时期的个体社会化，内容包括交际语言、认知技能以及日常行为规范等。个体能够初步将社会价值标准予以内化，构建自己的评价体系，也能合理评价他人的观点，学会初步的角色承担与扮演，习得了初步的自我人格特征，开始以社会成员的角色参与到各种社会活动中去。

这一阶段个体社会化的特点是内容比较单一，社会化的程度和范围都比较有限，其基本的社会环境是家庭、学校与邻里。

2. 持续社会化

这主要是指个体从青年进入成年以后，走上了工作岗位，组建了家庭，加之社会也在不断发展，个体常常会遇到各种新情况、新问题，社会也会赋予他某些新的角色，使他拥有了新的责任与义务。这时，他必须持续不断地去学习各种新的知识、技能与社会行为规范。与前一个时期的基本社会化相比，其内容更加广泛而复杂，程度更为深刻。其基本社会环境是劳动集体与家庭。

3. 再社会化

广义的再社会化是指由于生活环境的突然改变或者居住地的变动等因素的影响而改变或放弃原有生活方式与行为规范的过程，如出国留学、下海经商、从农村搬到城市生活、部队转业、职务晋升等。通常来说，个体能够积极、主动地去适应新环境。狭义的再社会化则是指针对越轨行为[①]这一类特殊性质行为的社会化。它包括对非正义行为的抵制或批评以及对那些违法犯罪人员的强制性改造。其中，强制性改造主要是通过监狱、劳教场所的教化和劳动改造来完成。

4. 反向社会化

与通常的长辈对晚辈（如父母对子女、教师对学生）的教育不同，反向社会化是指晚辈通过将自身的新知识、新技能、新经验反过来传递给长辈，对长辈施加某种影响的过程。这在传统社会中并不多见，但是，当代社会，科技文化日新月异，尤其是人口老龄化问题涌现与加剧，而年轻人思想敏锐，接受新生事物较快，反向社会化的现象也日益普遍。

四、个体社会化的基本过程

个体的社会化不仅在于通过亲人和同伴学习基本的生活技能，还在于接受社会文化的熏陶并不断加以内化、实践，也能够帮助个体形成正确的自我理念，形成和发展健康向上的人格，扮演好自身的社会角色。

---

① 在社会学中，"越轨行为"是指偏离社会正常的生活方式，包括不被社会大多数人欣赏的非正义行为和给社会带来严重危害的犯罪行为。它包括偏离社会习俗的偏差行为、违背社会道德和社会组织规章制度的违规行为、违反社会治安和公共秩序的违警行为和典型的犯罪行为四个基本类型。张友琴，童敏，欧阳马田. 社会学概论[M]. 2版. 北京：科学出版社，2014:85-86.

（一）西方学者眼中的个体社会化

1. 库利的"镜中我"

美国社会心理学家查尔斯·霍顿·库利（Charles Horton Cooley）提出了"镜中我"（the looking-glass self）的概念。在他看来，每个人都将是与其交往初级群体中的对方的一面镜子，个体的自我概念是通过与其他人的交往而形成，个体对自身的认识就是其他人对自身看法的反映，个体总是在想象别人对自己的评价中逐步形成了自我的观念。[①] 这样，社会我就是通过反射而形成的自我。而这种社会我的形成通常会经历三个不同的阶段：（1）感觉阶段。在这一阶段，个体会想象自己的某一行为或某一形象能够被其他人注意到。（2）想象阶段。个体会解释或定义对自身这一行为或形象的判断与评价。（3）自我感觉形成阶段，即通过以上的想象形成某种自我反映，如自豪、沮丧甚至羞耻。事实上，个体最原始、最充分、最深刻的社会生活经验也是源于初级群体间的交往，也正是初级群体交往的直接性、自然性、充分性、敏感性特征使初级群体成了个体形成自我概念并逐步形成健全人性的摇篮。

2. 托马斯情境定义下个体行为的社会性

以研究成年人自我观念形成过程而闻名于世的威廉·艾萨克·托马斯（William Isaac Thomas）在 20 世纪 20 年代曾提出过运用情境定义和情境分析来分析、解释具体行为的思想。在他看来，社会学的基本任务就是去分析个体与他人、个体与群体、群体与群体之间以相互调适为目的的那些行为，而个体的调适行为由情境生成，是个体对于他所处客观环境的反应，而情境定义虽然是一种偏主观经验的因素，但是，它正好处于个体的客观环境和行为反应之间，有着不同寻常的影响。不过，情境的真实性是进行情境定义的逻辑前提，否则，其效果就值得怀疑或商榷。[②] 关于情境，托马斯又进一步指出，一个情境由三个部分构成：（1）个体在社会中进行某项活动时的客观条件，即各种知识、经济、社会、价值观和宗教信仰等的总括，也就是该行为的宏观背景。（2）个体及其所交往的其他个体或群体的先存态度。它表现为一定的文化惯性。（3）定义的具体内容，即个体对于该情境的状况、条件与态度的清晰认识。[③] 由于个

---

① 贾春增. 外国社会学史 [M]. 3 版. 北京：中国人民大学出版社，2008:265.

② 贾春增. 外国社会学史 [M]. 3 版. 北京：中国人民大学出版社，2008:266.

③ 贾春增. 外国社会学史 [M]. 3 版. 北京：中国人民大学出版社，2008:267.

体是在某些群体环境长大的，而社会群体对于这些环境中的各种情况早已有了比较成熟的定义，也拥有了与此情境定义相一致的行为规范，因此，即使是道德标准也衍生于这些逐代传递的情境定义中。这样说来，不仅个体的行为依赖于某种情境定义，甚至个体的人格和人生观都可以追溯到个体成长过程中的一系列情境定义之中。总之，个体没有能力单独创造关于社会的定义，他们的行为和思想都只能受社会所影响。从这个角度来说，个体社会化就是个体不断接受社会定义的过程。

3. 米德的社会性自我

米德(George Herbert Mead)遵循行为主义、实用主义与进化论的基本思想，并认为个体的心智、个体的自我和人类社会都是通过象征符号的互动而产生的，而符号互动论有两个基本假设：（1）个体之所以与他人、群体进行协作是出于谋求生存并克服自身某些缺点的需要。（2）在互动和协作过程中有利于人类生存、适应新环境的行为将会保存下来。[①] 米德认为：随着个体心智（mind）的成熟，正如人类能够将他所在环境中的其他事物通过符号来间接地表示一样，个体也会站在他人的立场，以别人的观点来评价自己的行为，这样，自身也就被表示为客体了。尔后，随着一次次具体地与他人互动并不断地形成自我想象，原来暂时性的自我形象也就在前后比较中逐步稳定，直至最终定型，这就是自我（self）概念的形成。自我的发展通常要经历玩耍、游戏、概化这样三个不同的阶段。在玩耍阶段，个体只是简单地在想象中去扮演某一两个人的社会角色。到了游戏阶段，个体可以同时扮演几个不同的社会角色，在与不同人的协作中获得多重自我形象。此后，随着交往对象数量的增多、范围的不断扩大，个体能够理解并透视社会中其他人的角色及其期望，形成明确的、一致的态度，逐步具有了整体性的共同意义与态度，这时的自我就拥有了更广阔的协作空间与更大程度的协调性，这就是概化阶段。[②]

4. 布鲁默的社会共同行动

在布鲁默（Herbert George Blumer）看来，所谓"共同行动"（joint-action）就是指两个或两个以上的个体围绕某一主题而各自所采取的路线、姿态和动作，以期通过协作来解决彼此关心的问题。[③] 它大体上就是我们常说的分工合作。

---

① 侯钧生. 西方社会学理论教程 [M].3 版. 天津：南开大学出版社，2010:247-248.

② 侯钧生. 西方社会学理论教程 [M].3 版. 天津：南开大学出版社，2010:249-250.

③ 贾春增. 外国社会学史 [M].3 版. 北京：中国人民大学出版社，2008:273.

在某共同行动中，处于不同社会地位的个体借助各自的定义和解释，产生意义
交互，形成一个持续不断的协作关系。尤其是当不同的个体对某些事物具有共
同的意义认识时，就会产生相对模式化的行动。当然，不同的协作环境会具有
不同的协作模式，因此，模式也不是僵化、固定的东西。由于参加共同行动的
个体都是心智成熟且具有个性的个体，因此，那些比较完善且重复发生的行为
模式也会存在一个再解释、再设计并持续改进的问题。从某种意义来说，正是
个体与个体、个体与群体的社会协作过程创造着社会规则，而不是规则创造并
支持着群体生活，更大范围内的社会结构也是社会互动的产物。由于共同行动
中的参加者都会将此次行动的意义与自己过去行动中的经验相联系，因此，要
真正理解共同行动也离不开对参与者过去相似行为的历史考察。总之，交互过
程的意义是由交互情境来定义和解释的，而情境意义是下一步行动的逻辑前提，
情境意义必然经历一个建设和再建设的过程，因此，社会活动、社会生活、社
会环境、社会结构等内容也必然是不断变化、发展的。

5. 萨金特的社会角色

20世纪二三十年代，部分学者认为社会就是一个大舞台，个体的行为犹如
演员在舞台上表演并努力争取最好的形象与效果。此后，戏剧中的"角色"概念
被逐渐引入社会学领域。作为社会组织和群体的细胞，社会角色是对具有特定
身份的个体的行为期待，属于一种个体身份、地位的动态表现形式。它是与个
体的社会地位、身份相吻合的一整套权利、义务的规范与行为模式。在美国社
会学家萨金特（Stephen Stansfeld Sargent）看来，个体社会化的本质就是角色学
习与角色承担。[1]当个体具备了担任某种角色的能力与条件并去实际承担时，就
产生了社会角色扮演。它包括了四个基本层面：[2]（1）社会角色的确定，也就是
社会身份的认可、认同。对于个体来说，必须准确地回答"我是谁"。此外，社
会角色的确定不是由个体主观愿望来确定的，而是由于自身的长期努力并最终
经过社会组织或团队的推选或上级组织任命的。（2）角色距离，即个体的实际
扮演能力与他所承担的理想的社会角色的义务之间的距离。（3）角色表现，即
个体的言行举止、基本背景、道具和各角色之间的配合。（4）角色扮演，它包
括角色期待、角色领悟和角色实践这样三个基本环节。其中，角色期待就是他

① 龚季兴，贺新宇. 儿童社会化中角色适应分析 [J]. 西昌学院学报（社会科学版），2006, 18(4):148.
② 陈卫平. 角色认知的概念与功能初探 [J]. 社会科学研究，1994(1):106-111.

人或社会组织对他的期盼，而角色领悟是角色扮演者对角色的想象与深刻理解，角色实践则是个体实际所表现出来的角色。

6. 塔尔德的社会模仿

社会模仿是指个体和人群会自觉或不自觉地重复他人的行为。其产生的根源是由于个体的好奇心驱使，或在相对陌生的环境中通过熟悉而消除焦虑，甚至催生创新和发明。[①] 法国社会学家 G. 塔尔德（Gabriel Tarde）认为模仿是出于记忆的习惯，属于人类所具有的生物特征的一部分，把单一个体连接成社会的纽带是模仿，社会事实是通过模仿而加以传播、扩散的，模仿行为不仅普遍存在于社会生活中，而且具有衍生群体规范和价值的功效，个体的社会性是通过模仿而体现出来的。[②] 因此，从某种角度来说，社会即是由相互模仿的个体所组成的群体。他在 1890 年出版的《模仿的定律》一书，认为模仿是一种基本的社会现象，并且存在三个基本的模仿规律：[③]（1）下降律，即社会下层人士出于崇拜而存在去模仿社会上层人士的倾向；（2）几何级数律，即如果不加干涉和控制，模仿行为将以几何级数的速度增长、蔓延；（3）先内后外律，即个体对本土文化下的行为方式的模仿通常会优先于对外来文化所带来的行为方式的模仿。

以上西方的个体社会化的理论还只是冰山一角，但是颇具代表性，并且，这些西方社会个体化的理论都是从某一独特视角来观察、分析个体社会行为的形成过程、特点、原因以探讨其本质的逻辑性解释，具有某些合理性，同时也不可能面面俱到、尽善尽美，其局限性、片面性也因此常常受到质疑甚至批评。但是，事物都是发展的，理论也一样，不存在一种终极理论，后继者可以在学习中跟踪、完善与发展。这也许才是理论的最大魅力所在。

（二）个体社会化的过程与特点

关于个体到底要经历怎样的一个历程才能实现社会化，这方面比较著名的理论有美国新精神分析学派学者埃里克森（Erik Homburger Erikson）的心理社会发展八阶段理论和美国心理学家哈维格斯特（R. J. Havighurst）六阶段综合适应发展理论。在埃里克森看来，个体的一生大体要经历八次比较大的心理转变，即幼童时期的四个阶段、青春期的一个阶段和成年期的三个阶段，其核心概念

① 夏保华. 简论塔尔德的发明社会学思想［J］. 自然辩证法研究，2014，30（7）：33-34.

② 李景，吴金清. 塔尔德与麦克卢汉论舆论传播［J］. 新闻世界，2010（3）：61-62.

③ 易星星. 塔尔德基于传播技术观的公众理论研究［J］. 传播与版权，2018（6）：1-2.

是自我同一性发展。在哈维格斯特看来，个体的社会化存在幼儿期、儿童期、青年期、成年早期、中年期和老年期这样六个阶段。在笔者看来，学生个体所经历的社会化主要分为基本社会化和持续社会化两个阶段。依据年龄、个体社会化的任务和人格的不同，个体社会化大体可以分为五个不同时期。[①]

1. 儿童期

儿童期大体在 14 岁之前完成。在第一阶段，儿童学会了从第一信号系统的无条件反射发展到了第二信号系统的条件反射，对自己、对他人都有了一定的认识，逐步有了"自我"的概念。[②] 这时，个体社会化的主要任务有：（1）学习最基本的生活自理能力，培养初步的读、写、算等思维能力；（2）与亲人、同伴建立和谐的人际关系，培养对相关团体的健康态度，扮演相应的团队角色；（3）理解常见的社会行为规范，建立与自身生活相适应的概念系统。

2. 青少年时期

这是一个从童年到成年的过渡性时期，也是一个敏感而特殊的时期。首先，青少年随着身高、体重的增加和第二性征的出现，他们要求被当作成年人并希望尝试成年人的生活，有了独立的意识，希望摆脱父母的管束，但是，他们远没有建立起成年人的行为规范和价值观念，不可能像成年人那样能够对自己的行为承担责任与后果。此时，父母等成人对青少年的期待也经常存在矛盾，一方面仍然希望他们能够保留儿童的天真与纯洁，另一方面有时又会要求他们像成年人那样独立处事并学会承担责任与后果。他们的社会角色、社会地位受家庭和同伴的交叉影响，很难保持稳定性和一致性，突出地表现为对旧角色的厌恶和对成年人新角色的迷茫，往往存在着情绪上的紧张和情感上的冲突。其次，这一时期的青少年的衣着打扮与兴趣爱好等都和成年人不一样，而且最容易受到同辈群体的影响和感染。由于社会的复杂性，他们在对外界的好奇中往往容易产生紧张的情绪，也时常会遭受学业和生活中的某些挫折，常常表现为一定的叛逆性。关于青少年的行为特点，有学者指出：一是社会角色的模棱两可性，往往存在矛盾和冲突；二是容易顺从同伴群体的次文化。[③] 总之，不摆脱青少年次文化，他们不可能走向真正的成熟，而且这一时期的个体社会化经历对个体人格的形成具有深远影响，应该引起父母和教育工作者的高度重视。

---

① 张友琴，童敏，欧阳马田. 社会学概论 [M].2 版. 北京：科学出版社，2014:60-62.
② 张友琴，童敏，欧阳马田. 社会学概论 [M].2 版. 北京：科学出版社，2014:60.
③ 科塞，等. 社会学导论 [M]. 杨心恒，等译. 天津：南开大学出版社，1990:159-160.

3. 成年早期

这一时期大体对应于从个体进入成年期到走上工作岗位、建立家庭的这段时期。它也是个体逐步摆脱原来家庭与同伴影响，全面而直接地接触社会，学习成年人的权利与责任的开始阶段。处于这一时期的个体主要从四个方面尝试成年人的社会角色：（1）与人交往、恋爱、结婚并组建自己的家庭，学习做丈夫或妻子；（2）在第一个孩子出生之后学习做父亲或母亲；（3）与自己的同事、朋友相处，建立和维持自己的人际圈，扮演着成年人的社会角色；（4）不断精熟自身的劳动技能，丰富自身的专业知识，选择符合自身特点的职业发展道路，扮演着成年人的社会角色。职业角色不仅为个体提供了直接的经济基础，也为个体的进一步社会化提供了最核心的社会资源和条件。由于每一个社会对不同年龄段的成年人都有明确的角色定位与期盼，因此，成年人的角色扮演主要受到他所在社会的一般文化习俗和社会道德规范影响。不过，个体所经历的生活中的某些意外事件（如社会动荡、自然灾害、经济危机、亲人离世等）对个体的影响往往比社会的一般要求来得更突出、更深刻。总之，个体既会按照社会的通常要求安排自己的生活，也会依据自身的生活经验、感受来确定自己的人生发展方向。

4. 成年中期

从建立家庭、职业角色到退休这段时期称为成年中期。在这一时期，个体在家庭生活中需要培养和教育孩子，照顾年老的双亲；在工作中，个体按照自己的兴趣、专长制定自己的职业生涯规划并扎实为此做出努力，不断进步；在社会生活中，个体参加某些合适的社会组织、团队并承担起一个成员或公民的基本责任，是人的一生中最有作为的黄金阶段。不过，在这一阶段也容易出现以工作中的失落、子女的疏远和婚姻的厌倦为主要现象的"中年危机"，因此，个体也应注意平衡好自身与团队、事业与生活的关系，防止只顾家庭或事业的极端现象的出现。

5. 老年期

个体从工作单位退休以后的这一段时期称为老年期。在当今社会，由于职业角色是判断一个人成功与否的最重要标准之一，因此，老年期最先遇到的问题往往是由退出职业角色而引起的不适应感。要缓解这个问题，除了健身、种养花草、旅游等消遣性活动，还可以在身体允许的条件下重新确立某些生活目标，如上老年大学、参加某些公益组织等。此外，由于死亡是个体的最终归宿，因此，还应理性地面对死亡的到来。

第六节　学习者的个性化与现代人格形成

不同的个体虽然同处一个时代，且经历了相似的社会文化环境的熏陶，但是，在我们身边，却为什么处处可见个性鲜明、特长迥异的不同个体甚至人群呢？其实，人的个性化与社会化是人的一体两面。它们是一个相互连接、相互生成、相互促进的动态过程。如果从整个人类历史过程来看，人的发展就是其社会化程度不断提升的过程，更是个体不断加深自我认识，其人格不断发展、丰富并臻于完善的过程。

一、社会学中的个体

社会是由个体（the individual）组成的，个体是群体与社会的基本构成单位，他们构成了群体和组织的两极。要理解此处"个体"的内涵，要注意两个方面。一方面，社会中的个体都不是抽象的个体，而是具体存在的个体。他们必定隶属于某个群体或组织，在扮演着某些社会角色（social role）；另一方面，由于各自的成长环境和教育、工作经历的不同，每一个体都是活生生的个体，他们具有自己独特的行为习惯、个性与人格。这么说来，本研究中的"个体"就是那些通过某种目的与方式联系在一起并在该社会组织的共同活动中担负一定角色的、具有自身独特个性与人格的个人（a person）。个体的独特性表现在两方面：自然独特性和社会文化背景的独特性。前者由个体遗传基因和自然因素所决定，主要包括性别、年龄、外貌、体型等生物、生理特征；后者则指成长环境、教育环境和工作环境等社会性因素所造成的差异性，主要包括兴趣爱好、生活方式、能力与性格、理想追求和职业、地位与身份等。从这个差异性这个意义上来说，每一个体都是一个五彩缤纷的世界。

二、个体的习惯、个性和人格

（一）习惯

习惯是一种自动化的行为模式。它的基本特征是逐渐养成，不会轻易改变。在机能主义者威廉·詹姆斯（William James）看来，存在即是被感觉、被感知，概念只不过是人们为了行动的方便而采用的操作性假设。[①] 他在研究本能是如何被习惯所更替时指出：习惯的基础是记忆，而个体正是通过记忆将过去的行为、经验从心里予以唤醒。为了实现某种目的，必须不断重复着某些记忆，这样，本能就逐渐地被弱化了。因此，本能不但会因使用而改变，也会随情境的变化而发展。人类的行为由生物性逐步转向社会性的过程中正是习惯起了重要作用。在对意识的研究中，詹姆斯认为：和其他物质一样，人类也是可以被观察、被感知的，而自我就是个体可以用来称谓他自己的一切之总括。自我有两个基本要素，一是对自己的感觉，二是对自己的态度。自我有四个基本类型：[②]（1）物质我（the material self），它主要包括身体、衣着、房屋、家庭用具等。（2）精神我（the spiritual self），它主要包括兴趣、爱好和心理能力。（3）社会我（the social self），它主要包括个体在与不同群体、组织打交道时所得到的认可或者贬损。由于个体免不了要和不同的个体、组织接触，这样，个体可能会有多种不同的自我。（4）抽象的我（the pure self），即哲学意义上的我。其中，社会我的意义最为显著。可是，社会我来自他人的评价。个体有多少个认识他、了解他的亲人、同事、朋友、同学等，往往就有多少个社会我。个体本能性的追求就是通过其周围人群的承认范围、程度来评估自我价值并采取相应行动的。个体要造就自尊、自重的自我，其基本前提也是他人的认可、欣赏与赞美，再加上自身持续不断的努力。

（二）个性

简单地讲，个体心理与行为倾向的特色、特点就是个性（individuality）[③]。它是指在个体生物、生理的基础上通过文化熏陶和社会实践历练而逐步形成的比较稳定的心理特征的总括。它不同于哲学意义上与共性相对的那种个性，而是

[①] 贾春增.外国社会学史 [M].3 版.北京：中国人民大学出版社，2008:261.

[②] 贾春增.外国社会学史 [M].3 版.北京：中国人民大学出版社，2008:262.

[③] 此处的个性主要是与社会性相对。考虑到有部分国内学者将"personality"也翻译成"个性"，但由于"person"是对社会中一般个体的泛称，因此，在著述中将"personality"翻译成描述无数个体共性结构的"人格"或"品格"。

个体的一种稳定的心理特征的综合，并且个体之间通常会有明显差异。个性的心理结构通常包括三个部分：(1)个性的特征结构，如兴趣、性格、能力和气质等；(2)个性的动力结构，如需要、动机、信念、价值观等；(3)个性的调节结构，如自我观察、自我检查、自我评价、自我控制等。[①] 个体的个性的形成和发展不仅受到本身生理、心理条件的制约，更会受到社会因素、社会关系的影响，而且它归根结底是个体社会化的产物。对于学习者个性的分析不仅有利于了解个体的心理活动，也有利于了解其行为特征。不可忽视的是，在个体不断实现社会化的过程中，人的个性也在不断地发展，具体表现为每一个体都有其独特的思维方式与行为方式，而这种独特性也决定着每一个体是如何看待世界和感知、体验世界，也决定着个体如何体察自己和评估自己，还决定着他如何去看待他人和对待他人。有学者指出：在个性中起核心作用的是性格，而性格是指个体对待现实的稳定态度以及与这种态度相适应的行为方式的独特组合，它会受到情感、态度、气质、思维特征和意志等因素影响。[②] 其实，学龄前儿童的行为主要受具体生活环境的影响，而小学和初中时期正是个性形成和塑造阶段，到了高中阶段，个性特征就比较稳定了，要改造起来会有一定的难度。

(三)人格

1.人格的内涵

在社会学中，人格(personality)指的是个体在社会化过程中所形成的带有一定倾向性的心理特征的总括。该词来自拉丁文"persona"，最初是指演员在舞台上戴着假面具说话的声音，后来指假面具，再后来又指戏剧中的角色，现在一般指个体所担任的社会职务，而我国学者一般把它作为个体态度及其行为习惯的统称。[③] 自我的概念或自我意识是人格的核心内容，同时也是人格发展水平的重要标志。[④] 人格的主要构成因素是价值观、能力和气质[⑤]。其中，个体的价值观决定着行为取向，而且会调动各种能力的组合与使用，气质则表现为一

① 奚从清. 角色论：个人与社会的互动 [M]. 杭州：浙江大学出版社，2010:43.
② 林崇德. 学习与发展：中小学生心理能力发展与培养 [M].3版. 北京：北京师范大学出版社，2011:374.
③ 奚从清. 角色论：个人与社会的互动 [M]. 杭州：浙江大学出版社，2010:44.
④ 卢勤. 个人成长与社会化 [M]. 成都：四川大学出版社，2010:13.
⑤ "气质"指的是个体高级神经活动在行为方式上的表现。这种动力特征通常包括情感、活动发生时的指向性、速度、强度、稳定性与灵活性等内容。林崇德. 学习与发展：中小学生心理能力发展与培养 [M].3版. 北京：北京师范大学出版社，2011:373.

种较为稳定的行为特征。实际上，个体的性别、年龄、健康状况等生理特质①和智力、性情、愿望、信仰、意志等心理特质以及个体的社会地位、所担负的社会职务等社会因素都会影响个体的人格表现。在符号互动论者布鲁默（Herbert George Blumer）看来，人格就是在社会互动过程中所形成的行为倾向性。从社会学的视角观之，个体的人格并不决定于其遗传与出身，更多的是个体通过自身的不断努力，在一系列社会文化环境中逐步修炼、养成的，本质上是个体社会化的产物。值得注意的是，同一种人格在不同的个体身上可能会有相似的行为表现，但是，即使是同一个体也会拥有多种人格行为，表现出人格的多面性特征。

2. 人格的形成与发展

在现代遗传心理学家鲍德温（James Mark Baldwin）看来，个体的自我都可以全部地追溯到社会环境中去。人格就是社会我的不断发展，也是个体自身与他人关系的结晶。个体（特别是儿童）的自我的发展通常会经历投射、主观、射出这样三个阶段。②在投射阶段，个体能感知他人并加以身份区分。在主观阶段，个体有了基本的自我意识并且会模仿他人的行为。在射出阶段，将对他人的感知和自我感知与人的概念联系起来，推断他人也会同样地具有对其他人的感知与觉察。

3. 健康人格的标准

健康人格的拓荒者戈登·奥尔波特（Gordon Willard Allport）认为：人格是个体内部决定自身独特的顺应周围环境的身心系统中的动力结构，须从自我扩展能力、融洽的人际关系、情绪上能自我认同、具有现实的知觉和良好的自我意识等特质上去衡量。③1987年，美国心理学家麦克雷（R. R. McCrae）和科斯塔（P. T. Costa Jr.）等人从理论分析和问卷调查的视角总结并提出了人格的五因素模型（five factor model, FFM），即外倾性（extraversion）、宜人性（agreeableness）、尽责性（conscientiousness）、情绪—神经质（neuroticism）、对经验的开放性（openness to experience）。④该模型认为：对自己的乐观、自信，对他人的友好、

① 特质是个性的基本构成单元，决定着个体的行为趋向。其根本特征是跨情境、跨时间性。杜文东，吕航，杨世昌.心理学基础[M].2版.北京：人民卫生出版社，2013:264.
② 贾春增.外国社会学史[M].3版.北京：中国人民大学出版社，2008:262.
③ 俞国良，罗晓路.奥尔波特：健康人格心理学的拓荒者[J].中小学心理健康教育，2016(5):45-47.
④ 李红燕.简介"大五"人格因素模型[J].陕西师范大学学报（哲学社会科学版），2002,31(S1):89-91.

仁爱，情绪稳定与具有良好的自我调适能力，办事时严谨、细致、富有条理，坚忍不拔，既能独立思考，也善于接受周边出现的新生事物是一个人具有健康人格的表现。该模型在 20 世纪 90 年代已在 10 多个国家经过了跨文化性验证，得到了国际上普遍的认同，在我国也有部分学者在进行量表的本土化改造与实践。[①] 客观地说，它也是奥尔波特、卡特尔（R. B. Cattell）、艾森克（H. J. Eysenck）等几代心理学家共同努力的结果。该模型对静态地分析个体的稳定性与独特性方面很有成效，但是它并没有解释人格的形成过程。针对上述不足，20 世纪 90 年代，美国人格学家米歇尔（Walter Mischel）从社会认知的角度提出认知—情感人格系统（cognitive affective personality system，CAPS），并认为人格结构主要应从编码（encoding）、预期和信念（expectation and beliefs）、情感（affects）、目标与价值（goals and values）、能力和自我调节规划（competencies and self-regulating plans）五个协调因子去综合评价。[②] 从宏观视野看，CAPS 借鉴认知神经科学中的神经网络理论、概念的激活与扩散理论和社会学习理论的互动观，聚焦人类的行为潜能，突出个体动因、意志和自我效能感在自我调节、适应机制方面的特殊作用，既弥补了最初特质论的不足，同时也在特质论与情境论之间架起了一座沟通桥梁，对个体复杂社会行为的形成与解释有初步的立体化、动态化思考。不过，正如有学者指出的那样：[③] 米契尔还只是突出了人类个性的整体性并简单地将情感单元与其他个性单元作了归并考虑，并没有突出人类情感、需要的特殊地位，但也为未来人格的研究指明了前进的方向。

个体完满的人格是一个多方面的复合体。在美国社会学家艾利克斯·英克尔斯（Alex Inkeles）看来，完满、健康的人格通常具有如下 12 条较为明显的特征：[④]

（1）个体乐于接受并准备着自己未曾经历过的新的生活方式；

（2）乐意接受社会改革及由此带来的一系列变化；

（3）思想开明，尊重并愿意听取不同方面的意见、观点；

（4）重视现在和未来，有惜时、守时的习惯；

（5）具有较为强烈的自我效能感，讲求办事方式与效率，对他人和社会都充满信心；

---

① 尤瑾，郭永玉 . "大五"与五因素模型：两种不同的人格结构 [J]. 心理科学进展，2007，15（1）：122-128.

② 张开荆 . 人格心理学中的特质论与情境论之争述评 [J]. 辽宁教育行政学院学报，2006，23（1）：35-37.

③ 杨慧芳，郭永玉 . 从人际关系看人格：认知-情感系统理论的视角 [J]. 心理学探新，2006，26（1）：13-17.

④ 贾春增 . 外国社会学史 [M].3 版 . 北京：中国人民大学出版社，2008：314-315.

（6）在个体与团队活动中都有制定长期规划的习惯；

（7）注重实地考察，尽可能多渠道学习知识；

（8）相信他周边的人和组织，能够完成预定的目标与任务；

（9）重视自身专长的习得，愿意依据技术程度获取不同的报酬；

（10）敢于挑战传统教育内容，乐意让自己或后代从事新行业；

（11）自尊心较强，也能尊重他人，愿意相互了解；

（12）重视现有工作，能在积极了解本职工作的同时，积极发挥自身才能，具有一定创新能力。

那么，究竟是哪些因素促成了个体健康人格的形成呢？总的来说，它是遗传、环境与自我积极互动的结果，或者说是后天的环境教育与自我的相互作用把人格发展的遗传潜力变成了现实，因此，有学者指出：除了工作单位、家庭环境、大众传媒之外，最基本的还是学校教育。[①] 因为在学校里，作为个体的学生，除了学习阅读、书写、运算等基本技能之外，还能在学校的各种社团活动中学会克制自己，与他人相处，尤其是教师通过自身言行提供了参照并引发了学生对先进思想、合理态度和行为方式的思考。不过，学校的教育内容也必须有利于培养学习者的健康人格才行。总之，具有健康人格的个体对自己、未来与社会都相当乐观，并且能够以平等的姿态对待他人。他们注意吸收现有的人类文明成果，而且具有一定的改革意识和革新能力，能够在继承中创新，尽力把人类文明不断推向新的高峰。

---

① 英格尔斯，等. 人的现代化 [M]. 殷陆君，编译. 成都：四川人民出版社，1985:101-102.

第九章
知识的本质与分类习得

　　学生在学校主要是学习知识，学校开展的一切教学活动也都是以知识为节点来展开的。但如果要问：什么是知识？或者说知识到底是被发现的，还是被发明的？知识真伪的检验标准又是什么？知识的本质是什么？它又有何作用？知识和人之间是什么关系？获得知识的主要途径是什么？如此等等，我们可能一时不知如何准确地回答。对此，当代分析哲学的创始人之一罗素（Bertrand Russell）也曾指出："'知识是什么意思'这个问题并不是一个具有确定和毫不含糊的答案的问题。"[①] 事实上，作为一种信念，"知识"这一概念有着极其丰富的内涵和广泛的外延，自古以来就一直为许多中外哲学家、思想家和教育家所关注。他们依据自身所处的时代、所在领域的基本范畴和研究需要，从不同视角和不同层次进行了探讨，也就形成了对"知识"的不同界定。

第一节　知识的本质

一、"知识"的定义

　　定义是对一个概念的内涵（本质属性的总括）与外延的确切而简要的说明。[②]对于知识到底是什么，自古以来，可谓见仁见智。

　　在古代，由于科技文化水平的相对落后，对知识的界定往往带有明显的伦理色彩。如苏格拉底（Socrates，前469—前399）就认为"知识即善"，其价值在于指导人们积极参与社会活动，让其过上和谐而有序的生活。其学生柏拉图

---

① 罗素. 人类的知识 [M]. 张金言，译. 北京：商务印书馆，2012:197.
② 中国社会科学院语言研究所词典编辑室. 现代汉语词典（2002年增补本）[M]. 北京：商务印书馆，2002:460.

（Plato，前 427—前 347）则把知识定义为"一种经过确证的真实信念"。在他看来，真实、信念与被确证才是知识的三要素。由于他抓住知识的三个最基本要素，因此，人们至今还经常会将柏拉图的这一知识定义看作经典并时常引用。

在近代，经验论者培根（Francis Bacon，1561—1626）认为：知识不但是存在的真实，更是真理的表象。但是，知识是通过研究事物的性质而得来的东西，不是大脑思考、加工的结果。这样，在人类认识中，只有对客观事物做出正确认识的那一部分才能谈得上人类知识。这样，知识的外延被人为地缩小了。罗素（Bertrand Russell，1872—1970）则突出知识的个体生成性，认为知识属于个体依据自身经验所生成的一种复杂体系，它既包括经验的结果，又包括知识的过程。这样，他进一步将知识划分为关于事物的知识和关于事实之间一般关联的知识。[①] 其中，关于事物的知识又细分为可以不通过中介物来感知的直认性知识和经过感知后用语言、文字进行阐释说明的描述性知识。关于事实的知识则属于命题性知识，主要用于关系或价值判断，而且可以进一步细分为个体在实际接触中所感知的直接性知识和通过逻辑推理与命题证明方法所获得的间接性知识。

到了当代，著名心理学家布鲁姆（Benjamin Bloom）将知识定位为具体事物和普遍原理，或者是一种方法、过程、结构、框架和模式的回忆。信息加工理论代表人物加涅（Robert Mills Gagné）则认为知识就是言语信息，因为人们主要运用语言符号来表征某些事物，或阐释某些事实过程，显然有外延过窄之嫌，但也可指导大部分课堂学习。双向建构理论的提出者皮亚杰（Jean Piaget）则认为：知识不是认识主体的先验意识，也不是认知对象的直接副本，而是在认识主体与认知对象不断的交互过程中所建立起来的一种知觉表征。当代信息加工心理学则认为："主体与其环境相互作用而获得的信息及其组织，如储存于个体内即为个体知识，储存于个体之外即是人类的知识。"[②]

综合目前现有资料、文献对"知识"的界定，笔者认为，其中比较典型的有五种：[③]（1）知识是人类观念的综合；（2）知识是经验与智慧的结晶；（3）知识

① 罗素.人类的知识 [M].张金言，译.北京：商务印书馆，2012:505-506.
② 皮连生，庞维国，王小明.教育心理学 [M].4 版.上海：上海教育出版社，2011:82.
③ 顾明远.教育大词典（第一卷）[M].上海：上海教育出版社，1990:14；傅德荣，章慧敏，刘清堂.教育信息处理 [M].2 版.北京：北京师范大学出版社，2011:12-13；范良火.教师教学知识发展研究 [M].上海：华东师范大学出版社，2003:8.

是人类积累起来的历史经验和当时已取得的科学技术成就的总括;(4)知识是在数据、信息的基础上,以某种可利用的形式,在人脑中高度组织化后的可记忆信息;(5)知识是对事物特征、属性及其联系的认识,包括知觉、表象、概念、规则、范畴等主要表现形式。

二、知识的本质

由于一个事物的本质是指事物本身所固有的,能够决定事物性质、面貌与发展的根本属性[①],这样,要探讨知识的本质就必须探讨知识本身所固有的根本属性,而知识的形成是一个极其复杂的过程,但是,一般会经历两个主要阶段:[②](1)实践过程中有某些发现或创新;(2)这些发现在日后的实践过程中经历了严格的检验与确证。这样,不同学科的知识就会出现差别,如:自然科学中多是归纳性知识,而社会科学中多是概率性知识,与认识主体的认识水平高度正相关。

我国教育领域比较权威的辞书类工具书《教育大辞典》给"知识"的界定是"对事物属性和联系的认识。表现为对事物的知觉、表象、概念、法则等心理形式"。[③] 不过,将知识看作是人类在社会实践中认识客观世界及其自身的成果,具有可重复验证性、准确性且为人们深信不疑,这一点是一直没有异议的。

知识的对象有普遍和特殊之分,前者为理念,后者为事实,但知识毕竟不同于个体的内容感觉或呈现,而是正常的同类群体的共同感知。[④] 因此,知识虽然具有客观实在性,却不是客观世界唯一、直接的映象,它或多或少地掺杂着认识者的主观认识倾向性,甚至部分个人偏见,具有部分自主性。一般认为,理科知识的客观成分相对多一些,但也并非完全靠发现获得,而文科知识中被发明、被创造的成分则相对多一点。从表现形式来看,知识就是物质存在和运动信息在学习者个体头脑中的高度组织化表征。然而,从知识的构成看,知识是人类意识化、符号化和结构化后的逻辑系统。[⑤] 从知识的来源看,宇宙中是先有无机界,然后进化到有机界和生命,此后才有精神现象和知识、文化现象

① 中国社会科学院语言研究所词典编辑室. 现代汉语词典(2002年增补本)[M]. 北京:商务印书馆,2002:92.
② 钟义信. 信息科学与技术导论[M].2版. 北京:北京邮电大学出版社,2010:2-3.
③ 顾明远. 教育大辞典:第1卷[M]. 上海:上海教育出版社,1990 :144.
④ 袁彩云. 经验·理性·语言:金岳霖知识论研究[M]. 北京:人民出版社,2007:9-10.
⑤ 李喜先,等. 知识系统论[M]. 北京:科学出版社,2011:1-3.

的涌现，无论是事实还是合乎逻辑的推理，知识都只能属于人这个特殊生命群体的支流与衍生，而且是在客观与主观、外在与内在、物质与意识的交互中求得辩证统一的。[①] 在知识这个认知国度里，客观事物和认识者主体的生命总是交织在一起的，知识的内容与灵魂、生机与活力完全来自学习者的生命。这才是知识的本质。

在实践中，人们总是事理并重，从事中推理，然后以推出的理去验证理的正确性。[②] 这样说来，"知识"与"理性""真理""智慧"这些词语都是近义词，不过，在渊源和程度上，它们还是有差别的。问题是知识的种子，信息是知识中的核心要素，问题是人提出和解决的，知识的掌握者和运用者都必须是人，知识本身并无主动性，而且必须运用理性才能发现，且它只是真理的初级存在形式，而且必定是为学习者个体及其类群体的生命、生存与发展服务的。智慧中除了包含对知识的理解和辨析，还有对周围情境的准确判断，而落脚点则是创新性应用，因此，只有智慧的生命才是真理的发掘者。或者进一步说，正是学习者的不断发现和创造促使学习者成为知识的主人并给学习过程中的各种知识赋予了生命的力量、意义和价值。不能否认，知识具有客观的"真"的成分，也能在我们的日常实践中不断"被证实"，然而，学习者对它的"信仰"才使知识成为一种力量。知识的发现者、传播者和应用者都是一个个活生生的生命个体，知识意义的衍生也是出于生命体本身的需要，因此，只有生命才是一切知识的本源。如果将知识比作一棵大树，那么，正是知识的主人，也就是学习者，用自己的生命在播种，用生命之水自觉地浇灌，从开放、动态的纷繁世界中汲取营养，才使得知识这棵大树生机盎然、万古长青。

第二节 知识的分类

1956 年，美国著名的"麻省理工会议"揭开了现代认知革命的序幕。有学者在谈到现代认知心理学对学校教育的贡献时曾经说道：[③] 由于现代认知心理

① 史良君. 知识的本质与起源 [J]. 求知导刊, 2014 (4) : 70.

② 金岳霖. 知识论 [M]. 北京：中国人民大学出版社, 2010 : 13.

③ 皮连生. 现代认知心理学对学校教育的两大贡献 [J]. 鞍山师范学院学院学报, 1996, 17 (3) : 65-66.

学，尤其是信息加工心理学，将教育或学习结果，即人脑中所习得的全部知识分成"世界是什么"和"人会怎么做"两大类，并将"人会怎么做"的知识进一步细化为"通用领域"和"专业领域"两个层面，依据受意识控制程度的强弱而划分为"一般性策略""专业策略""狭义的技能"三个知识类别（见图 9.1），对知识和智力的关系做了全新诠释，克服了仅仅停留在哲学层面做一般解释的传统智力"五力"理论[①]不具备实践操作性的弊端，具有划时代的理论和实践意义。

在教育实践中，不同学科的知识需要不同的教学方法。如对于历史学科，可采用讲演法、讨论法，以便让学生能更好地理解某个重要历史主题的相关背景和历史原因；而对于体育这一学科来说，则不能单凭说教了事，最好的办法是先进行动作示范，让学生观察，同时对动作要领的原理或要领进行讲解与说明，再一一练习，在准确的基础上逐步实现动作的连贯、流畅。促使教学方法改变的因素可能会是学生的知识基础和学习动机的不同，但是，在认知心理学家们看来，其中最基本的理由是因为知识表征的类型（types of knowledge representation）不同。因为这些表征类型的知识在人脑的长时记忆、工作记忆的逻辑组织方式完全不同，有的适合于用语言或词汇来表达其状况或性质，有的则由于其直观生动性，适合于用形象进行表达；还有的知识只牵涉到动作的流畅执行，或对某类问题做出推断或决策，因此，在本研究中，笔者采用如图 9.1 所示的知识分类结构进行阐述。这样，不仅逻辑结构严谨、清晰，而且极具实践操作性。

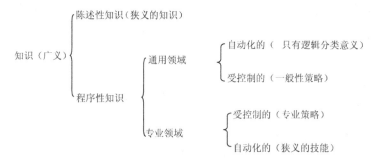

图 9.1　基于认知心理学的知识分类

① 传统智力理论认为：智力由注意力、观察力、记忆力、思维力和想象力五个部分组成，其中，思维力是核心。在笔者看来，作为当代测量心理学的理论依据的传统智力理论主要是运用严格控制（如同质分组）条件下的实验方法研究人的反应灵敏性（速度），考察的是 IQ（智商），而影响 IQ 高低的有笼统的两个因素，即生物学遗传因素和后天习得的知识因素。这虽不无道理，但似乎不利于智力发展，尤其是没有进一步考察不同类型知识对智力水平的影响。

第三节　各种知识习得的特点

一、陈述性知识的特点与习得

陈述性知识（declarative knowledge）是个体能运用语言对事物状态、性质进行描述的知识。[①] 它有三种不同的表征形式：命题、表象和线性排序。此外，还有两类综合形式：命题网络和图式。[②]

（一）命题的特征与习得

与观念作用大抵等同的命题是陈述性知识中最为广泛的表征形式。除了表示既存事实，也可以用来表征概括性结论，甚至于某一个理论，还可以表征个体曾经经历过的事情及经历这一事情时的情感体验，因而其应用非常广泛。

开展学习活动既取决于自己过去的经历、经验，又取决于学习者的学习环境。从本质上来讲，这些都是一种信息，反映了人或事物的存在或运动状态，因此，大都可以用命题的形式来表征。如果缺乏意义上的理解而单纯地依靠记忆，不仅枯燥乏味，容易遗忘，而且不能用来解决实际问题，也就不能体现学习价值。如何有效地让学生了解大量的信息并在需要时快速、准确地提取、检索出来，这既是目标，也是挑战。

当代认知心理学家加涅、安德森等人认为，全部陈述性知识是以网络的形式来表征的，在这个网络中，结点（node）可以是诸如命题、表象、线性排序或者图式中的任何一种。在这个网络结构中，由于各节点相互连接，因而知识的获得以及日后的提取都可以用结点的激活（activation）及其向相邻结点的传播来解释。[③] 当人们学习新命题时，首先要激活与这一新命题相关的旧命

---

① 在对陈述性知识的进一步细分中，比较有影响的要算加涅和奥苏贝尔的分类方法。如加涅将陈述性知识由简到**繁**分为三个层级：符号（labels）、事实（facts）、有组织的知识。奥苏贝尔在谈到言语学习的意义时，也认为：业已形成的命题网络就是人的认知结构。它以命题做基础，而命题又以概念（符号所代表的具有共同关键特征的一类事物，依据其抽象水平，可分为具体概念和定义性概念两种。大多数概念都会涉及概念名称、概念定义、概念实例、概念属性四个要素）做基础。概念则是建立在符号（在这里主要是指文字）表征之上，因此，概念与符号一样，也可以当作论题。虽然他们的表述各异，但是并无大的冲突，都可以统一在本书的研究框架之内。邵瑞珍. 教育心理学 [M]. 上海：上海教育出版社，1997:64-65, 71-72, 97-99.

② 吴庆麟. 教育心理学 [M]. 北京：人民教育出版社，1999:244.

③ 安德森认为，网络结构中的结点及其联结的激活水平各不相同。由于工作记忆中只允许出现有限几个被激活的知识结点，因而，在某一特定时刻，知识网络中的绝大部分结点都是出于静止状态的，只有少量结点及其联结是处于激活状态的。那些处在静止状态中的知识结点及其相互联系就是那些储存在人的长时记忆中、已经结构化了的陈述性知识。吴庆麟. 认知教学心理学 [M]. 上海：上海科学技术出版社，2000:100-103.

题，其次通过旧命题的理解来推知新命题的意义，最后，新命题就与原来知识
网络中的相关信息单元存储在一起了，组成了一个更新的知识网络。以这种方
法获得的观念既受到了人脑中原有长时记忆的影响，也增添了外部信息（如教
师、教材所提供的信息），经历了较为严密的思考，就是认知心理学家们所说
的"精致命题"（elaborative proposition）①，这样，新呈现的命题也就成了提取原
来相关知识的线索（clue）。这种提取或者源于他人向我们提出的问题，或者源
于我们自己的疑问、反思。如果是源于外部，那么，我们必须先将问题转换为
命题的形式，然后才能激活知识网络中的结点及其联结。如果这些激活能够回
答所提出的问题，那么，我们会把命题以语言的形式向外界输出，如以口头的
语言的形式或书面语言的形式反馈给提问者。如果不能回答所提出的问题，而
且时间上也允许的话，那么，搜索还将继续进行下去，激活也就在知识网络中
进行更远的传播，直至能激活一个可以认定的解答。还有一种情况是：既没有
能在原有命题网络中检索到所希望的命题，时间又不允许，这时，我们能做的
似乎只有某种合乎逻辑性的猜测（guess）了。当学习者学习某一新命题的时候，
或顺利提取，或重新构建，都是在新命题检索过程中可能出现的结果。这种对
所学命题的扩展、推论的补充过程，在认知心理学家看来，就是一种"精致"
（elaboration），它也蕴含了某种程度的创新。

安德森认为，命题的这种精致性结构，除了使原来的命题得到了精致，还
会对记忆产生双重影响。第一，精致为回忆的顺利提取给出了冗余的检索路
径；第二，精致能够帮助学习者个体检索出已经遗忘的某些论题信息。研究
和实践均已证明：对学习材料的精致愈充分，记忆效果愈良好。关于这种精
致，加拿大多伦多大学的学者克雷克（F.Craik）使用了"加工深度"（depth of
processing）一词，借以从直觉上表述学习者对其学习材料的命题意义所作处理
的深入程度，而安德森（J. R.Anderson）却认为，这种充分程度主要在于所产生
的精致的数量，因为它能给研究命题增加补充信息，使用术语"加工的精致性"
（elaborateness of processing）更为恰当。②

与"精致"类同，"组织"（organizing）为人们提供了另一种对于新信息的精
加工形式。埃伦·加涅认为，组织是一种将信息分割成若干个子集并对各子集间

---

① 吴庆麟先生在其编著的《教育心理学》（1999）一书中，也将这种精致称为"精深"，为了使研究措辞与PISA
中的提法一致，本书中一律使用术语"精致"。
② 吴庆麟．教育心理学 [M]．北京：人民教育出版社，1999:309.

的关系加以标识的过程;^① 安德森则认为它是精致的另外一种作用，其功能在于为记忆提供一种有层次的结构化管理方式，这种分层的组织方式使得提取信息时对记忆的搜索更加有效（如图9.2所示，对"矿物"相关亚类的展示就采用了一种树状层级的方式）。^②

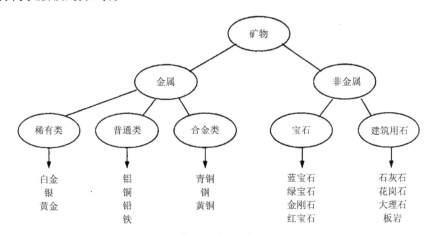

图 9.2　命题信息的"组织"示例

"组织"这种结构化管理方式不但可以使命题的激活限制在长时记忆中的相关范畴之中，而且也为长时记忆中的信息检索提供了一种类似计算机程序中的"指针"（pointer）的定位装置，因而缩短了检索时间。

对于网络化命题知识而言，除了上述所提及的"精致"与"组织"之外的精加工策略，还有一种被称为"编码效应"（encoding effect）的概念值得在研究学习时予以关注。例如，我们对过去发生的某一事件进行回忆时，往往会记住事件发生的时间、地点以及彼时的心情，这些"物理背景"和"情绪背景"都会作为命题网络中的一部分主题而一同编码到记忆痕迹中去。戈登、巴德利（Godden &Baddoley）以及史密斯、格伦伯格、比约克（Smith, Glenberg & Bjork）利用不同的学习环境来考察物理环境对记忆的影响，结果都发现：如果测试时的情境与学习时的情境相同，那么，记忆效果会更好些。^③ 但是，后来的研究又发现：这种情境效应在不同的实验中有较大的差异，其显著性取决于学习者将情境与

---

① Gagné E D .The Cognitive Psychology of School Learning [M].Boston, MA: Little, Brown, 1985:135.

② Anderson. J R. Cognitive Psychology and Its Implications [M]. 3rd ed. New York:Freeman,1990:199.

③ Godden D R, Baddoley A D. Context-dependent memory in two natural environments : On land and under water[J]. British Journal of Psychology, 1975,66(3): 325-331; Smith S M, Glenberg A, Bjork R A. Environmental context and human memory[J]. Memory & Cognition, 1978, 6(4): 342-353.

所要学习的内容进行整合的程度。① 鲍尔等人（Bower, Montero & Gillingan）的实验则显示：当学习者在愉快或悲伤状态下进行学习时，如测试时的情绪状态同样也是愉快或悲伤状态时，记忆测试的成绩会更好一些。② 认知心理学家将上述两种学习现象称为"状态依存的学习"（state-dependent learning），预示当学习者如果能重新回到与学习时相同或相似的物理背景或情绪背景时，其对信息的检索、回忆会更加快速。换句话说，当学习者再次置身于自己熟悉的环境时，周围的一切都将变成与之相关联的信息的检索线索。此外，汤姆森还揭示：记忆目标与学习材料本身的语境（context）之间是否具有相关性也是影响记忆效果的因素之一。③ 随后，图尔文（E.Tulving）也加入了汤姆森的这一研究之中，并指出：对于某一词语来说，学习时编码与测试时的编码是否具有相似性会显著影响到对该词语的记忆提取可能性，这一现象就是"编码的具体性原理"（encoding-specificity principal）。④ 为克服编码具体性不利于知识迁移的局限，认知心理学家又提出了"间隔效应"（spacing effects）一说，因为时间上的间隔往往带来了明显不同的学习语境，而语境变化带来的编码变异性（encoding variability）会有利于记忆的长期保持。据此，认知心理学家提出：为了改变记忆编码中对于某一特定情境的依存性，学习者可以每隔一段时间进行一次复习或者经常更换学习情境。

（二）图式的形成与习得

图式作为一种重要并广泛使用的陈述性知识表征单元，能够综合使用诸如命题、表象与线性序列来表征某一客体范畴、某一事件范畴和某一类定型的文本，帮助人们快速辨识某一范畴中的新例证，甚至于能依据最初的例证对现在的状况予以推测。

认知心理学家们认为，虽然图式归属于陈述性知识一类，然而，图式的形成必须经历一系列的产生式活动。当学习者运用图式对多个甚至一系列样例进

---

① Fernandez A, Glenberg A M.Changing environmental context does not reliably affect memory [J].Memory & Cognition,1985, 13(4): 333-345.

② Bower G H, Monteiro K P, Gillingan S G.Emotional mood as a context for learning and recall[J]. Journal of Verbal Learning and Verbal Behavior, 1978, 17(5): 573-587.

③ Thomson D M. Context effects on recognition memory[J]. Journal of Verbal Learning and Verbal Behavior, 1972(11):497-511.

④ Tulving E, Thomson D M.Encoding specificity and retrieval processes in episodic memory [J]. Psychological Review, 1973, 80(5): 352-373.

行表征时，通常，首先会对用来归纳图式的样例结构、功能等外显属性进行描述，然后寻找、确认不同样例属性之间的相同或相似之处，舍弃样例之间某些无关紧要的属性，并抽取出这些相同或相似的典型（或关键）属性进行编码与表征，最后在长时记忆中形成与这些样例相匹配的图式。

以上说的是图式形成的大致过程。对于在图式形成过程中学习者到底获得或习得了什么，安德森提出的是"特征组合"说，即人对环境中各物体或事件范畴的相关特征具有一种天然的敏感性，人们往往会注意并识别出在这一范畴中哪些基本的特征组合通常会同时出现，进而依据这些同时出现的特征组合构建图式，从而使人脑记住了这一范畴的、具有若干典型特征的一套完整的组织形态。[①] 虽然这种说法有着直觉上的合理性，但是并没有得到认知心理学家们的广泛赞同。随后，麦丁和沙佛（Medin & Schaff）又提出了"样例"说，认为：学习者个体最初只是记住了自己曾经学习过的、关于某一范畴的个别或少数样例，当出现了某一可能的范畴新成员时，他们通常会从长时记忆中搜索出与这一范畴相似的那些样例，进而评判新成员与既有样例具有多大的接近、相似程度，并决定是否纳入原来范畴之中。[②] 海斯·罗斯（Hayes-Roth）夫妇对范畴样例的多样性和趋中性做了进一步的研究，结果表明：学习者往往会摒弃个别样例（exemplar）而从一组样例中提取出那些趋中性特征来形成自己对这一范畴的图式。[③] 以上研究也说明，学习者具有运用诸如比较之类的方法来寻找样例间相同或相似特征的愿望是图式形成过程的初始前提。关于这一点，吉克和霍利约克（Gick & Holyoak）也在其实验中做了进一步的验证。[④]

事实上，学习者在图式的最初形成过程中往往会因为对样例之间的比较（尽管这种比较是有意识的）不够精准而出现泛化现象，需要在后续的学习活动中对图式进行精确与分化处理。对此，埃伦·加涅提出了如表 9.1 所示的用于图式改进的一个产生式系统。

---

① 安德森. 认知心理学 [M]. 杨清，张述祖，等译. 长春：吉林教育出版社，1989:187.

② 吴庆麟. 教育心理学 [M]. 北京：人民教育出版社，1999:329-330.

③ Hayes-Roth B, Hayes-Roth F. Concept learning and recognition and classification of exemplars [J].Journal of Verbal Learning and Verbal Behavior, 1977, 16(3): 321-338.

④ Gick M L, Holyoak K J.Analogical problem solving[J]. Cognitive Psychology, 1980, 12(3): 306-355.

表9.1 用于图式改进的一个产生式系统

P1	如果	发现现有图式不能奏效
	那么	建立了解现有图式不能奏效的原因分析的子目标
P2	如果	目标是了解现有图式不能奏效的原因
	那么	考察当前图式不能奏效的情境且提取过去图式能够奏效的情境,且找出上述两个情境在某些特征上的不同
P3	如果	已经找到图式能够奏效和不能奏效的情境差别
	那么	调整原来图式,让其添加所发现的这一情境差别

在图式的精准化过程中,个体首先必须发现原来的图式无效,随后对这种无效性进行原因分析与搜寻,不断修正,这些都是有意识的心理加工过程。[①] 刘易斯和安德森(Lewis & Anderson)在运用某些基本定理求证几何证明题的实验中也得到结论:[②](1)学习者个体首先要对图式的适用性有所察觉、体验,才会意识到原有图式改进的必要性;(2)要对原有图式进行完善与改进,学习者个体必须对原有图式的特征信息进行有意识的加工、处理。

怎样才能帮助学习者习得相对精准、有效的图式呢?认知心理学家们的建议是:[③](1)尽量帮助学习者减轻图式形成过程中的工作记忆负荷。由于图式是一种相对复杂的综合表征方式,在加工处理时涉及的要素通常会较多,在工作记忆中起码要同时保持两个实例,对这些实例进行多方位的观察,识别出它们之间的相同或相似特征与属性,并且对这些相同或相似特征与属性进行编码、表征,工作记忆负荷繁重。为了有效地减轻工作记忆负荷,我们最好同时或相继地呈现图式的实例,以便学习者能够暂时舍弃这些实例方方面面的细节,集中精力,依次反复观察、比较某个(几个)特征、属性,考察、判断这个(些)特征属性的逼近程度,直至寻找出它们之间所有的相同或相似之处为止。如在同一本书上、同一个黑板上,或使用电视、电脑分频技术来呈现诸如动物、植物、艺术品等范畴实例,多次重复播放光盘或录像带上有关某一历史事件的视频材料等方法,都有助于图式的形成。当学习者已经积累了一定的图式形成经验时,让其直接回忆与新实例相关的实例也是一种常用而有效的方法。(2)慎

---

① 尽管早期的认知心理学家曾认为图式的改进是自动进行的,但是,后来的研究则表明:可能只是那些相对简单的、仅凭直觉便可以建立的图式(如表象)才可能自动实现改进。对于大多数相对复杂的图式而言,有意识的心理加工仍是至关重要的。

② Lewis M W, Anderson J R. Discrimination of operator schemata in problem solving: Learning from examples [J]. Cognitive Psychology, 1985, 17(1):26-65.

③ 吴庆麟. 教育心理学 [M]. 北京:人民教育出版社,1999:333-342.

重选择的正例要在图式的无关特征上广为变化，同时尽量列举部分反例。在图式的形成过程中，学习者要从各实例中发现它们的共同特征、属性。如果所呈现的实例本身就包含有不该纳入图式的特征、属性，那么，这形成的图式在拓展、应用上就必然会受到不应有的限制，因此，正例的选择必须慎重。如果在这些与图式形成无关的特征上能有所变化，甚至于广为变化，[①]那么，学习者就更加容易识别这些无关特征、属性，这对图式的正确形成极为有益。提供某些缺少某一个关键特征的反例，也能帮助学习者准确地习得图式。（3）让学习者自己提出样例，尽可能提供及时的反馈信息。让学习者在自己的练习中逐步摸索图式获取经验，形成自己独特而有效的图式认知策略，才是最终的图式学习目标。

二、程序性知识的特点与习得

（一）程序性知识的特点

对事物的状态、性质等做出说明、描述的陈述性知识的最显著特征是其静态性。它并没有涉及人类是如何去完成某一件事情的动态性问题，而获得人到底是如何做事的程序性知识（procedural knowledge）恰恰是我们关注的焦点，因为考察这类知识在人脑中的存储和激活、提取特点将有利于技能的提高、策略的习得，尤其是问题解决能力的提高。

在认知心理学家们看来，程序性知识遵守"条件—行动"的"产生式"（production）[②]规则。当某一或某些特定的条件得到满足时，就会自动地产生某一或某些行为。

表9.2引用了埃伦·加涅所阐述的三个产生式样例，产生式1使用的是行为强化方法，产生式2是对三角形进行分类，产生式3则是人在房间中观看东西。

---

① 据埃利奥（Elio）和安德森（Anderson）的观察，开始时呈现的正例最好与原型比较接近，等学习者有了一定的认识之后，可逐渐引入、拓展某些不太典型、难以分辨的实例。如果在一开始就急于给学习者呈现某些广为变化的实例，对抽取出范畴的集中趋势有害而无利。吴庆麟. 教育心理学 [M]. 北京：人民教育出版社,1999:333-334.

② 作为程序性知识的最小构成单元的"产生式"这一术语来源于计算机科学。它由信息加工理论的创始人纽威尔（A. Newell）和西蒙（H. A. Simon）提出，表示一种"（如果）条件—（则，那么）活动"（condition—action）的发生形式。因为在他们看来，人脑和计算机一样，其功能都是对符号进行操作。邵瑞珍. 教育心理学 [M]. 上海：上海教育出版社,1997:88-89.

表9.2 程序性知识样例

	产生式1：使用强化
如果	目标是激励学习者的注意行为，且该学习者已经表现出比通常环境下更长时间的注意行为
那么	表扬该学习者
	产生式2：鉴定三角形
如果	图形为二维图形，且该图形具有3条边，且该图形是封闭的
那么	将该图形归入"三角形"一类且说出"三角形"三个字
	产生式3：在房内观看东西
如果	目的是观看房内东西，且房间是昏暗的，且电灯开关就在我身旁
那么	打开电灯开关

从表9.2中可以看出：一个产生式通常具有两个基本的组成部分：If（如果）部分以及Then（那么）部分。其中，If部分规定了要引出、产生某一特定行动的必须存在或满足的条件，而Then部分则是当相应条件得到满足时将会被激活或自然产生的行动。If部分中的语句数目表示的是行为产生必须满足的条件数目，而Then中的语句数目则表示了将会发生的行动数目。产生式语句越多，则表明这一产生式越复杂。

如果对产生式的条件和行动再做仔细的观察，我们可以发现：对于认知者个体来讲，有些条件是内部条件，如产生式1中的第一个条件"目标是激励学习者的注意行为"，属于个人目的，只能自己看到或者认可，别人无从知晓；有的条件则属于外部条件，如产生式1中的第二个条件"该学习者已经表现出比通常环境下更长时间的注意行为"。对于产生式行动，同样也存在这种区别。认知心理学家们之所以要做出这种区分，其目的在于考察某些只含有内部条件或内部行动的产生式规则，当它们被组合起来使用时，就有可能模拟人类内部推理过程（如复杂问题解决）中的心理步骤，有效探讨人的内部认知规律。

在产生式的条件部分总会含有对目的的描述，由目的指向行为，这是产生式系统的另一个主要特征。如表9.2中的第三个产生式，其第一个条件就明确了行动的目的在于观看房间里的东西，它对以后的行动做出了总体性的限制，说明只有当个体有这样一个需要的时候，才会使用这一产生式。

以上讨论的是简单的个别产生式。事实上，当这一个别产生式的活动（输出）能给另一个产生式创造所期待的条件（输入）时，这两个产生式就建立了某种联系。多个个别产生式的联系恰好代表了人类行为的高度复杂性。表9.3借用加涅所列举的实例来说明了这种较为复杂的情形。

表9.3 教师处理不专心学生的产生式系统

P1	如果	目的是要使儿童更加专心学习，但不知何物可以强化儿童专心行为
	那么	建立探讨何物能够强化儿童的子目标且建立只要儿童专心就给予强化的子目标
P2	如果	子目标是要探讨何物可以强化儿童专心行为
	那么	建立考察儿童在什么条件下会表现出不专心行为的子目标
P3	如果	子目标是考察儿童在什么条件下会表现出不专心行为 且儿童在每当我注意他时会有不专心的表现 且儿童在每当我忽视他时会有专心的表现
	那么	建立"儿童可用我的注意来强化"这一命题
P4	如果	子目标是要考察儿童在什么条件下会有不专心的表现，且儿童在每当其他同伴注意他时会有不专心的表现，且儿童在每当其他同伴忽视他时会有专心的表现
	那么	建立"儿童可用其同伴的注意来强化"这一命题
P5	如果	子目标是要在儿童专心时就强化他的行为，且儿童可用我的注意来强化，且儿童已经表现出比平常更加专心的行为
	那么	我便将我的注意给这个儿童
P6	如果	子目标是要在儿童专心时就给予强化，且儿童可用同伴的注意来强化，且儿童已经表现出比平常更加专心的行为
	那么	我便将儿童与他喜欢的同伴安排在一起

在上述实例中，P1有一个"使儿童学习更加专心"的总目标；其行动则是实现这一目标所需要的"何物能够强化儿童的子目标"与"只要儿童专心就给予强化"这样两个子目标。P2以P1设定的子目标"探讨何物可以强化儿童专心"作为条件，其行动则是"考察儿童在什么条件下会表现出不专心行为"；P3、P4再以P2的子目标"考察儿童在什么条件下会有不专心的表现"充当自己的条件。P5、P6也以P1的另外一个子目标"儿童专心时就强化他"作为自己的子目标。表中的每一个产生式都设定有自己的目标与子目标，并且充当了自己的一个约束条件，由这样的"目标—子目标"的依存关系使全部六个产生式连接成一个有逻辑顺序的目标层级整体，这就是认知心理学家们常说的"产生式系统"（production system）或"产生式集合"（production set），在理论上代表了人类在从事某一具体任务时的一组复杂的行为序列。

在复杂的多级产生式系统中，认知控制常常从一个产生式转向另外一个产生式，但不管在任何时候，对总体行为的控制总是处在总目标或子目标被激活且又能满足其他条件的某一产生式之中。这种认知控制流思想不同寻常的意义在于：在人们能够习得程序性知识的时候，不管是外显认知行为，还是内隐认知行为的控制，都有机地与这些程序性知识的习得过程融为一体了，并不需要一个专门的或相对独立的控制机构来负责，诸如策略、智慧等类似动作技能知识的习得（实际上也是一种更为复杂的产生式系统），都自觉地嵌入了一种可靠而精准的调控方法。

（二）程序性知识的主要类型

前面探讨了程序性知识在人脑中的基本表征方式，这还不够深入。为了深入研究的需要，认知心理学家们通常从与某一特定知识领域的密切程度、本身的自动化程度两个方面进行细分，依据程序性知识与某一特定知识领域的密切程度，它可进一步划分为通用领域（domain-general）与专业领域（domain-specific）的程序性知识两个类型。依据程序性知识在习得后的自动化程度，又可划分为自动化的（automatic）和受控制的（controlled，或有意识的）的程序性知识两个类别。

1. 通用领域与专业领域的程序性知识

在不同的行业、领域中，都存在着诸如拟定工作计划、估算事物发生的各种可能性、尝试—错误等一般的方法或步骤，它们与任何一个专业领域都没有紧密的联系，因而被称作通用领域的程序性知识。在这类程序性知识的产生式系统中，人们往往将不同的信息（如影响主次要因素、目标限制性条件）与其条件（如目标性活动）相衔接、匹配，进而执行一系列活动。通用领域的程序性知识虽然适应面广泛，但是对于要达到的特定目标来说，往往并不是最有效的，故常常被人们称为"弱方法"（weak method）。

专业领域的程序性知识则是由某些能够有效地运用于某一专业领域的产生式系统所构成。某一领域的行家里手就倾向于使用这类知识来解决自己领域的相关问题，如经验丰富的老教师对于怎样讲授新课一类的任务就常常是信手拈来，而且效果亦佳。与通用领域的程序性知识相比较，专业领域的程序性知识的使用将会产生快速而有效的操作，是一种"强方法"（strong method）。

通用领域的程序性知识能适应于复杂多变的一般情况，专业领域的程序性知识则仅仅适应于有限的情境，两类程序性知识各有长短，要取得一般的适应性就得牺牲速度与效率。实际情形是：在某一专业领域中，人们往往是先运用通用程序性知识，然后摸索、总结出这一领域中的特定程序性知识而成为专家的。

2. 自动化的和受控制的程序性知识

即使我们通过使用"If（如果）……Then（那么）……"之类的产生式能比较明确地表述人类行为的一系列条件与行为，但是，我们在执行这一系列行动步骤时，有时是能清晰地意识地这些行动的发生，如写读书心得、初学驾驶、下围棋等，而有时则是无须任何有意识的努力就能进行，如说话、写字、看电视新闻等，依据这种自动化程度，认知心理学家又可将程序性知识分为自动的（automatic）程序性知识和受控制的（controlled）程序性知识。

上述两类程序性知识的比较可从四个方面进行，具体内容见表9.4。

9.4　自动化的与受控制的程序性知识的比较

特征比较	自动化的程序性知识	受控制的程序性知识
运行速度	极快	较慢，常常须按顺序执行
执行准确性	极高	较低，偶有差错
能否用语言描述	不可以	可以，部分可以传授
人的意识监控	不参与	必须参与

众所周知，人脑诸如加工处理等认知过程是在工作记忆（working memory）中进行的，可是其工作容量又是极为有限的，这一瓶颈性制约也致使在某一时刻进行心理资源操作的数量也极为有限，因而人脑不可能同时开始几项受控制的程序性知识的操作。在学校，教师帮助自己的学生逐步获得诸如流畅阅读、熟练而准确地计算等程序性知识，使其达到自动化状态，并腾挪出更多的工作记忆空间来应付复杂而多变的学习环境中出现的新任务，有助于学生轻松、快速而有效地完成其学业任务。

正如长期、广泛而深入的阅读练习才能产生流畅（几乎是不假思索的）的阅读一样，自动化程序性知识的习得是一个从生疏到熟练、从量变到质变的过程，通常必须付出大量的时间和精力。

3. 领域的特殊性与自动化程度的关联

认知心理学家从知识与某一特定领域的密切程度、本身的自动化程度两个维度对程序性知识进行划分具有一定的典型性和极端性。在现实生活中，某些程序性知识同时兼有领域的特殊性与自动化程度两个方面的特征，但是，适合于某一专业领域的程序性知识在自动化程度方面是有差别的：有的更倾向于自动化，而有的则倾向于受控制的特征。如阅读技能就是一种包含有一系列复杂行为的程序性知识。其中，诸如对熟悉的字句的理解就是自动化的，而诸如概括文章或段落大意的行为则是受控制的。认知心理学家将那些适合于专业领域且具有较高自动化程度的程序性知识称作"专业领域基本技能"（domain-specific basic skills），而将那些具有较低自动化程度的程序性知识叫作"专门领域的策略"（domain-specific strategies）。其中，前一部分主要用于解决该专业领域中常见的基础性问题，而后一部分主要用于该领域中不太熟悉的问题情境（当然，这时的目标应该清楚，而且各种条件都已具备）。

与此不同的是：通用领域的程序性知识大多属于受控制的一类，因而被称为"通用领域的策略"（domain-general strategies）。这一类更具宽泛性的策略性知识常常在初次解决新问题时使用，但并不能确保其成功。

（三）程序性知识的习得

学习程序性知识的目的在于让学习者掌握并运用这种程序性知识去有效办事，通常表现为某一种办事能力，因而也是学习或教育的主要目的。尽管程序性知识的习得有其共性，如都必须经过大量的练习，但是，专门领域的基本技能、专门领域的策略性知识以及通用领域的策略性知识这三类基本的程序性知识却又有个性。下面逐一予以分析。

1. 专门领域中基本技能的习得

常言道：闻道有先后，术业有专攻。在学校的某一课程教学中，经验丰富的教师不仅知道该教什么内容、怎么去教，而且知道某种教法特别适合于哪类学生。事实上，在某一专门领域中的专家无非是指两种情况：一是他有一套特定的办法、程序将一件事情办好；二是他知道在何时、何地、采用何种办法去办理这种事情。一句话，专家们总是在自己擅长的领域里具有相当娴熟而精准的决策水平，并且能够流畅地表现出某些近乎自动化的基本技能。

在认知心理学家安德森、菲茨等人看来，自动化基本技能的习得通常可以依次分为三个阶段：[①] 认知阶段、联系阶段和自动化阶段。在认知阶段（cognitive stage），学习者个体通常会使用自己所熟悉的一般目的产生式方法，即弱方法，对欲习得的技能进行陈述性解释，然后对该技能产生的诸项条件（如发生环境、问题中所给出的诸多信息）和在这些条件下所要达成的行动形成原始的陈述性知识编码、表征，简单地说就是实现对这一技能中各个子产生式的分析与理解。在联系阶段（associative stage），原来指导行为的陈述性知识将出现两个转变，一是最初表征该技能的陈述性知识表征将缓慢地转变成专门领域中的程序性知识，二是将原来那些相对独立的产生式"编辑"成一个前后连贯的大程序，以前后嵌套、累积推进的"条件—行动"方式使形成该技能的各部分产生式之间的联结得以增强，其主要任务就是子产生式的合成及其程序化运行。在自动化阶段（autonomous stage），随着对该技能的不断练习，意识参与越来越少，技能渐次趋近协调、娴熟与精致，直至流畅而准确。在这一阶段，对技能形成的相关条件及其细微差异进行辨别，通过辨别再做进一步的协调与完善，成了中心任务。

在学习活动中，为习得某些必要的程序化、自动化技能，有四个方面的问题值得引起注意：一是合理划分子技能（也称为前提技能）层级，并予以分别练习，直至熟练。因为对于一项复杂的认知操作技能来说，如果对其中包含的部分技能没有理解、把握并达到自动化程度，就不可能顺利地实现整个技能操作的自动化。二是注意根据各子产生式之间的匹配、衔接关系逐步累积合成大程序。三是在程序化环节，必须注意加强对各子产生式联结关系的深入理解，并尽可能将这种理解在练习中内化为连续性动作，且随着练习的日益增多而不断娴熟，逐步减少意识监控的程度。四是虽然自动化阶段是联系阶段未留明显痕迹的自然延伸，但是，必须注意通过对目标与子目标的产生条件及其转承关系的仔细辨识、揣摩来实现全套动作的进一步协调与精致，以逐渐接近更高程度的自动化。

据美国卡内基梅隆大学（Carnegie Mellon University）的理查德·海斯（Richard Hayes）教授所做的一项调查，在诸如科技、音乐、棋艺这些专业领域里，至少需要 10 年以上的磨炼，才能达到大师级的业绩水准。[②] 正如一直研究专家行为

---

① 吴庆麟. 教育心理学 [M]. 北京：人民教育出版社，1999:344-350.
② 吴庆麟. 教育心理学 [M]. 北京：人民教育出版社，1999:344-345.

·171·

的威廉·蔡斯（William Chase）所说的那句名言"行走使人健壮，而健壮又会使人更善于行走"[①]一样，若不付出大量的艰辛与努力，就很难有一技之长。

2. 专门领域中策略性知识的习得

前一小节讨论的是基本技能的习得问题，达到一定自动化程度的基本技能无疑可以成为解决某一整体问题的有力工具与手段，但是，究竟该在什么条件、场合下使用这些工具与手段呢？无疑，需要审时度势，也就是策略性知识的运用。这些认知性策略对何时、何地、何情境使用这些工具、手段做了通盘考虑与安排，因而策略的学习实质上涉及了学习者如何筹划、安排自己对某一整体问题的解决步骤与程序。由于问题所发生时的情境、条件各不相同，因此，解决问题的策略也不可能像前面所论述的基本技能的习得一样，可以实现某种程度的自动化，而应具体问题做具体分析，保持一定程度的灵活性。

在认知心理学家们看来，专家的决策行为的独特性在于他们能够忽略问题的相关表面特征，紧紧抓住问题情境的根本特征，选择适当的对策并采取恰如其分的行动。有丰富经验的专家甚至还能在问题情境没有做出充分的表征时，就能找到解决问题的基本办法。人为地夸大或缩小问题情境，忽视情境的变迁，都可能产生问题误判，从而导致不恰当的问题决策。基本技能获得的第一阶段（认知阶段）比较适合于策略学习，即使到了第二阶段（联系阶段），也会有助于策略学习。因为人们通常先是对局部进行分析，形成局部性对策，然后，组合成一个能够反映问题情境中各种关系的全局计划。而忽略问题情境的新特点，将决策行为按照程序化、自动化的方式执行，势必造成定式效应（set effects）[②]，明显不利于问题的解决。

事物都是一分为二的。对于某种问题情境，个体似乎总是习惯于按照自己熟悉的方法来处置，这时，他对这一类问题的处置程序就会得到充分编辑，然后，被衔接、合成起来，并按程序化方式执行，其执行效率通常会很高，但是，这种程序化的执行方式几乎不会受到意识的监控与评价，这对具有多变性的问题情境的决策是否适用，就值得加上一个问号了。

如何让学习者习得某一专门领域中的策略性知识呢？认知心理学家们的建议有两条。第一，由于问题离不开情境，而情境又是多变的，因此，对于某一

---

① 吴庆麟. 教育心理学 [M]. 北京：人民教育出版社，1999:344.
② "定式效应"一说是卢钦斯（A. S. Luchins）在1942年提出的，意指当某一行为程序经过编辑并被自动执行后，就不再考虑它是否能够适合于当前的问题新情境。

类问题尽量到不同的情境中予以练习，这有利于学习者逐步摸索、总结出相关问题的主要特征，甚至于关键特征。如对于阅读策略的养成，学习者就可以到报刊、小说、网络新闻、图书馆文献等不同类型的阅读情境中进行尝试与练习。这样有利于学习者依据不同的学习目标来不断调整自己的阅读（理解）策略。第二，策略性知识的习得宜早不宜迟，最好从一开始就注意积累。由于所选择的策略的有效性是以其目标的达成度来评价的，而目标与其环境制约因素一起又被嵌入了某种问题情境中，且某种技能只可能适合于某一类相同或相似环境，怎么妥善处理这些要素之间的关系及其变化规律并抓住主要矛盾，非一日之功。

3. 对通用领域策略性知识学习的探讨

同专门领域中的策略性知识相似，通用领域中的策略性知识是一组在其条件句中含有不断变化的条件式目标或子目标的产生式系统，不过，它的适应范围更加广泛，可以运用到不同的行业与领域中。

依据认知心理学家们的观点，通用领域策略性知识是我们的基础性学习能力，它们包括一般的思维推理能力、批判性思维能力等，也是建构某一领域中专门知识的工具。如对于某一新问题，由于人们事前知之甚少，通常都会采用这种弱方法进行推理性解释，并尝试着执行，随着经验的积累，最终形成了某一领域中的专门知识。

虽然通用领域策略性知识的作用非同一般，但是，对于人们究竟是怎样习得这类知识的，甚至于能否被习得，目前还是众说纷纭，莫衷一是。有人认为这类弱方法和其他类型的知识一样也能被习得，但也有人认为它不可被习得，然而，有目共睹的是：要习得与改进一般思维技能似乎绝非易事！这些事实与结论既体现在美国、加拿大等国尝试开设批判性思维的课程实践中，也体现在对一般思维技能习得、运用的调查、研究之中。[1]

部分认知心理学家认为，通用领域中的策略性知识的习得与改进异常艰难可能既与其独特的表征方式有关，也与其拓展、延伸功能相关。试看下述产生式实例：[2]

---

① 吴庆麟. 教育心理学 [M]. 北京：人民教育出版社,1999:359-363.

② 吴庆麟. 教育心理学 [M]. 北京：人民教育出版社,1999:360.

如果	目标是要实现 A 状态
	且 M 为实现 A 状态的方法
那么	设定使用 M 方法实现这一子目标

这是一个适用于较广范围的产生式。在其表征方式中，条件句和行动句中的命题、论题型变量能够适应于任何一个和这一产生式相匹配的特定领域，却又没有指明是哪个具体领域。对此，感兴趣的人们不禁要问：这一产生式到底是如何建立起来的？关于这一问题，亚当斯（Adams）的解释是：[1] 如果人们要形成某一种关于一般思维过程的图式，通常会首先要求人们在多种不同的领域尝试或练习与图式相关的程序化行为，然后从这些具有不同表面特征的行为情境中提取出它们在行为结构上的共同点或相似点。可如果再作进一步考察，却又发现：要人从迥然不同的两个领域中找出其相同的目标、功能，会是一件非常困难的事情。

尽管对通用领域中的策略性知识的研究、探讨极为有限，但是，在让知识为人类自身服务的"问题解决"和促使知识灵活运用的"知识迁移"两类复杂而实用的程序性知识方面，人们还是颇有建树。

三、两类知识之间的转化

陈述性知识与程序性知识无论是在表现形式上，还是在功能展现上，都有所不同。陈述性知识表征的是客观实体或实体之间的抽象意义，或空间位置关系，或要素间的逻辑顺序。这些知识被以长时记忆的形式存储在人脑的神经网络中。由于陈述性知识的组成要素之间本身具有某种逻辑依存关系，如命题是对论题之间关系的主观认识，表象反映的是空间位置关系的总体抽象，线性序列则是以其第一个元素来代表一串具有先后顺序关系的元素序列，在长时记忆中，这些相关要素因为其连带关系或者连续变化而通常被存储在一块，这样也便于提取。图式作为陈述性知识中的复杂表征形式，能够与一个观念，即范畴，相关的直觉特征、先后顺序、抽象意义存储在一起，不仅有助于人们对事物进行识别或分类，也有助于人们从某一特征通过联想而得到这一观念的其他方面的特征、属性，并且有助于从"旧观念"推导出"新观念"。程序性知识重在人

---

① Adams M J. Thinking skill curricula: Their promise and progress[J].Educational Psychologist,1989, 24(1):25-77.

类的行为控制的规则上，通常表现为通过不断细分且渐次变化的"目的流"来实现计划与步骤序列的顺畅流动，通过反复练习进而实现执行上的不断娴熟——日益自动化，从而逐渐减少或摆脱人的意识监控。和陈述性知识一样，通过较为经济的手段表征了认知活动中另一类较为常见的知觉信息，有助于缓解认知加工系统的"工作记忆"压力，实现认知活动的效益最大化。

　　虽然陈述性知识和程序性知识都是通过较为经济的手段来表征知识，但是，这两类知识在功能和形式上都不尽相同。概括说来，首先，陈述性知识的最大特点是其网络化和层次性，而程序性知识的最大特点是其"目的流"控制下的一系列"条件—行为"组合。其次，陈述性知识只是反映了事物的存在状况及其相互联系，具有静态性特征，而程序性知识则会通过对信息的操作进而促使信息改变，具有动态性特征。再次，在获取速度上，这两类知识也不一样，诸如命题、表象，人们通常只需一次接触、体验就能够在长时记忆中予以编码和保存，其获取成本相对较低，其改变也较为容易，而且人类通常也是在多次的接触中逐步完善其认知的。像图式这样较为综合性的陈述性知识表征形式，通常需要一定时间的认知才能掌握，但是，时间也不会太长，且要改变某些已经定型了的图式也会相对困难一些，如在教学活动中，要纠正学生原有的某个错误观念就并不那么容易。相比较之下，程序性知识的习得则要慢得多，通常要经过较长时间，而且需要广泛接触不同复杂性的情境问题，才能逐渐提高其自动化程度。安德森认为，对于某一较为复杂的认知技能，也许需要通过上万次的练习，才会达到自动化的程度。① 程序性知识仅仅在早期阶段才会较为容易地被改变，而后期就会愈为困难，甚至于几乎不会改变。最后，这两类知识对人类的生存与发展也有着不同的影响。陈述性知识只涉及对事物状态的了解，被人类主要用作思考事物之间的联系、反思事物之间联系的合理性工具、手段，通常涉及人类动作与行为的产生原因、条件，而程序性知识则涉及人类如何引发、产生某些控制行为，揭示了人类在某一特定条件下将采取何种行动步骤，而这一行动步骤通常分解为一系列的过渡性中间目标，最后表现为通过这一系列子目标的实现来求得总目标的实现。它有效地解释了人类是如何习得问题解决能力的这一更具影响的社会现象。

　　陈述性知识与程序性知识作为认知整体活动中的两个不同认知形式，既有

---

① 吴庆麟. 教育心理学 [M]. 北京：人民教育出版社，1999:296.

其相互区别的一面，同样也有其相互联系与转化一面，如大多数产生式系统的执行就经常会以诸如表示事实、状态的命题等陈述性知识作为其发生条件。同样，既已习得的某些程序性知识的使用也会让我们获得某些新的陈述性知识，如通过业已获得的通用领域的程序性知识的使用，人们常常可以建立起某些新的认知图式。总的说来，陈述性知识具有更为基础的认知地位，而诸如以"目标—策略"为中心的复杂问题解决一类程序性知识更具智慧性，蕴涵了人类的认知目标，也体现了人类认知活动的终极价值[①]，二者相辅相成，相得益彰，共同推动了人类的认知活动不断向前发展。

第四节　从知识到专长

知识是人类实践经验的高度概括与总结，它所反映的是人类的实践智慧。因此，它的习得不仅有助于对问题的深入、透彻而全面的理解，更有利于指导个体去解决自身在实际生活中所遇到的新问题。知识属于理论层面，它与实践互相转换，互相启发，互相促进，共同发展。即使是一个饱读诗书的学者，其精力、时间的有限性也让他不可能成为百科全书，而是学有专攻，并且还必须在实践中不断磨砺，不断总结与完善，才能形成自身独特的能力与智慧，也就是文中所说的专长。

一、专家与新手之间的能力比较

对于在某一领域中具有丰富的专业知识和较娴熟的专业技能的问题解决（答）者，我们经常会将其称为专家（expert），而新手（novice）则是指缺乏这些专业知识与技能的从职不久的人员。通过比较发现两者之间的差异，然后才能对症下药，找出相应的改进办法。在某一领域或行业中，选择某些相对的专家和相对的新手（如师范学校的实习学生和有多年从教经验的老教师），针对一组相同的问题情境，进行诸如出声思考、事后追忆报告问题细节等办法进行记录与对比，便是常用研究范式。因为前一种方法可供了解学习者在解决问

---

① 按照笔者的理解，人类的认知活动从宏观到微观依次表现为"需要—目标—策略—行动"这样四个基本层级，满足人类需要是一切认知活动的终极目标，而最后都会表现为行动，即一系列的认知活动、步骤。

题时的思维过程，而后一种方法则可以用于了解学习者的问题表征细节。1965年，德格鲁特（A. D. de Groot）对象棋大师与较弱的棋手进行了比较研究，结果发现：[1]（1）如果观看同一个棋局，大师能回忆20个以上棋位，而相对新手只能回忆出4 ~ 5个棋位；（2）世界冠军级棋手与俱乐部选手之间在策略上并无多大差异。对于同一步棋，他们都能前瞻到大致相同数目的步数，并采取大致相同策略来设想以后棋局的变化。但是，世界冠军级棋手能很快找到最佳的走步。德格鲁特关于专家—新手之间的比较研究似乎说明了一个问题：专家型棋手往往是通过实战中的全局性变化来理解各个棋位的作用，而相对新手则往往会倾向于独立地理解个别棋位的作用。他们在理解问题情境范围与深度上有不同的表征，并且专家型棋手更善于从宏观上做出决策。蔡斯和西蒙（Chase & Simon）后来重复验证这个实验，发现：专家型棋手的记忆水平不同，其记忆组块（chunk）远大于新手。但是，如果让专家型棋手与新手同时回忆一盘随机摆放的棋局，二者的记忆水平则没有显著差别。[2]

在做比较研究时，尽管在收集实验材料方面的手段与专家、新手的选用标准[3]存在着不同，但是，比较研究方法的焦点都是定格在陈述、解释不同专业水准的专业人士如何对同一问题进行理解、决策等问题解决环节上，属于一种对认知根源探讨的描述性研究，而不是一种针对能力的重塑性、再建性研究。只有将专家—新手问题解决的这种分析性与教学上培养能力的处置性研究结合起来，才能形成更有说服性的理论。然而，也不可否定、放弃专家—新手比较研究这种基础性研究，因为它构成了处置性研究的前提与基础。

二、能力比较研究的主要结论

鉴于专家—新手范式对人的问题解决能力等高级思维有着深刻影响，因此，自德格鲁特于20世纪60年代开始专家—新手的比较研究以来，这种研究范式保持、存在了20余年。1988年，格拉泽等人（R. Glaser & M.T.H.Chi）在对专家—新手比较范式做了系统研究的基础上，出版了专著《专长的性质》（*The Nature of Expertise*）一书；1990年，安德森在其再版的《认知心理学及其含义》（*Cognitive Psychology and its Implication*）一书中也详细地论述了专长的发展问

---

[1] De Groot A D. Thought and Choice in Chess[M]. The Hague: Mouton Publishers, 1965.

[2] Chase W G, Simon H A. Perception in chess[J]. Cognitive Psychology, 1973(4): 55-81.

[3] 有的会以测试分数、任职时间长短，甚至于权威的主管评判等作为专家、新手的选择标准。

题。概括起来，相关结论主要有几点。

1. 在问题的表征时间、表征深浅程度上存在较大差异

如果只是解决一个常规问题，专家比新手的速度要快得多。但是，当遇到一个比较令人困惑的新问题时，专家往往会采用比新手更长的时间来理解、消化问题。因为在他们的知识（命题）网络里有更多的知识可供提取与使用。他们必须找出与当前问题密切相关的那些知识。这一从问题的内在结构来理解问题的做法也使得他们能够比较快速地抓住问题的实质与关键，从而利用自己熟悉的某一原理、理论来更直接而有效地解决问题。与新手相比，专家抽象程度与层次更高，最终表现出广泛而深刻的知觉模式。

2. 记忆组块的容量、大小不同

问题解决也得以原来的经验作为基础，而这种经验是以记忆的形式出现的。1956年，乔治·米勒（G. Miller）在其《神奇的数字 7±2：我们信息加工能力的局限》中明确地提出：人的工作记忆容量为 7±2 个信息单位，也就是 5~9 个信息单位；1974年，西蒙（H. A. Simon）则认为人的实际工作记忆广度会小于7，通常只有 4~5 个信息单位。按照信息加工理论的解释，在自己长期从事的某一专业领域里，专家们会在不改变信息单位总数的前提下运用一种"提取结构的结构"来增大单个信息单元的内容。例如：将原来的 10 个数字转换为某一个符号或概念。这样，工作记忆中能回忆的内容增多了。决定工作记忆总容量的是一个人的原有知识以及在原有知识的基础上将新信息组织成较大组块的记忆策略。此外，人的长时记忆能力则取决于他对所学知识的加工深度，加工愈深刻，记忆效果愈好。专家的加工深度与他所采用的认知策略相关，而认知策略的适当性则是得益于他个人在相对应的专门领域中的长期积累，会受到其原有知识结构、所受训练方法、练习及其变式、实践多少与范围大小、自我反省程度等许多因素影响。同时，也有实验表明：[①]专家们的记忆组块数量也会略多于新手们。

3. 从陈述性知识向程序性知识的转化速度不同

尽管初来乍到的新手们在问题解决领域中积累了一定数量的陈述性知识（如书本理论），但是，面对陌生的问题情境时，即使运用了某一恰当的规则、原理，经常还需要检验其准确性、完整性，甚至于再次思考其适切性。因此，要将原理、规则的陈述性表征变成产生式规则中的程序性知识需要较长时间，才

① 吴庆麟. 认知教学心理学 [M]. 上海：上海科学技术出版社, 2000:196-197.

能跨越到自动化技能习得的第二阶段（练习阶段）。相反，专家们对这些原理、规则已是熟记于心，在这一转化阶段中节省了不少时间。

4. 基本技能执行速度上的差异

由于专家们已经掌握了大量的产生式规则，且经过无数的实战，在很多情况下没有必要一步一步地进行推理，其在基本技能的习得方面已经达到了高度熟练，甚至于自动化的程度。因此，在复杂问题的解决中能将这些技能近乎自动化地执行，减少了工作记忆瓶颈，节省了更多的时间，以用于思考策略的运用。

5. 新手重战术，专家重策略

在职前训练和初次实战中，新手们将代表某一规则、原理的言语命题逐渐转化为指导自己解决某一局部问题的程序性知识。这些处理是战术性的（tactical），只能解决常规性问题或者复杂问题中的某一环节。但是，遇到一个较为复杂的新问题时，常常需要综合运用业已习得的若干个概念、规则。这种调配与组织是策略性的（strategic）。不同领域中的问题以及同一领域中的不同的问题都有不同的最佳策略，而策略的适宜性辨别与鉴定需要经过大量的实战才能习得。这也是新手们所欠缺的。

6. 自我反省认知水平有高低

前面已经说过，策略性程序性知识，尤其是通用领域中诸如一般的形式逻辑推理的这样的程序性、策略性知识似乎很难通过教学与训练来实现灵活的迁移。在反省认知研究的开拓者弗拉维尔（J.H. Flavell）看来，认知活动由低级到高级可以分为四级。第一级是信息的基本加工，如将工作记忆中的信息与产生式规则中的条件进行比对、匹配；第二级是回忆并运用相关的事实性命题和图式；第三级是有意识地运用某些相关策略性知识，包括强、弱两种方法；第四级则是对前面三级认知的有意识的回顾、评价和控制，即反省认知。许多研究均已表明：与新手相比，专家们在该领域中的反省认知水平更高，而且这种反省认知水平可以在跨学科、跨领域中进行迁移，因而也会表现出更强的学习能力与问题解决能力。

综上所述，新手与专家在解决问题时的能力差异主要体现在陈述性知识方面的结构化图式表征、程序性知识方面的基本技能的熟练程度、认知策略运用以及自我反省认知水平高低这四个方面。

第十章
当代学习评价理念的成因探微

人类的一切行为，只要不是一时的感情冲动，或者机械地例行公事，几乎都涉及评价。人类的教育与学习行为也是如此。学习评价属于教育、教学管理的范畴。从严格意义上来说，它是一种判断学习活动及其结果是否符合人的主体性需要的信息反馈活动。学习评价可以渗透到教学过程的各个环节，并且不断优化、调节教与学活动。从方法上讲，学习评价始于定性分析，然后采用定量分析方法，使原来的定性分析更加精确。最后，在分数意义解释层面又回归于定性分析，是一种将定性分析与定量分析、目的性与科学性高度协调、统一的研究活动。本章在回顾四代评价理论的发展与功能演化的基础上，着重分析了"评价"的词源学意义，探析评价的内涵及其定义，不同知识观对评价的影响，评价与测量、考试的关系，其最终落脚点是力争理清当今学习评价的基本走向与功能定位，为后续学习评价模式、系统的设计奠定较扎实的理论基础。

第一节　评价理论的历史回顾

教与学的评价在我国可谓源远流长。据《学记》中的有关记述，早在前 11 世纪至前 771 年的西周时期就出现了以选拔人才为目的的"选考"和"考校"制度。隋、唐时代以后逐步成熟的科举制度将我国的考试制度推上了更高的规模与层次。[①] 此后，考试制度逐渐传到了西方。

1900 年左右，在美国等西方国家出现了一场通过纸笔测验方式来测定学生知识记忆能力和其他学习特质的"教育测验"（educational testing）运动。这一运

---

① 王斌华. 学生评价：夯实双基与培养能力 [M]. 上海：上海教育出版社, 2010:1-2.

动直接推动了标准化测验这一评价手段的广泛运用。

大约在1920年前后，测量性评价被引进到了我国。而在此之前，我国的教育思想、教育理论都注重与人们的直接经验和直观感受相联系，强调的是"天人合一"的哲学观，其结论也往往显示出唯物主义的经验论色彩。[①] 那时的教与学评价基本上是定性分析，人文色彩较浓，还不能算是严格科学意义上的教与学评价，如：对教学经验进行简要归纳，或者通过抽象思辨方式进行理论推演，很少进行定量化分析。

在西方教育测量评价模式传入后，我国很快就在智力测验和教育成就测验等领域中取得了长足进步，并着手于自己的测量学学科建设。然而，在1949年后的近30年中，由于受到当时苏联教育心理学的影响，我国的教与学测量工作成了意识形态上的雷区，无人涉足。不过，自20世纪80年代引进目标导向与标准化测验相结合的评价模式以来，以定量分析为主要手段的评价方法很快在我国得到了普及。因此，我国真正科学意义上的教与学评价就是在这种历史背景下诞生的。[②] 此后，这一评价模式很快就独占了我国教学评价的实践领域，也使我国的教与学评价呈现出人文精神不足、单一定量分析有余的弊端。

20世纪80年代晚期，由于维果斯基（Lev Vygotsky）、皮亚杰（Jean Piaget）和布鲁纳（Jerome S. Bruner）认知建构理论的深入人心以及后现代主义解构思潮的影响，教育界对这种在评价实践中漠视人文精神的倾向进行了反省，并认为：纯粹理性的定性分析手段对教与学评价来说是极为片面的。评价应该更多地关注学习者个体的发展需要，体现教学活动的终极关怀价值。教育教学评价人员也在实践中逐步认识到了教学评价的多样性和复杂性。人文科学方法又重新得到了普遍的重视。教学评价不仅注意进行客观化、标准化测量，同时也注意采用问卷调查、实地观察与访谈等多种方法以全面地收集学习者信息，进而做出分析、论证和价值判断，实现了科学实证主义与自然人文主义的有机整合。[③]

当代教学评价经过近一个世纪的发展与完善，概括地讲，其发展过程大致

① 张其志. 我国教育评价的科学观及其方法论的演变 [J]. 黑龙江高教研究，2008(1):26-29.
② 张其志. 我国教育评价的科学观及其方法论的演变 [J]. 黑龙江高教研究，2008(1):26-29.
③ 王斌华. 学生评价：夯实双基与培养能力 [M]. 上海：上海教育出版社，2010:57-58；凯尔纳，贝斯特. 后现代理论：批判性的质疑 [M]. 张志斌，译. 北京：中央编译出版社，2001:2-4.

经历了四个时代，即测量时代、描述时代、价值判断时代和意义建构时代。[①]

一、测量时代（1900—1930）

19世纪60年代中期，英国格林威治医学院教师费希尔（George Fisher）有感于学生学业成绩的评定缺乏客观标准，编制了第一本《量表集》。英国遗传学家高尔顿（Francis Galton）以自己对个体差异性的多年研究为依据，于1869年公开出版了《遗传的天才》。这一系列事件拉开了教学测量运动的帷幕。此后的1879年，德国的冯特（Wilhelm Wundt）及其弟子卡特尔（James Mckeen Cattell）在莱比锡第一次建立了心理学实验室，并逐步总结出一套实用的测量方法，进一步推动了教学测量运动的发展。1904年，被誉为教学测量鼻祖的美国心理学家桑代克（Edward Lee Thorndike）在其出版的《心理与社会测量导论》一书中详细而深入地介绍了数理统计评测方法与编制测验的原理，为教学活动测量的科学化奠定了翔实的理论根基。1905年，法国心理学家比奈（Alfred Binet）和他的同事西蒙（Herbert Alexander Simon）合作编制了用于小儿的智力发育状况评定的比奈—西蒙智力量表，并分别在1908年、1911年做了两次修改与完善。该智力量表发表之后，引起了全世界心理学家的普遍关注，并因其实用性和创新性而得到了广泛的推广。1916年，美国斯坦福大学的特曼（Lewis M. Terman）教授根据美国的情况，又做了一些修订，第一次将"智商"概念运用到智力测验中，最终形成了当今世界上极具权威性的智力测量工具。1918年，比奈—西蒙智力量表传入中国，1924年我国心理学家陆志伟、吴天敏等学者根据中国的情况作了修订，使其使用起来更加方便、省时。

心理测量的形成、发展和盛行很快引起了教育界的关注，以测量量表与标准化测验的推广为主要内容的教育测验也由此应运而生。1845年，美国著名教育家贺拉斯·曼（Horace Mann）在美国学校中采用了由大量问题和标准答案组成的书面考试取代了面对面的口头考试，教学测量作为一个研究领域受到了教育工作者的重视。在从那时起到20世纪30年代的80多年里，教学测量的研究在考试的客观化、定量化与标准化方面都取得了重要的突破。不过，当时测验内容主要是学生能记诵教材内容的多少，显然，其价值是有限的。

[①] 李春玲. 当代教育评价研究的动因分析 [J]. 辽宁教育研究，2007(2)：94-96；余春瑛. 对教学评价的文化哲学反思 [J]. 教育探索，2011(3)：20-21.

二、描述时代（1930—1950）

在教学测量运动不断深入的过程中，人们也体会到：教学测量固然能在考试中将个人的能力转化成精确的数字，实现了客观化和定量化，然而，对于个体兴趣、态度趋向、创造力等指标却不能充分地予以度量。因此，必须探索更为恰当的方法。1929 年，美国教学测量专家泰勒（Ralph W. Tyler）在他尝试改革学校测验方法的具体实践中深切体悟到：测验必须有一定的教育目标做参照，单纯地以教科书为蓝本可能抓不住实质性价值。如果教师依据学生应掌握的知识、技能，用一系列具体的行为目标来阐释课程目标，这样就不仅能够测评学生的识记能力，还能测评出学生的实际动手能力，尤其是实际问题解决能力。此后不久，他又进一步补充说：教学评价无非就是一个了解学生已经学会了什么知识以及这些知识到底具有何种价值属性的过程。这种对知识性质与价值的认定实际上就是知识观问题。泰勒的这一系列主张在被称为"八年研究"、目的在于改革中学核心课程的实践中得到了贯彻。通过多年的探讨与分析，泰勒及其同事提出了完全不同于测量时代的教学评价理念、原则与方法。其主要思想有：[①]（1）教学的本质就是使人的思维或行为方式发生某种改变。（2）学生具体的思想状态和行为方式的改变即为教学目标。（3）教学评价应将预定目标与实际发生状况进行比照，以判定其在多大程度上实现了既定目标。（4）人的行为是多维度的，全方位地采用分析与综合方法尤有必要。（5）仅靠纸和笔的评价方法过于单一，内容极其有限，还必须增补随机观察和面谈等行为观察方法。在操作层面，评价过程是确定课程目标和教学大纲在实际中得到了多大程度的贯彻与落实，是一种判定学习者可观测行为发生了多大程度变化的过程。

这一时期评价者不再是"测量技术员"，而是"描述者"，通过评价人员测定学生的思想、行为改变程度，或把学生置于某一具体的问题情境中以便能对学生的行为属性进行有针对性的观察，或是通过问答的方式让学生表述自己的观点等方式来完成教学结果的客观测量与统计，并最终对测量结果给予"描述性"解释。泰勒的这一评价模式及其提出的客观性、信度、效度等测评指标对后来的教学评价产生了深远影响，史称"描述时代"。至此，"评价"（evaluation）一词取代了"考试"（examination）和"测量"（measurement）。在这一模式中，教

---

① 吴钢. 美国教育评价理论的产生和发展 [J]. 比较教育研究, 1993(3):44-46.

学目标的确定极为关键。为了推动教育工作者更准确、清晰地表征教学目标，1956 年布鲁姆（B.S. Bloom）系统地提出了认知领域的七个递进层级子目标。1964 年，克拉斯沃尔（D.R. Krathwohl）围绕情感领域的学习目标做了系统化分类与描述。在 1965 年和 1972 年，辛普森（E.J.Simpson）和哈罗（A.J.Harrow）各自提出了动作技能领域的教学目标层级。在这三类目标体系中，认知领域的目标分类研究得比较精细、深入，为扎实编制课程目标、方便测试、开展教学评价等提供了理论依据与操作范式。相反，在情感领域与动作领域，一方面由于其内容的高度复杂性，另一方面也由于人们没有尝试质性方法而沿袭着定量方法的思路，其实际效果一直不尽如人愿，以致在实践中受到了冷落。泰勒的基本思想仍然是以行为主义学习理论做指导，重点在于必须将评价内容分解为一系列具体可见的、操作性强的学习行为目标。如果制定的目标越具体、明确，可操作性越强，那么实用性也会越强。不过，过分地强调实证主义方法，忽视了其他方法的综合运用；评价过程中一成不变的操作程序，缺少灵活性，尤其是忽视对评价对象在道义上的人文关怀，是其明显不足。但不能否认它也是教学评价史上第一个结构紧凑，逻辑脉络清晰，便于操作实施的评价体系。它在 20 世纪 50 年代末以前一直居于主流地位。

三、价值判断时代（1950—1970）

自 20 世纪 50 年代开始，西方国家中逐渐产生了以科技知识分子为代表的科学主义和以人文科学知识分子为代表的人文主义两个对立派别。后者以现象学（Phenomenology）及后继的存在主义为其本体论、认识论和方法论依据，认为人类具有追求自由、积极向上、追求卓越与自我价值实现的本能；崇尚个体的独特性与主体性，推崇人的尊严与价值，关心个人体验；主张通过实地调查研究，如与评价对象的会谈、讨论、随机观察等方式来收集定性的而非定量的信息。[①] 现象学的创始人胡塞尔（E. Edmund Husserl）从根本上否定了实证化方法，认为：人类应该将自身的主体性作为哲学范畴中的核心，把意识和价值作为研究的基点，只有通过对意识的定性分析才有可能建立一门便于获得绝对真理的"真正科学"。为此，胡塞尔也提出了自己独到的科学观，认为：人类科学研究的对象只应是他自身的一切存在，科学研究范围不但要囊括客观领域中

---

① 李冲，杨连生. 知识观演进视野中教育评价理论的嬗变 [J]. 理论观察，2008(6)：86-87.

的存在，而且要包括主观领域中的事物。价值、意义等相关议题才是科学研究的主要对象，科学的任务不可囿于纯粹的客观事实。教学评价领域有人对一直占据主导地位的泰勒模式进行了反思，认为这一模式至少有这样三方面的缺陷：（1）评价以目标为中心和依据，而目标的合理性却无从判断；（2）教学评价中的各种非预期效应不仅难以预料，也难以准确地分析、评价；（3）用一种放之四海而皆准的评价模式去衡量全部个体的多元发展是不可思议的。泰勒的行为主义、操作主义的模式受到了质疑，学者们开始从不同的角度完善评价理论。

1963年，科龙贝赫（L.J. Cronbach）发表了论文《通过评价改进教程》（"Course Improvement through Evaluation"），提出了"形成性评价"理论。[1] 他认为，评价是为进行决策提供信息的过程。该理论强调教学评价应关心教育的决策，评价的重点在于教学过程，而不应仅限于只关心教学目标及目标达到的程度；强调教学评价应搜集并反馈信息，为改进教学工作服务，使评价的目的观或功能观发生根本的变化，教学评价成为改善自己工作的帮手。

在科龙贝赫理论的基础上，1966年，斯塔弗尔比姆（D.L. Stufflebeam）提出CIPP模式。该理论以决策为中心，具体包括背景（context）、输入（input）、过程（process）、结果（product）四个层面的评价。背景评价指的是评价决策的社会背景和环境条件，即为什么提出这些目标；输入评价指的是实施目标时的投入情况，如师资、生源、经费、设备等；过程评价指的是实施目标的过程，如对各项工作的质量等进行评价；成果评价指的是将实施结果与目标进行比较，评价其达成度，如学习品质等。这一理论模式使教学评价能深入教学活动的全过程，扩大了评价的范围和内容，能够系统地反映评价对象的全貌，既重视了结果，又重视了过程。

1967年，斯克里芬（M. Scriven）发表了一篇很有影响的论文——《评价方法论》（"The Methodology of Evaluation"）。在这篇论文中，他首次明确提出了将评价分成形成性评价（formative）和总结性评价（summative）两类评价。他提出的目标游离模式（goal free）（也称无目标评价）认为，实际发生的教育活动除了取得预期效应外，还会导致某些"非预期效应"或"副效应"。这种非预期效应或副效应的影响有时是重要的，而在目标评价中却得不到反映，把探寻意外结果这一问题引向了深入。

① 尹志丽. 西方教育评价理论发展及对我国的启示 [J]. 探求, 2003(4):79-80.

1973 年，斯塔克（R.E. Stake）提出了应答评价（responsive evaluation）模式。在斯塔克看来，教学评价要能更直接地针对方案的活动本身而不是方案的内容，同时，教学评价也能满足不同评价主体对信息的不同需要，或者在反映方案优劣高低的评价报告中能综合考虑多种理念诉求。这一评价模式就可称为"应答评价"。[1] 他认为，要使评价结果能真正产生效用，评价人必须关心这一活动所有参与者的需要，通过信息反馈，使活动结果能满足各种人的需要。斯塔克强调了"多元现实性"。他认为以前的预定式评价对正在进行的方案缺乏敏感性，难以察觉学生在与教师和其他同学接触中获得的收益，或反映对方案抱有的不同观点。

比贝（C. E. Beeby）在 1975 年第一次提出了"价值判断"才是教学评价本质的观点，然后，此观点迅速得到了全世界教育界的广泛认同。比贝把评价定义为"系统地收集信息和解释证据的过程，在此基础上做出价值判断，目的在于行动"。[2] 他认为，评价者对资料作系统收集，并将这些资料加以精心的整理和解释，引入评判性的思考。在这里，比贝首次提示了教学评价的本质，即价值判断。他强调评价要对教学活动的价值做出判断，包括对教学目标本身做出判断，使评价活动有助于决策的科学化，对实际工作具有指导意义。比贝关于"价值判断"观点的提出，深化了教学评价的内涵，使评价的另一主要特征"价值判断"受到人们的关注。这时，"评定"（assessment）一词也就取代了"评价"（evaluation）。

四、意义建构时代（1980 年至今）

20 世纪 60 年代，随着西方国家激进政治运动失败，一种试图通过颠覆近现代文化思想及其价值取向，以全新的思维方式来诠释世界存在特征的文化思潮——后现代主义（postmodernism）——出现了。此后，解构主义也加入了后现代主义行列，逐渐发展为一种集哲学、社会学、艺术、美学、宗教等多个领域在内的、在全球颇具渗透力的哲学思潮。这一思潮最突出的特征有四个方面：[3]（1）将现代西方文明和现代主义的核心价值作为反思内容；（2）以肯定世界的多样性、丰富性为前提，以承认差异性和多元性为其基本方法；（3）其基

---

[1] 王琰春. 西方教育评价观的演进及对我国的启示 [J]. 教育与现代化，2003（1）：74-78.
[2] 王琰春. 西方教育评价观的演进及对我国的启示 [J]. 教育与现代化，2003（1）：74-78.
[3] 燕良轼. 解读后现代主义教育思想 [M]. 广州：广东教育出版社，2008：6-7.

本倾向是对现代主义的批判与否定；（4）其思维目标是颠覆整个西方的形而上学大厦。

受后现代主义思潮的影响，1973年和1975年，美国学者欧文斯（T.Owens）等学者还提出了对手式评价（adversary evaluation）一说①。依据他们的观点，人类智力才是唯一能够感知复杂而微妙关系的存在物，且能把这些微妙关系以恰当的语言加以陈述。对手式评价主张"斗争"，即通过观点相左而又互不关联的评价者提供更令人信服的事实依据，或者使用法律或辩论方法去获得明显优势。这种评价模式适用于对争议性较大的工作的对象进行评价。不过，争辩期间也许会涌现某些事前无法预料的、更为复杂的论题。这时，如简单地沿袭肯定—否定的办法就可能将许多携带合理成分的议案拒之门外。此外，这一时期库克（T.D. Cook）和格鲁德（C.L.Grude）还提出了"元评价"（meta-evaluation）的概念。其旨意在于向原来的评价者提出他们在工作中存在的不足和片面认识。但是，长期以来，元评价一直被看作是一种对评价的再评价活动，不过，后来的实践证实，元评价不是针对某个特定评价方法与结果的评价，而是围绕在组织与管理环节中所存在的问题以及在评价实施过程中所出现的种种非预期信息是怎样影响评价结果来判定的。通过元评价可以了解甚至吸纳不同的意见，不断提升评价过程的科学性和评价结果的有效性。②

20世纪80年代，美国印第安纳大学教育学院库巴（Egong Guba）与林肯（Y.S. Lincoln）教授等人提出了所谓的"第四代教育评价"理论。他们认为评价就是对被评事物赋予价值，而本质上是一种心理建构。其主要观点有：③（1）将评价看成是所有参评人群，尤其应该是评价者与评价对象相互协商、共同建构一个相互认可结论的过程。评价结果是在双方交互作用中产生的。（2）在教学评价中要有"全面参与"的意识与氛围，能让参与评价的所有人都有权利和机会去陈述自己的观点，评价者在评价中应切实尊重每一个被评对象的人格、尊严与隐私。全部参与评价人员之间都是一种平等、合作的关系。（3）参评人的价值观通常是存在差异的。评价就是一个由评价者通过协调来不断减少各种价值标准与意见之间的分歧，最后达成一致的过程。在他们看来，评价就是协调，评价结果实质上是一种评价者与评价对象之间携手协作的共同建构。

① 张其志. 教育评价的科学观及其方法论演变 [J]. 中国高等教育评估, 2006 (2): 27-31.
② 刘五驹. 实用教育评价理论与技术 [M]. 苏州：苏州大学出版社, 2008: 108-109.
③ 李冲，杨连生. 知识观演进视野中教育评价理论的嬗变 [J]. 理论观察, 2008 (6): 86-87.

总之,"第四代教育评价"将健全的、有个性的人视作评价对象,并通过评价活动来促使人的个性充分展示;力主从个人发展的内在需要和实际状况出发,加强个人发展进程中的质性分析;在评价过程中,突出民主与合作意识,注重评价对象在评价过程中的自我检查、自我分析、自我调节功能;推崇人文主义思想,评价实施应在相互尊重、相互信任的人文环境中进行,充分展示了对评价对象的人格尊重、效能信任、发展关切。这一时期的评价理论共同反映了自然主义评价观(naturalistic evaluation)。该评价模式借鉴了社会学和人类学的最新理念与实施方法。评测时的切入视角呈现多维化。凡是评价人所观察到的、经历过的事实材料都将成为评价者的第一手资料。但是,其评价过程中内容庞杂,必须耗费相当多的时间和精力,成本也较高,对于要求在短时间内完成的评价活动,这种方法就无能为力了。

第二节 "评价"的词源学分析与定义

一、"评价"的词源学分析

比较是辨析的常用手段。作为历史比较语言学中一个重要分支的词源学认为:一个词的真实含义大体可从该词的构成要素及其意义、词形的变化加以追溯。

如果查阅《新华词典》,我们便会发现:"评价"一词的解释是:"评论货物的价格,现泛指衡量人物、事物的作用或价值。"[1] 也就是说判断事物的价值高低或优劣、长短。在英语中与"评价"有密切关联的有三个单词:evaluation、assessment 和 appraisal。如果从词源学的角度来考察其构成,英语单词的构成模式通常是"前缀 + 词根 + 后缀"。其中,词根所表达的最基本、最原始的含义,或称为根义。它们大多来源自远古时期的希腊语或拉丁语。前缀用来扩展基本含义以构造与基本义相关联的一系列词,而后缀更多的是用来表示单词的基本性质。单词"evaluation"的三个组成部分分别是"e-""valu"与"-ation",其最原始的含义是"valu",与"value"同源,意思是"价值";"e-"有"向外"或

---

[1] 新华词典编纂组. 新华词典 [M]. 北京:商务印书馆,1980:646.

"引申出"的含义，"-ation"则为一个表示动作"过程或结果"的名词性后缀。因此，我国教育界通常将其翻译成"评价"，一般是用于对人或事做出价值判断。它可以是正式或非正式场合的评级或一种考核、考试。它既可用来评定学生在某一项学习活动中的行为表现，还能用于评价某些职业申请者的能力和态度等。胡森等人在其编著的《国际教育大百科全书》中建议：这个术语专门用于评价某些抽象的存在物，例如计划、方案、课程设置或者其他组织变量。[①]同样，"assessment"也是由"as-""sess""-ment"三部分构成。其中的"sess"源于拉丁语的"assidere"，是"坐、照看、说（话）"的意思；"as-"则为"向、到"之意，"-ment"是一个反映状态、过程的抽象名词后缀。因此，"assessment"就是要给被评价对象以一个客观而相对合理的地位，强调的是评价者与被评价对象在一起时具体做了些什么，而不是评估被评价对象做了些什么。[②]通常，一般将它翻译成"评估"。单词"appraisal"的三部分构成依次是"ap-""prais（e）""-al"。其中，"prais（e）"与"praise"同源，含义是"欣赏、同意"，前缀"ap-"用来增强语气，"-al"则为一个抽象名词后缀。因此，通常将它译为"考评"，例如管理学中对管理人员的考核式评价。

二、"评价"的定义

在我国文字中，"评价"一词是对"评定价值"的简称，是一种价值评估活动，用来判断客体对象已在多大程度上满足了主体需要。教学评价则是对教学活动已经达到的或目前尚未达到但完全有可能达到的价值的一种判断。其根本目的在于实现教与学活动的增值。综观教学评价理论的历史发展脉络，由于人们对教学评价本身的认识是逐步深化的，而且也由于评价者的观察视角的不同，因此，教学评价的概念出现了多种不同的诠释。比较典型的说法有：[③]（1）将教学评价等同于教学测验，甚至于认为其主要内容就是考试；（2）强调教学评价是一种"专业判断"，看重的是评价者的经验和综合素养；（3）认为教学评价就是将人们的行为与结果和应有的状态或既定目标相比对的过程；（4）教学评价是一种有系统、有目的的收集资料，帮助决策的过程。

尽管人们对教学评价的功能与目的有着不同的看法，但是越来越多的人认

---

① 彭智勇，周建国．学生综合素质评价研究［M］．重庆：西南师范大学出版社，2005：1-2．
② 陈玉琨．教育评价学［M］．北京：人民教育出版社，1999：24-25．
③ 刘五驹．实用教育评价理论与技术［M］．苏州：苏州大学出版社，2008：2-3．

识到：一种评价是属于鉴定的选拔性评价还是属于帮促的发展性评价，这是判断其先进与否的分水岭。这样，教学评价的范围也从原来单一的教与学评价逐步延伸到了学校教育的各个方面，甚至于已经涉及学校内外几乎所有与教学活动相关联的现象。

在对教学评价的诸多界定中，尤以1971年美国学者格朗兰德（N. E. Gronlund）的表述最为简明扼要，其以被评价者的行为方式为切入点，先陈情，后判断，并得到人们的普遍认同。其具体表述是：[①] 评价 = 行为方式的描述（量的测量或质的描述）+ 行为方式的价值判断。

第三节 评价中的知识观

我们开展学习活动，都是以知识作为基本切入点来进行的。也就是说，教育和学习活动的承载对象都是知识。开展教学评价，我们不能不考察知识的相关问题：知识究竟是什么？它是怎么得来的？有何作用？一句话，必须了解知识观。因为知识观就是对知识的看法，它直接决定了教育者的教育方法与行为、学习者的学习方法和行为。

一、什么是知识观

知识观是指人们对知识的看法、态度与信念。美国分析教育哲学家谢弗勒（Israel Scheffler）认为，人们对知识的理解包含了一连串既相对独立又相互关联的命题，如："什么是知识""哪种知识是最可靠或最重要的""对知识的探索应该怎样进行"等，因此，我们就可以分别从知识的本质、知识的价值、知识的习得三个维度进行探讨。[②]

知识本质观可分为三个维度："外在—内在"维度，指把知识看成是内在于个人还是独立于个人；是主体参与的还是纯粹客观的；是受人的身心特征、文化传统的影响的，还是与人脱离的；等等。"封闭—开放"维度指知识是与社会政

---

① 刘五驹. 实用教育评价理论与技术 [M]. 苏州：苏州大学出版社，2008：7-9.

② 潘洪建，吕建国，龚林泉. 知识观、学习观、教学观的调查研究：来自中学的报告 [J]. 绵阳师范学院学报，2004，23（3）：38-44.

治、经济、现实生活关系密切还是毫不相干；各门学科之间是彼此联系的还是毫无关联的。"静态—动态"维度是指知识是相对的还是绝对的，是不确定的还是完全确定了的；知识是不断发展、不断补充完善的还是静态的、一成不变的。

知识的价值观中的"对立—互补"维度是对知识价值的比较性认识，如不同的知识类型之间是否具有高下、优劣之分还是各有见长；是优劣并存、互补还是完全对抗、排斥。"单维—多维"维度指知识与智慧发展、道德成长至关密切还是影响甚少；知识是具有多种功能还是仅有一种作用；知识对于个人发展的正负面影响。

知识的习得观包括："被动—主动"维度，即知识获取是主动对知识进行理解与消化还是被动地接受他人传授的过程；是复杂加工还是纯粹的记忆保持。"接受—建构"维度，即知识获取主要是结构性改造，还是一种纯粹的数量堆积；主要是利用原有知识进行思考并形成自己的观点与看法，还是接受既定的结论。

二、两种典型的知识观

知识与知识观都不是静态的概念，它们必然随着科学技术水平的发展和社会文化的变迁而不断发展、变化。纵观人类认知历史，知识观可分为两个基本阵容，即客观主义知识观与建构主义知识观。这两种泾渭分明的知识观的对比、分析如表 10.1 所示。

表 10.1　客观主义知识观与建构主义知识观的对比

类型	知识的本质	知识的获取过程	知识的价值
客观主义知识观	知识是客观的、绝对的、静止的，纯粹理智的产物。它强调知识的符号性、可检验性、可证实性、一致性和非人格化	教师传递，学生接受	中立性，与文化无关，具有普适性
建构主义知识观	知识是主观的、相对的、动态发展的，是人们对客观世界的暂时性的解释和假设	基于个体经验主动理解和建构生成	知识具有文化性、情境性和个体性

从表 10.1 中不难看出：这两种不同的知识观在知识的来源、根本性质、获得方式、情境适应性以及是否与文化因素相关联等方面都存在冲突。

尽管知识观多种多样，但是，依据皮亚杰的发生认识理论和当代信息加工理论，笔者认为：知识不是别的，而是一种学习者个体通过主动地与其物理、社会环境的交互作用而在自身头脑中遗留下来的信息组织。其根本价值在于其实践应用性，即它能够为人类个体的生存与发展、社会的文明与进步提供有效的支持与帮助。

第四节　当代评价模式的形成

20 世纪 70 年代以前，以客观性为根本属性的客观主义知识观长期被人们广泛认同，也成了教学评价的主流理念。此后，由于后工业社会、信息时代的到来，一种以建构性为其核心思想的建构主义知识观出现了。它兼收并蓄了后结构主义、现象学、解释学等多种学说精髓，为当代教学评价的理念与实施提供了全新视角。

两种不同知识观下的四个不同时代的评价理论的对比、分析如表 10.2 所示。

表 10.2　三种认知视角、评价时代的优劣对照

类别		主要做法	优势	不足
客观主义知识观	实证主义 测量时代	量表的大量使用，标准化考试的普及与推广	客观化，定量化，标准化操作性强，相对公平，易为人们所接受	内容有限，手段单一，人文关怀不够
	描述时代	先制定课程目标，然后将教育目标分解为便于观察、测量的行为目标，最后对测量结果予以描述性解释	目标清晰，结构完整，容易理解，可操作性强，相对客观	无法判断目标合理性，易产生非预期效应
建构主义知识观	人文主义 价值判断时代	通过随机观察、会谈与谈论等方法，广泛收集信息，解释证据，做出价值判断	强调人的主体性，重视评价全过程，突出改进与发展功能	对科技中立性认识似有不透
	后现代主义 意义建构时代	所有参评人员之间展开开放式与公平性对话、协商，反对权威	强调人际理解与和谐，注重评价过程的复杂性，重视对评价过程的反思	过分强调非理性，瓦解社会关系凝聚力①

---

① 陈亮，冷泽兵. 后现代课程知识观对高师主体性课程构建的启示 [J]. 继续教育，2004(12):37-39.

一、对四代评价理念的宏观反思

（一）关于评价理论的演进过程

人类在教学评价的实践中不免会感到原有评价模式的缺陷或不足，于是，又试图从新的角度去完善解决办法。诚然，在解决原有问题的过程中也可能会矫枉过正，但至少找到了问题解决的基本方向。在旧问题得到解决之后，同样又会遇到新出现的问题。教学评价就是在这样不断解决旧问题、涌现新问题、再解决新问题的过程中不断实现提升，但又永远不可能达到终极完美，螺旋式、波浪式地前进是教学评价的总趋势。人们在过去100多年间对教育与学习评价的探索是如此，未来也同样会如此。

（二）关于评价本质

教学评价总体表现为一种基于事实（信息）的价值推断，而价值又属于一种主体需要与客体属性的关系范畴，它最终必须通过主体与客体的相互关系而体现。这种价值关系的联结受制于主体对客体的需要和客体的价值对象性本身。无疑，教育价值由教育活动能够满足人们个体需要和社会需要的程度来决定。主体的需要与社会政治、经济、文化状态密切相关，对客体的认识既受到认识方法论制约，也受到科技、文化等因素的影响。人们总是在不断发现自身需要与创造客体的价值属性中求得统一。因此，教学评价是一个交互的、动态的、综合的概念。

（三）关于两种知识观的是与非

客观主义知识观崇尚的是自然规律，而建构主义知识观看重的是人的感受和能动性。两种不同知识观在深层次上反映的是知识的产生到底是客体影响多一些还是主体影响多一些的问题，即知识独立自在性问题。由于这两种知识观在认识上、价值上各有偏颇，加之这种"度"的合理性是很难精确测量的，可谓众说纷纭，莫衷一是。但是，可以预言：正是这两极化的知识观之间的矛盾使教学评价获得了原始推动力，人们也必将在实践中逐步摸索到新的平衡态。

（四）关于我国教学评价理论的借鉴和创新问题

当前，我国的教育事业已从总体上步入内涵式发展阶段，实施素质教育也有近20年时间。不过，我国的教学评价理论大多是20世纪80年代从西方国家引进而来，历史不算长，也没有真正形成具有自己特色而便于操作的教学评价或学习评价模式。2009年，上海市正式参与了经济合作与发展组织（OECD）的国际学生评估项目（PISA）评价项目，有成功的经验，也有失败的教训。笔者强烈认为：在关注项目形式的同时，更需深刻理解这一学习评价模式后面所隐藏的经济、文化以及政治因素，特别是教与学价值本身的取向问题。以消化、理解为基本手段，立足于我国实际，既借鉴其合理成分，又不全盘照搬，才能在实践中逐步摸索出一套行之有效的学习评价模式。

二、当代评价模式的形成

由于客观主义知识观强调客观性、普适性和价值中立性，因此，教学评价的内容只能是专家们认为最为有价值的科学知识。其评价功能主要表现为鉴定与选拔，评价主体通常也就是那些系统地掌握了科学知识的专家与接受过系统化专业教育的教师。依据专家们精心设计的测量量表并组织标准化考试成了其唯一的评测方式。与客观主义知识观的性质相一致，教学过程从本质上说并不是通过知识学习来促使学生发展的过程，而是在权威支配下的知识授受过程。不仅教学内容带有权威性，教学过程是预设的，实施过程也是在教师的控制之下进行的，并且还会通过某些制度化的形式，如教学大纲、考试大纲、班级文明公约等，来保证不符合客观知识性质的人类经验没有机会进入课堂教学环节。这种教学评价的最典型的特征就是"标准化"，其评价的关键就是答案的唯一性，排除了对问题多种理解的可能，而且这个唯一的标准答案也不是由学生自己独立思考得来的，而是书本上早已给出了的。无疑，这极大地阻碍了学生的发展。以追求唯一性与标准化为主要目标的测量时代的评价理论和以追求效率为宗旨的描述时代的主流评价理论就是以这种知识观作为支撑的。它们有一个共同的根本特点，那就是数字精确性和操作规范化。

20世纪50年代以来，在教学评价实践中，人们逐步认识到教学评价的精确定量化方法既有其合理成分，但是，它也忽略了教学评价工作的复杂性与多样性，因而只有量化方法是远远不够的。此外，评价对象的主体性作用发挥明显不够，评价过程中的人文关怀功能缺失，教学评价的功能属性重在鉴别、鉴定，过于片面。在这种背景下，基于建构主义知识观的各种教学评价理论逐步走上了历史舞台。价值判断时代与意义建构时代的主流评价理论基本上都是基于建构主义知识观的。由于这种知识观强调的是个体的主动性与差异性、意义构建的情境化、过程的开放性与动态交互性，因此，在评价模式上产生了新的变化：（1）在评价功能上注重发展智慧：尊重学生个体经验的生成，注意学生的信息搜集、整理、分析和处理能力的培养，尽力使学生在理解公共知识的基础上能将其内化为个体的知识运用能力。（2）在评价内容上突出知识的动态生成性：给学生提供探究问题的空间和信息资源，防止教育教学内容上的单一书本化，并使学生把他所学的知识和他的生活世界联系起来形成自己的个体经验和知识，从而提升了学生的问题意识与情境探究能力；逐步改变具有高度确定性和高度一致性的知识体系，着力培养学生的批判意识、批判能力和创新精神。（3）在评价主体上崇尚多元性，主张教育教学活动的交互式对话：改变教师本位与教案本位，积极通过活动区教学、小组活动学习、集体活动教学等方法来促进师生间和生生间的交互，让学生作为一种活生生的个体，带着自己的知识、经验、情感、兴致参与到课堂活动中，并成为课堂教学的核心成分，鼓励师生互动中的即兴创造，超越目标预定的要求。（4）在评价手段上倡导发展性评价，通过反馈信息来诊断教育教学中出现的问题，从而寻求优化教学策略作为出发点，把评价看成教育教学的一个环节，不过分追求其甄别功能。

第五节　评价与测量

对于许多教育工作者而言，测量、考试与评价似乎都是同义词。的确，在教育实践中，我们经常用一个学生的考试这种特殊的测量形式的结果，即分数，来评价该学生的学业表现。因此，测量、考试与评价有时候还真是表示同一个活动内容。然而，这种相似只是表面性的。事实上，测量、考试与评价有着不同的本质特征。对三者各自不同特征的辨析有助于理解它们各自的本质特征，厘清三者之间的关系，并将它们在评价活动中用得恰到好处。

一、测量（measurement）

早在 1918 年，美国心理学家、教育测量学的奠基人桑代克（Edward Lee

Thorndike）就指出了一个原则："凡客观存在的事物都有其数量。"[1] 这就是说，对于任何现象，不论是物理现象还是社会现象，只要它（们）是客观存在的，就总会表现为一定的程度差别，而这种程度差别都可以在一定精确性下转化为数量关系，如：高低、大小等。1923 年，美国教育测验专家麦柯尔（W.A. Mecall）又进一步指出："凡有数量的事物都是可以测量的。"[2] 人的社会、心理属性同样可以通过间接的方式而被测量。因为这些社会、心理属性总会显露在某些行为、活动之中，所以，我们可以通过人的行为变化的测定来间接地推测人的某种心理属性。尽管要实现这种测量有一定的难度，有的测量还很不准确，有的甚至于还不能测量，但是，这主要还是因为测量学的发展历史还不到 100 年，时间相当短暂，现有的测量工具还比较粗糙，因而不够精确，新的测量工具还没有来得及发明或开发，不过，随着科学的发展和技术的进步，世界上越来越多的事物属性都能为我们所测量。

1951 年，史蒂文斯（S.S. Stevens）曾为"测量"给出了这样一个定义：从广义来说，测量就是根据规则给事物分派数字。[3] 由此可见，测量包括了三个方面的内容，笔者将它们称为测量三组元[4]：（1）事物的属性或特征；（2）符号形态的数字；（3）分派规则。在这里，有三点必须引起注意：

第一，事物的某种（些）属性、特征才是我们需要测量的对象，才是我们感兴趣的目标。这些属性不仅可以是存在形式具体、能为我们感觉器官所直接感觉到的事物的物理属性（如物体的长度、体积、温度等），还可以是存在形式抽象，通常不能为人的感官所直接感觉到的人（如学习者）的心理属性（如学业成就、能力、态度与兴趣等）。

第二，数字在没有用来指代事物的属性、特征之前，只是一个（些）符号，其本身并没有数量的意义，仅在当数字被恰当地用来指代事物的属性或特征之时，事物的属性或特征才实现了数量化——从定性的文字语言表述变成了定量

---

① Thorndike E L.The Seventeenth Yearbook of National Society for the Study of Education[M]. Bloomington, IL: Public School Publishing Co,, 1918:16.
② MeCall W A. Measurement[M].New York: Macmillan, 1939:18.
③ 王孝玲. 教育测量（修订版）[M]. 上海：华东师范大学出版社, 2004:1-4.
④ 有不少书籍都提到了"测量三要素"，在有的书籍中是指测量的三个组成部分：事物属性、数字符号和分派规则，如王孝玲编著的《教育测量》（2004），也有的书籍将"计量单位、测量参照点、量规（表）"称作"测量三要素"，如胡中锋编写的《教育测量与评价》（2006）。为避免混淆，笔者将前者称为"测量三组元"，它反映的是测量的各参与成分及其相互关系，后者反映了施测过程中的三个不可或缺因素，比前者更为具体、基本，故笔者仍然使用"测量三要素"这一历史称谓。

的数学语言表述，数字这一符号也就有了数据、数值的区分性、有序性甚至可加性等意义。无疑，这可使分析研究变得更加精细与准确。符号系统内的数字是比数据、数值更为广泛的概念。如果从低级到高级分类排列，数据（数值）可分为四类：名称（nominal）数据、顺序（ordinal）数据、等距（interval）数据和比率（ratio）数据。它们之间的联系与区别详见表10.3。

表 10.3 四种测量数据的特性比较

数据类型	数据特性		用途	适用统计方法		实例
	文字形式	符号形式		描述统计	假设检验	
名称数据	区分	判别 $A=B$ 或 $A \neq B$	命名，区分符号化	频数 百分比 ϕ 相关系数	卡方检验	在数据库中，男 $=1$，女 $=2$
顺序数据	顺序或先或后 位次或高或低	判定 $A>B$ $A=B$ $A<B$	分等级、位次排列顺序	中位数 百分位数 等级相关系数 肯德尔和谐系数	符号检验 秩次检验 秩次方差检验	学业成就：好 $=3$ 中 $=2$ 差 $=1$
等距数据	单位相等 有人为参考点 无绝对零点	计算 $(A-B)+(B-C)=(A-C)$	决定差异	算术平均数 标准差 积差相关系数	z 检验 t 检验 f 检验	温度差别：$9℃$ 与 $5℃$ 之差等于 $6℃$ 与 $2℃$ 之差
比率数据	有绝对零点	若 $A=kB$，$B=mC$，则 $A=kmC$ 成立 ($k \neq 0, m \neq 0$)	决定比率	几何平均数 差异系数	同上	A 学生体重 $70\ kg$ 是 B 学生体重 $35\ kg$ 的 2 倍

注：下方类别的数据性质包含着其上方的各种数据的性质。

第三，测量规则在实质上就是数字集合与事物属性集合之间的对应关系，通常可表示为函数关系。测量中最为关键、最为棘手的事情就是设计或制定测量规则。这既涉及底层的基本原理（主要表现为两个集合之间是如何联系、呼应的问题）的合理选择问题，也必须考虑所选择的数字集合的类别与大小问题，还牵涉到怎样将所测量事物的属性进行分类的问题。怎样来建立测量规则（标准）来指导测量？物理课上我们用天平来测定物体的重量，其测量规则是杠杆原理。到医院看病，医生用温度计测体温，其测量规则是热胀冷缩原理。对于同一个测量目标，如使用不同的测量规则，其测量结果往往呈现一定的差异。

使用恰当的规则能使我们得到比较可靠的测量结果，而使用不甚恰当的规则只会使我们得到粗糙的甚至错误的测量结果。对于相对简单、具体且稳定的事物属性，设计、制定规则一般会容易一些。对于那些复杂、抽象且易变的事物属性（如学习者兴趣、态度等），则通常必须经历一个摸索、渐进的过程，才能达到比较实用的程度。

所建立的测量规则的优劣通常会受到两个因素影响。一是我们所要测量的事物属性本身是否方便于建立明确的规则，这些测量规则是否方便于操作。二是我们制定测量规则、程序的科学性。这不但包括了建立测量规则时所投入的时间、精力的多少，还包括了在实践中检验后不断修正、完善的循环次数。

测量程序通常可以写成如下函数：

$f=\{(X, Y); X=$ 任何事物，$Y=$ 一个数字 $\}$　　　　　　　　　　（10.1）

无论是物理属性测量还是精神属性测量，我们必须同时具备三个要素。

1. 计量单位（measuring unit）

计量单位是我们用于测定与计算的基本尺度。如：物体长度的计量单位可以有千米、米、分米、厘米、毫米、微米等，而学业成就的计量一般是用多少分（数）。

作为计量单位必须满足两个基本的条件：一是两相邻单位点之间的差别完全相等，不会因为位置的改变而改变，即对于任一个计量单位，其功能、作用等价。二是意义明确、无歧义，不会因为人员的变动而出现不同的意义与解释。然而，实际情况是：物理属性的计量单位比较明确、不易出现异议，但是对于学习测量中的分（数），其意义只能是相对的。如：即使是对于同一个学生而言，数学考试中的"1分"和语文考试中的"1分"一般就不会相等。因为不同性质的科目，其作用、意义必然有别，而且两门科目的考试难度也不可能完全相同。严格说来，教育测量的分数是不能直接进行加减乘除的。

2. 参考点（referring point）

从哪一点开始算起，把哪一点看成计算原点，这就是参考点的确定问题。参考点不同，即使是同一数值，其意义也不相同，没有办法进行比较。参考点通常有两种：绝对零点与相对零点。对于绝对零点，"0"表示"没有，不存在"。如："0厘米"就表示没有长度。但是，对于相对零点，"0"就不一定表示"没有，不存在"。如：温度中的"0℃"就并不表示没有温度存在，只是表示它是零上和零下的分界点。对于学习测量，其参考点也是相对的。如"0 分"并不能表示你对这个学科"什么都不了解"，也许在这门功课中你知道的知识并没有考。从另外一个角度来说，即使你的考试得分并不是"0 分"，也可能意味着你是绝对意义上的"一无所知"，因为你完全可能在判断题、选择题中通过猜测来得分。

3. 量表（measuring scale）

所谓量表，就是那些明确了参考点、具有确定单位、用于比照与估算的连续体，如：天平、直尺、水银温度计等。我们将要进行测量的事物放置于该连续体的适当位置，查看离开参考点多少单位，通过计数就能得到一个测量值。[①]在日常生活中，我们通常把它称为"测量工具"。在教育教学测量中，量表通常是文字形式的试题，间或也会辅之以图形、符号、实践操作等。

由于制定量表时所选择的计量单位、参考点不同，量表的形式、种类、作用各不相同。对于不同的量表，其精确度（accuracy）也各不相同。与前面所提到的测量数据一样，按照从低到高的量化水平排列，量表也对应地可以分成四类：名称量表、顺序量表、等距量表和比率量表。在名称量表中，仅仅将事物的类别以符号形式的数字代替，并没有数量意义，因而也就不能进行数学运算与量化分析。顺序量表比名称量表来得精确，不仅指出了事物类别，而且也指明了不同类别的位次、等级，考试的原始分数（不管是百分制还是五级记分制）、考试的名次排列等，都是顺序量表。等距量表既有大小关系，也包含有意义相等的计量单位和相对零点，可以进行加减运算，但不能进行乘除运算（因为其参考点是相对的，没有绝对意义）。在教育教学评价分析中，标准分数、智力测验得分等都是等距量表。比率量表既具有等距的计量单位，又有绝对零点，不仅可以进行加减运算，也可以进行乘除运算。通常情况下，大多数物理测量使用比率量表，而教育测量量表似乎很难达到这一精度水平。在测量过程中，数据、数值的特征依据所测量事物的性质以及确定、分配数据（数值）的不同而有所不同。

与物理测量相比较，学习活动的属性测量有四点不同：一是测量目标的强指向性。任何一个教学或学习测量都是服务于某个教学目标或学习目标，离开了教学或学习目标来谈测量是一件毫无价值、意义的事情。二是测量目标的高

① 戴晓阳. 常用心理评估量表手册 [M]. 北京：人民军医出版社，2011:1.

复杂性，由于其测量目标都是精神现象，既是内在的、抽象的，也是不断变化的，同时受到主客观因素的影响，准确测量的难度很大。三是测量结果的间接性。我们通常不能直接测量学生的内在心理特性，而只能通过其外显行为来间接测得学生的心理活动的特点与水平。四是计量单位的相对性。由于其计量单位只有相对意义，数据多只具有等级、顺序的比较意义，不能直接进行数据的代数运算。

二、考试与测量的关系

考试（test）只是一种非正规的口头通俗叫法，其正式名称应该是测试[①]，在心理学上也称为心理测试。[②] 其应用目的在于了解、推测人的知识与技能状态。1961 年，美国心理测量学家阿纳斯塔西（Anna Anastasi）为心理测试给出了一个定义：心理测试就是一种基于行为样本的客观性、标准化的测量。[③] 假如我们要想测定学生的某种心理属性，如学业成就，那么，我们就必须设计一套试题来引起、产生与这种心理属性相对应的行为反应，然后通过学生在完成试题过程中的行为反应来推测、估计这种心理属性的程度或大小。因此，美国心理与教育测量学家布朗（F.G. Brown）指出：测试就是对一个行为样本进行测量的系统程序。[④] 在测试中，我们除了慎重选择行为样本，还必须十分关注测试的客观性、测试的规范性这两个问题。

（一）行为样本

如果我们要测量学习者的某种心理特性，通常我们只能采取间接的方式，也就是通过观察学习者与该种心理特性相对应的一系列行为表现来进行估测。不过，与这种心理特性相联系的行为表现往往不止一种，而是多种，而我们不可能将它们一一进行测量，只能选择那些有代表性的行为表现方式进行测量。

[①] 依笔者之见，对被试（通常是某一类特殊人群）进行提问，让其回答，带有"了解""检查"之意，谓之"考"；被试尝试着回答，谓之"试"，通常以非正规方式进行。但是，测试则相对要正式一些，可以理解为以测量为主要方法的一类考试。因本书主要是进行宏观性考察与探究，故对"测试"与"考试"不做严格区分，在本书中均视作同一个概念。

[②] 心理测试，亦称心理测验，这是最为广义上的测试，根据测量属性来分类，包括了智力测验、能力倾向测验、人格测验和教育测验。在本书中，我们主要讨论教育测验，又称学习成绩测验、学习成就测验，其目的在于测量学生在经过教育或训练之后所获得的某些科目的知识、技能，因而又是狭义上的测试。

[③] 行为样本：指对我们所希望测量的心理属性中带有代表性（基本能代表全部行为）的一组行为反应。王孝玲. 教育测量（修订版）[M]. 上海：华东师范大学出版社，2004:14.

[④] 刘新平，刘存侠. 教育统计与测评导论 [M]. 北京：科学出版社，2003:125.

很显然，仅仅凭借一两个有代表性的行为表现来估测、推断学习者的这一心理特性的做法有失偏颇，因而也是不可靠的。为了可靠地推测、估计所欲测量的学习者心理特性，就需要选择一组数量大小合适、具有一定代表性的行为表现，这就是行为样本。例如，我们想了解初中三年级某一个学生的数学运用能力，就必须选择一组对于考查数学应用能力具有代表性的一定数量的测试题目，即试题，来对此生进行测试，然后，依据此生实际完成测试的行为表现来推测、估计他的数学应用能力。试题的拟定与行为样本之间关系密切。所出试题能否引发、产生原来所希望测量的心理特性之代表性行为，能否覆盖到与该心理特性相关联的全部行为，都取决于测试题目的类型、性质与数量。

（二）测试的规范性

无论是测试题目的编制，还是测试的实施、记分、分数解释都必须遵循统一的标准和严格的规定来进行，让所有被试的测试条件尽量达到一致，这就是测试的规范性。

由于测试涉及试题编制、测试的实施与记分、分数的解释等一系列过程，环节较多，每一个环节的诸多因素都会产生误差而影响到测试结果的准确性。如果不对这些环节的影响因素依据统一的标准和严格的规范加以控制，那么，测试结果就可能变得虚假和不真实，测试的分数解释也就失去了衡量与比较的价值、意义。严格控制测试条件，使每一个被试所面临的测试环境、条件都相同，每一个被试的测试结果——分数只能由测试题目（试题）所引发、产生。这就要求：（1）测试题目要经过精心编制，严格筛选，表达准确，不会产生歧义，印刷清晰；（2）每一个被试都具有完全相同的测试实施条件，如主试只能严格按照考试说明上的规定进行宣读，不得更改、变动，答题过程中不得暗示、提示，测试环境（如通风、采光、安静、通风等）、测试时间（上午、下午、晚上、长短）等严格一致；（3）严格按照标准答案与记分步骤来进行评分、记分，杜绝随意性；（4）测试分数的解释必须有一个统一的尺度。依据标准化测试中的大量测试结果所制定的、具有参考点与一定计量单位、标值从低到高依次排列的连续体，也就是测试量表，通常用作统一解释、说明的尺度。另外，我们实际经常采用的、用来判断分数优劣、好坏的标准是常模（norm）。

（三）测试的客观性

用作测量工具的测试能否正确、可靠、有鉴别力？其难度相对于被试的心理发育水平（年龄、年级）是否恰当？怎样评定测试的正确性、可靠性、难度、区分度的客观性？这些就是客观性测试的另一个重要指标。

1. 信度（reliability）

它反映的是测试结果的稳定性、可靠性，即测试结果能否真实、客观地反映被试的实际水平。要估计测试的信度，通常是用等值性的两套测试题目对同一组的被试先后进行两次施测，或者用同一个测试对同一组被试进行先后两次实测，然后计算这两次相关的测试的相关系数大小。如果这两次测试的相关程度高，则表明测试的信度高。反之，则低。当然，信度到底以多大为恰当，目前还没有统一的标准。它必须依据测试的目的与类型而定。对于学科测试，其信度一般要求达到 0.9 以上，智力测试则必须达到 0.8 以上，品德测试则只要求达到 0.6 以上就可以了。[①] 究其实质，信度反映的是随机误差值的大小。

2. 效度（validity）

它反映的是一个测试所希望测量到的心理特性能够被真实地测量到的程度。它说明了测试到底要测量什么内容，即测试项目功能的有效性。由于教育与学习测量的间接性，因此，要估测一个效度，首先要选择一个效标（validity criterion），并要求它能切实反映所需测试属性的变化关系。这样，被试的测试成绩与作为效标的另外一个测试成绩之间的相关程度就成了该测试的效度。

3. 难度（difficulty）

简言之，就是测试中试题的难易程度。对于某个试题，如果做正确的人数的百分比较高，或者所有的被试在该题上的得分的平均数占该试题满分值的百分比较高，那么，我们称这个试题的难度较低。一般而言，难度应该适中。对于过难或过易的试题，我们都应该在筛选时予以剔除。

4. 区分度（discrimination）

也就是测试题目对于学习成绩好的学生和成绩差的学生的鉴定、识别程度。如果一个试题的区分度较高，那么，学习成绩较好的学生做正确的比例会较高，而学习成绩较差的学生做正确的比例则较低。对于区分度较低的试题，无论是学习成绩较好的学生，还是学习成绩较差的学生，他们回答正确的比例没有明

---

① 胡中锋. 教育测量与评价 [M]. 2 版. 广州：广东高等教育出版社，2006:34.

显差别。试题区分度的大小是以该试题的成绩（得分）与整个测试成绩之间的相关系数来表示。相关系数大，则区分度较高。反之，则较低。对于区分度过低的试题，我们在试测、筛选时也应予以剔除。

　　总之，测量的重点是依据某种法则，如心理学原理，用数字对人的行为属性加以确定，最后表现为某种数量。心理测试则是通过考察人少数却具有代表性的行为，对潜藏于人的全部行为表现的心理特性、规律做出推断与数量化分析，它只是心理测量的一种手段、工具。测量的范畴要比测试广泛得多。测量方法并不都是测试，测试也不都是测量。尽管这两个词的内涵在相当程度上是重合的，但是，"（心理）测试"是了解人心理的基本工具，主要在"名词"意义上使用，而（心理）测量则是以测试作为工具来了解人类的心理活动，通常在"动词"意义上使用。[①]那些能够用于实际（心理）测量的（心理）测试才是行之有效的测量工具。

三、评价与测量、考试的关系

　　测量是依据明确的规则或者构想对人、事、物的属性或特征赋予数值，使其数量化的过程。它所关心的是对事物属性或特征的数量大小表示。其核心内涵是客观事实（状态）的数量化，也是评价的初级阶段和基本方式。[②]考试是教育或学习测量领域常用的、主要的工具之一。因为除了测试，观察、调查、实验等方法同样也可以作为教育测量的工具。评价的主要作用在于对教育或学习现状做出合情合理的解释，是为人的目标决策服务的，因而是测量的价值挖掘与提升。虽说应注重信息的数量化，但同时应更看重定性分析。通常情况下，能数量化的信息就尽量数量化，不能数量化的就做定性分析，表现为定量方法和定性方法的相互配合。其核心功能是在占有大量客观信息基础上做出价值判断，最终进行控制、优化与调节，推崇的是行为化、具体化和可操作化。此外，测量往往是单项性的，而评价则是综合性的。如同我们在医院看病时，往往要做多项化验和透视，这就相当于测量，而医生最后所开出的诊断和治疗，就相当于评价及其决策后的行为。

---

① 郑日昌.心理测量与测验[M].北京：中国人民大学出版社，2008：26-27

② 事实上，最初的教学评价就是在测量运动中通过评判与反思等方法而不断发展起来的。在当今条件下，教与学评价的某些方面仍然离不开教育测量技术。程书肖.教育评价方法技术[M].2版.北京：北京师范大学出版社，2007：22-23.

在谈到评价时，我们有时也会说评估，似乎二者可以通用，都是指评价者依据自身背景、训练情况对被评价者的各种观察数据而做出的有价值的判断或决策的过程。他所关心的是相关活动的价值高低。[①] 实际上，评价（evaluation）与评估（assessment）在功能选择上有所侧重，前者重在建立在价值判断之上的鉴定与分等，体现的多是"目前做得怎么样"的静态功能，而后者则是建立在信息收集、判断之上的价值挖掘、提升，主要反映"怎样做得更好"的服务、决策等动态功能。

评价是一种为决策或服务系统收集信息与资料的过程，是主观估计与客观测量的有机统一，而测量则是一种纯粹的客观过程，表现为一种单一性活动，考试是一种为达成某种目标的、人为的过程设计。要测量，通常都会借助于一定的工具与手段（如考试），对评价对象进行赋值，以获取评价对象的数量、数值。但是，测量、考试并不等同于评价。测量中的考试只是进行评价学习活动时一种极其重要的、获取资料与数据的手段，必须采取多种数据、信息收集方式才能做出综合性评价。评价只有以测量、考试作为基础，才能做出客观、科学的判断。测量或考试的结果与数据，只有经过评价的合理解释才能产生实际意义，否则，它就只是一种纯粹的数值、数据堆积。因此，测量是评价的依据，评价则是测量的进一步的功能延伸，重在决策性、服务性和优化、调节功能。

评价、测量与考试的关系如图 10.1 所示。作为总结，三者之间的关系用一句简单的话来概括：评价（估）= 定量描述（测量方式，如考试、问卷调查）+ 非定量描述（非测量方式）+ 价值判断。

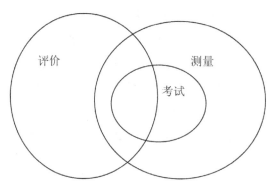

图 10.1　评价、测量与考试之间的关系

---

① 萨克斯，牛顿. 教育和心理的测量与评价原理 [M]. 王昌海，等译. 南京：江苏教育出版社，2002:13, 25.

第十一章
当代学习测量理论

　　人类对自然界中事物的测量，可谓历史悠久，而对精神世界的测量却要晚得多。在我国，教育与学习评价可以追溯到古代的考试制度，如《学记》中有"比年入学，中年考校。一年视离经辨志；三年视敬业乐群；五年视博习亲师；七年视论学取友，谓之小成。九年知类通达，强力而不反，谓之大成"的记述。[①] 国际上普遍认为教育测量始于 1702 年英国剑桥大学以笔试代替口试对学生进行入学考试。[②] 此后，这种客观而相对公正的评价办法得到了进一步的认可和推广。1845 年，美国马萨诸塞州的波士顿市以笔试的方法来考查辖区内公立学校的毕业生。1864 年，英国的乔治·费希尔（George Fisher）最先提出了统一的笔试记分标准的概念。但那时的教育与学习测量都是针对单一的学习能力的。20 世纪，比奈与西蒙的智力量表进一步推动了教育与学习测量的发展。[③] 总之，教育与学习测量是伴随教育与学习评价的理念的发展而发展的。

　　20 世纪以来，教育与学习的测量理论的发展大体经历了 20 世纪 50 年代以前的经典测试理论和 50 年代以后的概化理论、项目反应理论三个阶段。近二三十年来，在原有项目反应理论的基础上，结合信息加工心理学、评价学，又出现了认知诊断评价理论。要对学习者的学习状况进行评价，就必须客观、准确、全面地收集学习状态与过程信息。相比较而言，经典测试理论出现最早，理论体系也最为完善，具有操作简便、易于理解的特点，不仅在日常教学中得到了广泛运用，而且也是标准化考试等中观问题的重要分析工具，同时，也是后面两种测试理论赖以产生的基础。概化理论对经典测试理论的信度做了进一步的推广，具有便于对结果做出推论的特点，多适合于宏观决策问题。项目反

---

① 杨天宇. 礼记译注（下）[M]. 上海：上海古籍出版社，2010：457.

② 刘晓庆. 大规模学业评价研究 [D]. 武汉：华中师范大学，2013：23.

③ 张红霞. 教育科学研究方法 [M]. 北京：教育科学出版社，2009：158.

应理论则针对经典测试理论中的题目（项目）参数的变异性做了进一步的分析，能有效地处理被试水平差异与测试题目之间的实质性关系，多用于微观教学问题的精细分析。认知诊断评价理论以领域认知模型为基础，追求被试特质的精细化和意义分析，适应于个性化诊断与智慧型学习环境。

第一节 心理特质的可测性及误差分析

一、心理特质的含义

每一个体的思想、行为和习惯都是独特的。在教育和心理学研究中，个体身上所特有的、相对稳定的行为方式就被称为特质（trait）。[①] 这一概念可以追溯到人格心理学的奠基人奥尔波特于1921年出版的《人格特质：分类与测量》。[②] 教育与学习领域中的特质通常有如下几个层面的含义：（1）个体的心理活动十分丰富，但并不是他的每一种心理活动都表现为某种心理特质，只有那些经常出现的、比较稳定的心理特征才称为心理特质。（2）特质属于一种一般的神经心理系统，它能使人针对不同的刺激物而做出相同的反应。（3）特质是对个体内部相关心理特质的概括，具有一定结构性。（4）个体的人格（personality）是由多种特质构成的，而且还具有不同的层级分布。不同的个体具有不同的特质组合。即使是特质的基本类型相同，其水平也有高低之分。（5）由于特质决定了个体对特定刺激的反应的倾向性，因此，掌握了特质与行为的规律性就可以评价、预测个体在某种环境下的行为。

二、心理特质的可测性

心理特质是一种相对稳定的客观存在，依据桑代克的"凡客观存在的事物都有其数量"和麦克尔（W.A.Mcall）"凡有数量的东西都可以测量"的观点，我们完全可以在研究其属性、特征的基础上，设计出某些特定的测量工具对它加以标定。不过，和物理学中的直接测量不同，由于特质是隐藏在个体内部，看不见，也摸不着，因此只能通过某些间接的刺激物（如考题、问卷中的量表等）

---

① 戴海崎，张锋，陈雪枫. 心理与教育测量 [M].3版. 广州：暨南大学出版社，2011:41.
② 李红燕. 简介"大五"人格因素模型 [J]. 陕西师范大学学报（哲学社会科学版），2002,31(S1):89-91.

的行为反应（如答案准确性及其得分情况）来做出间接推断，以确定所研究特质的水平和程度。

三、误差的含义及其来源

在测量中，由于实验方法与实验设备不可能尽善尽美，还会受到周围环境的影响，加之人类的认知水平总是有限的，我们实际测量的数据与被测物体的真值之间不可避免地存在着某些差异，这种数值上的差异就是误差（error），而实际测量所得数值与真值的接近程度就是精度（precision）。[①] 虽然误差具有普遍性和不可避免性，但是，如果人们能够正确认识误差的性质、来源，就能够尽量消除或减少误差。

（一）误差的来源

通常，误差的来源主要有三个方面。

1. 测量工具方面

由于教育与心理测量是以试卷、问卷为基本媒介的刺激—反应系统，所以，考卷、问卷设计时的目标关联性与取样妥当性程度就显得十分关键，如：试卷、问卷中的文字陈述是否简明扼要，有无歧义，内容有无偏题现象，试题的数目是否恰当等。

2. 测量对象方面

这方面误差的产生主要是由于被试的真实水平没有得到正常发挥。如：被试应试动机的强弱，受训内容的多少，受训时间的长短，答题速度的快慢，有无猜题、押题现象，甚至于被试因某些外界压力引起的过分焦虑与紧张，过于疲劳，突然生病，或临场经验不足等因素都会影响其水平的正常发挥。

3. 施测过程方面

施测过程中的误差主要来自某些偶然因素，如：试卷、问卷的印刷与装订错误，缺少统一的计分标准，评分者的情绪波动，答题文字的清晰度和卷面的整洁性，或者被试到场不及时，考场的秩序是否正常，甚至测试场地的温度、灯光、环境噪音、桌椅损坏、被试的答题时间与空间等都可能影响被试正常答题。其中，最为关键的是施测程序的规范性和评分标准、计分流程的合理性。

[①] 费业泰. 误差理论与数据处理 [M]. 7版. 北京：机械工业出版社，2015:1-5.

（二）误差的分类

按照误差的特点与性质，通常，我们将误差分为系统误差和随机误差。其中，随机误差是指由于与测量目标无关的一系列偶然因素所引起的且不易控制的因素所引起的误差，其表现为多次测量的数值不相同，其大小和方向都是完全随机变化的，但符合某种统计规律性。如选择题过难或内容过偏，大多数人都是凭猜测作答，或者教师评分时宽严标准不一，这时就会产生随机误差。所谓系统误差是指与测量目的无关的因素所引起的恒定而又规律的叠加效应。这种误差稳定地存在于每一次的数值测量之中。有时，即使测量结果非常稳定，但还是偏离了目标。如某中学数学测试中，一道 3 分的填空题，其标准答案给错，那么，所有答对的被试分数都会降低，这就属于系统误差。

（三）误差控制

为了合理控制误差，提高测试精度，就必须对测试编制、施测过程、评分计分、分数解释等环节进行规范化管理，即进行标准化测试，才能使测试结果具有可比性。

要做到测试标准化，首先，要确保所有被试都施测相同或等值的题目；其次，在施测过程中，要从测试时间、测试环境和指导语方面保证一致性；最后，在评分阶段要制定一套统一的作业流程和各步骤质量要求、细则，在测试结果的解释上都使用相同的参照标准。

第二节　学习测量的分类

在通常情况下，我们会依据学习测量五个维度的特征来进一步考察、划分测试的性质与类型。

一、考试目的

目的通常和理念有关。"理念"出现在心理测评上，就是常说的"构念"。和人类的其他实践活动一样，任何考试项目的开发都带有一定的目的，都是针对学习者的学习属性、为一定的决策行为而提供信息服务的。有些考试的目的主要是鉴定或分类、筛选学生，如中考、高考之类的选择性考试（selection test）、入学考试（entrance test）。有的考试的目的主要在于检查、考核学生通过课程的学习是否达到原来预定的学习目标，如我们常说的学业水平考试（achievement test）。如果这种考试仅仅限于在课程学习中学生的进步程度，则可称之为学业进步考试（progress test）。当然，最理想的情况是：针对不同类型的决策行为来开发不同类型的考试，以充分发掘相关主题信息。但是，有时也会开发出某些具有多种用途的考试形式，其效益—成本比值会更高。不过，因为目的和用途的不同，我们必须充分重视不同类型的考试结果的有效性，也就是效度（validity）问题。

二、考试内容

我国的教育考试都是依据课程标准中规定的内容来设计与实施的。这就是前面所说的学业水平考试。不过，这类考试有一个前提，那就是全部考生必须具有相同或基本相同的教育、学习背景，也就是学习机会公平性问题。在国际上有一种更为流行的做法是：以某种普遍认可的学习理论做支撑，开展基于精熟度水平的考试（proficiency test）[①]，如外语类考试中的 TOEFL、GRE 等。应该说，课程标准也是基于某一主流学习理论而设计的。但是，可以肯定，二者有时会有明显差别。这就主要取决于制定课程标准时所选择和依据的学习理论的先进性与合理性。

三、分数解释的标准

根据考试时所采用的分析与解释依据的不同，考试结果可以有两种不同的解释方法。第一种是常模参照（norm-referenced）办法，即通过选择能充分代表整个考生群体的常模组的平均行为表现（performance），运用平均数和标准差作为参照标准来解释各个考试分数。它主要用于相对优劣水平考察与判定。第二类是某领域中的标准参照（criterion-referenced）办法。它以某一领域特定的能力要求（如课程内容的精熟度、培养目标的达成度等）作为解释依据，主要考察某一领域内的能力胜任情况。这二者在试卷的设计、命题、开发及所用量表及其解释方面均有着显著差别。在使用常模参照标准的考试中，区分度

---

① 雷新勇. 大规模教育考试：命题与评价 [M]. 上海：华东师范大学出版社，2006:27.

（discrimination）为首选参数。在使用标准参照的考试中，怎样才能使考试的精熟度能覆盖不同能力水平的考生以及如何使考试范围能覆盖不同领域（如课程章节中的不同知识点）则是要重点考虑的问题。这时，难度及其内容代表的有效性为必须重点考察的两个参数。[1]

四、考试方法

依据考试方法来划分考试类型，经常出现的有是非判断题、多项选择题、填空题、问答题等形式。此外，近年来，教育界越来越多涌现出被称为"表现性考试"的考试。其目的在于即时考察考生在考试环境中真实地重复其在非考试环境中的行为表现能力。

五、评分方法

依据评分方法来划分考试类型，其结果不外乎两种：一是客观性考试。在这类考试中，试卷评阅者依据事先确定的计分标准来判断考生回答的正确与否，不会因为评阅者的不同而出现分数差异。二是主观性考试。它的计分依据是评阅者对评分标准的主观理解程度，因而会因评阅者的不同而导致评分结果的不同。

第三节　传统的经典测试理论

前面已提到，测试的实质就是通过试卷这个量表来测量学习者的行为样本，从而系统地收集学习者的学习信息，通过后续分析进而达到做出适切判断和科学决策的目的。由于人类认识的局限性所导致的测量工具尚不够科学，或者被测对象本身的不稳定，或者施测时的条件、操作不够规范，在测量时必然会出现误差。这些误差之所以产生是由于在测量过程中难以完全排除某些与测量目标没有必然联系的影响因素出现，从而导致了实际测量结果与应有的真实的测

---

[1] 尽管常模参照考试与标准参照考试有着显著的差异，但是，在教育或学习的考试实践（如高考、上海中考）中，我们往往会将二者有效地结合起来。首先，以不同的能力水平、不同的领域内容作为参照进行命题，然后，通过考生群体的综合行为表现作为参照来对考试结果予以解释。雷新勇．大规模教育考试：命题与评价 [M]．上海：华东师范大学出版社，2006：28-30．

量效果出现差异，具体表现为测试结果的不稳定和（或）不够精确。事实上，测量时的信度指标反映的就是随机误差的大小。它不仅反映了稳定性，也反映了准确性。效度指标则同时会受到系统误差和随机误差两个因素的影响，尤其是与目标偏离的系统误差的大小，因此，它不仅涵盖了信度，也是测量精准程度的综合度量。①

一、经典测试理论的基本假设与数学模型

经典测试理论（classical test theory，CTT，又称为真分数理论）是最早实现了数学形式化的测量理论。它启蒙于 17 世纪第莫非尔（Demoirer）的测量误差服从于随机正态分布的统计思想，由英国实验心理学家斯皮尔曼（C.E. Spearman）于 1904 年首次提出，其理论与方法在 20 世纪 30 年代日臻成熟，并在 50 年代因格里克森（H.Gulliksen）的著作而得到了完整的数学理论，此后，又在洛德（M.Lord）与诺维克（R.Novick）的著作《心理测验分数的统计理论》中被发展至巅峰状态。②CTT 主要是围绕诸如信度（reliability）、效度（validity）、难度（difficulty）和区分度（discrimination）这四个统计特征量来设计与展开。其中，信度系数（reliability coefficient）又是这一理论中最核心的考察内容。其基本设想是：将多次测量的平均值（也称期望值）作为最佳估计值来代表真分数(true score)③，以统计上的标准偏差作为测量结果的最佳误差估计值。这一理论的前提假设主要有三个：

第一，要转换为真分数的测量目标的心理特质在所研究的范围内具有稳定不变性。

第二，观察分数与真分数之间是一种线性确定型关系。测量时只需考虑随机误差的影响，诸如所使用的测量器具与测量原理、方法所造成的系统误差则全部包含在真分数这个概念中。

第三，每次测量都是相互独立的，其测量误差也是相互独立的，互不影响。

---

① 金瑜. 心理测量 [M]. 上海：华东师范大学出版社，2005:140-141.

② 郑日昌. 心理测量与测验 [M]. 北京：中国人民大学出版社，2008:47-48.

③ 真分数又称为 T 分数，是指可以真实地反映被试某种心理特质（如知识、能力等）、不存在测量误差的那个测试数据。它实际上只是一个理论构想值（因为即使误差最小，也不可能为零），与此相对应，通过实际测量所得到的分数则被称为观察分数（Observed Score）。当观察分数越接近真分数时，测量的误差也就越小。在实际操作中，只要这个差异不太大，在可以接受的范围之内，那么这个测量就是一个可以接受的测量。在操作上，我们往往将多次（数量足够大）的测量结果的平均值来代表真分数。戴海崎，张锋，陈雪枫. 心理与教育测量（修订版）[M]. 广州：暨南大学出版社，2011:45.

这样，如果用 X 表示观察分数，T 表示真分数，E 表示随机误差，那么，经典测试理论的数学模型就可以用如下的数学式来表示：

$$X=T+E \tag{11.1}$$

依据这一线性关系数学模型，我们可对此做出如下的进一步推导：

如果用平行的测试针对某一心理特质反复测量，达到足够多次，那么，其观察分数 X 的平均值会基本接近于真分数 T，即

$$\varepsilon（X）=T \tag{11.2}$$

也就是误差分数服从于平均数为 0 的正态分布：$\varepsilon（E）=0$

真分数和误差分数之间不存在相关，也就是其相关系数 ρ 为零，即

$$\rho_{ET}=0 \tag{11.3}$$

各平行测试的误差之间不存在相关，即

$$\rho_{E1E2}=0 \tag{11.4}$$

对上述数学模型及其三个假设稍作考察，不难发现：（1）针对某种心理特质水平的真分数，我们做了一个假定：它一直是稳定不变的，真分数与误差分数之间是相互独立、互不影响的。因此，考试、测量就是如何去估计这一真分数的数值大小。（2）观察分数被假定为真分数与误差分数之和，它和真分数之间只是一种线性变化关系。（3）测量误差是随机性的，不仅独立于所欲测量特质的真分数，也独立于所欲测量特质以外的其他任何变量，因此，它服从于平均值为 0 的正态分布。概言之，假设（1）是说明随机误差 E 是一个服从平均值为 0 的正态分布的随机变量，而假设（2）和（3）则说明 CTT 不包含有系统误差，只含有随机误差 E。

对于 CTT，我们不能不重点说一下平行测试（parallel tests），因为它是实际运用中的一个基本方法。

严格意义上的平行测试是指：对于测验总体中的任何一个被试来说，假如他分开测试的两次观察分数 X 和 X' 都能同时满足 CTT 的真分数线性模型及其三大假设，而且具有相等的真分数（$T=T'$）和相等的误差变异数（方差 $\rho_E=\rho_E$），即能够满足一个模型、三个假设与两个相等的条件，因而要求两次测试在试卷的组成形式、试题类别与数量、难度、区分度以及测试得分的分布情况上都完全一样，因此，该情况很难出现。实践中，与这种严格的平行测试较为接近的情况是基本等价测试（essentially-equivalent tests）。它只要求：对于测试总体中

的任何一个被试来说，他的两次测试所得的观察分数 $X1$、$X2$ 能够满足其数学模型与三大假设，允许其真分数之间相差一个常数 C_{12}。但是，通过运用平行测试来反复测量同一个学习者的同一（几）种的学习属性的做法通常很难实现。这样，CTT 的数学模型及其三大假设仅仅只是一种理论上的构想，只能算是教育测试界的工作者为了方便解决学习测试实践中诸多问题而提出的一种"共同约定"。

标准化测试是 CTT 能够较好发挥作用的一个领域。在这种情况下，我们不必通过许多的平行测试来反复测验同一批被试，而是以同一个测验来同时检测被试群体。这就基本相当于用多个平行测试去反复测试某一个具有群体真分数平均值水平的个体。由于每一个体的测试误差都是随机变量，能总体服从均值为 0 的正态分布。这样，只要被试群体的数量足够大，群体内的测试随机误差就能够彼此抵消，从而使这一群体观察分数的平均值能够基本等同于该群体的真分数的平均值。

在满足 CTT 的数学模型和三大假设的情况下，我们不用十分复杂的计算就能推导出下列方差方程：

$$S_x^2 = S_T^2 + S_E^2 \qquad (11.5)$$

也就是说，对于一次测试，被试群体观察分数的方差就是其真分数的方差与误差分数的累加和。要特别指出的是，反映真分数的变异大小的方差实际上包含了两个部分：与测试目标相关联的那一部分 S_v^2 和与测试目标无关的另一部分 S_I^2，即：

$$S_T^2 = S_v^2 + S_I^2 \qquad (11.6)$$

这样，观察分数的变异就又可以表示成：

$$S_X^2 = S_v^2 + S_I^2 + S_E^2 \qquad (11.7)$$

二、CTT 中的信度及其计算

在 CTT 中，信度的估测及其解释居于显著地位。下面，我们讨论几种常见情况的信度计算。

（一）信度的定义与数学表达式

在一组测试分数中，我们将其中的真分数方差（变异）与观察分数方差（实得分的总变异数）的比率定义为信度系数。其数学表达式是：

$$\gamma_{xx} = S_T{}^2 / S_x{}^2 \qquad (11.8)$$

由此可见，信度同样也是一个理论上的构想概念值。它反映的是测量过程中随机误差的大小，有助于将不同测试之间的分数值进行比较，并对个体测试分数的意义进行解释。在实施中，通常会将从同一个样本所得到的两组数据的相关性作为其度量指标。但是，由于在被试者本身、测量工具和施测过程中都会存在一定的误差，多数是无法直接测量的，因而在实践操作中只能依据操作性定义来估测信度大小。根据测量时操作方法的不同，经常出现的信度主要有重测信度、复本信度、内在一致性（项目同质性）信度、评分者信度等四种。

（二）信度的几种主要计算方法

1. 重测信度

重测信度也称为再测信度或稳定系数。对于某一组被试，在测量第一次之后，间隔一段时间后再用同一测验进行第二次测试，以估计两次测试结果的变异情况，反映的是测试结果的稳定性大小。这时，我们可用两次的测试得分的皮尔逊积差相关系数大小进行信度估测。

要说明的是，这里的"间隔一段时间"应依据研究需要和测量性质来决定，同时也必须尽可能使前后两次施测时的被试状态和施测条件相同。当测量工具比较稳定，被试的学习特质受环境因素影响比较小时，使用重测信度可以较好地预测短期内的情况。

2. 复本信度

复本信度也称等值系数。有时候不能通过同一测验进行先后两次测量，而是通过同一测试内容对同一批被试进行两份平行的施测来考察测试结果的一致性程度。这种信度就称为复本信度（alternate-form reliability）。其数值大小就是同一批被试在这两个复本测试上所得测试成绩的皮尔逊积差相关系数。对于复本信度，其误差来源主要是这两个施测形式是否等值，即测试内容的题目取样、试题格式、题目数量、题目难度、测试成绩平均数与变异分布（标准差）是否相同。对于逻辑思考能力和创造力之类的特质，由于它们的学习记忆效果保留时效长，比较适宜于计算复本信度。如其他条件相同，测试项目越多，信度数值也会越高。

3. 内在一致性系数

内在一致性系数也称为项目同质性信度。当我们既不能重复施测，也没有条件进行复本测量时，而被试在同一个测试里能够表现出较好的跨项目一致性。这时，我们就说这一测试具有项目同质性（item homogeneity）。这时的信度称为同质性信度（homogeneity reliability）或者内部一致性系数。这时，所有题目测量的是被试的同一种学习特质，而且被试在各测试题目上所得到的分数具有较高的正相关。其较为粗略的计算办法就是将一份试卷的测试题目根据其奇偶序号等方法[①]来尽可能拆分成两个平行的半分测试办法，进而计算测试的分半信度。其计算方法主要有斯皮尔曼—布朗（Spearman-Brown）公式及其通式、费拉南根（Flanagan）公式和卢龙（Rulon）公式等。另一种比较复杂的方法是库德（G. F. Kuder）和理查逊（M.W. Richardson）提出的、通过运用方差或协方差来分析被试对各项目的反应情况，$K-R_{20}$ 和 $K-R_{21}$[②]、克朗巴赫 α 系数、霍伊特（C. Hoyt）信度[③]等计算方法都是针对这种情况的。[④]当然，在实际测量中，我们往往要测量的是学习者的综合学习特质（属性），因此，通常会将一个试题内容分成几个不同的同质性分测试，然后根据各被试群体在各分测试上的反应分别做出解释。

4. 评分者信度

当多个评分者给同一批被试的测试结果进行评分时，所得到的测试分数往往会受到评分者主观判断的影响，因而会出现一定的差异，反映这一差异大小的就是评分者信度。例如：在高考作文水平的测试以及求职面试中，都有必要来考察评分者的评分一致性问题。估计评分者信度时，往往必须综合考虑评分者人数、计分时是连续变量评分还是等级评分等因素。对于只有两个评分者的情况，通常是计算积差相关系数或者等级相关系数；当评分者达到三人及以上

---

① 除奇偶数法外，常用的分半方法还有难度排序奇偶法、内容匹配法和随机安置法等，但是，采用不同分半法时，所得到的信度估算值往往会有所差别。金瑜．心理测量 [M]．上海：华东师范大学出版社，2005:153.

② 鉴于这一公式是库德、理查德在 1937 年发表论文中的继 K-R_20 之后的第一个公式，因此，被称为 K-R_21。测试中所有项目的难度完全相同或相近，因而，实际情况很难满足这一前提。这时，运用它来计算信度所得数值会低于实际分半信度。但是，由于它所需要信息较少，因此，也会被经常使用。郑日昌．心理测量与测验 [M]．北京：中国人民大学出版社，2008:76-77.

③ 霍伊特（C. Hoyt）信度是一种运用方差分量来衡量测试内部一致性的办法。总体来说，它是将测试的总变异数分为人与人之间、项目（试题）与项目之间以及人与项目之间三个部分。其中，人与人之间的差异反映了真正的变异数，人与项目之间的交叉影响则反映测量误差变异。郑日昌．心理测量与测验 [M]．北京：中国人民大学出版社，2008:77-78.

④ 用库德 - 理查德公式和克朗巴赫 α 系数并不适应于速度测试。因为在速度测试中，测试时间有限，测试题量通常都会超过正常题量，被试一般不能做完所有的题目，这样每一个被试也都会去做严格同质的测试题目。此外，由于每一个体的人格各异，因此，这一办法也不能适应于人格测试。金瑜．心理测量 [M]．上海：华东师范大学出版社，2005:154.

时，对于等级评分，一般是计算肯德尔和谐系数。[①]

如前所述，通常情况下，测试内容和施测情境都会造成测量误差（通常采用误差分布的标准差来计量），进而影响到测试分数及其信度。此外，我们还会发现：当考试分数的分布范围较广时，有利于准确地计算信度系数，并且，测试的题目数较多时，信度通常也会越高。难度保持在适中水平，也有利于提高信度。在基于标准参照测验中，我们的测试重点不是寻求个体间的差异，而是检测被试对于某些知识、技能的运用是否达到一定的水准。因此，我们会要求：不同的项目（试题）之间具有较高的内部一致性；在不同时间段所测量的分数值具有较好的稳定性；在同质的两次测试中具有较好的分数一致性。这时，我们不能使用计算相关系数的办法来估测信度，而必须采用其他的适当办法。利文斯顿（S. Livingston）法和一致百分比法就是常见的两种方法。[②] 尽管这两种方法还是不如人意，但是，在实际需要时仍可估计基于标准参照测试的信度值。

第四节　计算机环境下的项目反应理论

一、项目反应理论诞生的历史背景

虽然 CTT 一直以来受到人们的普遍重视，但是，在使用中也发现了它所提出的真分数模式的假设是弱势（weak）的，致使其统计指标都是样本依赖性的（sample-dependent）。因为即使是同一份测试试卷，信度、难度、区分度等统计指标也会因为抽取样本的不同而不同。此外，由于量表中能力特质与难度特性各自所选择的参照系不同，因而不可避免地存在着能力和难度不相匹配的问题，致使测量时误差增大。再者，在严格平行测试假设条件下的"平行复本"（parallel forms）概念只是一个理论上的构想概念，不具备实践操作性，因而在 CTT 中，对于信度的估测是很不精致的，只具有笼统性和近似性。特别是测试中各个被试的项目反应型式（item response pattern）可能完全不同，因此，这种标准化条件下的随机误差分析技术很难推及至非标准的现实测量情境分析，必

---

① 金瑜. 心理测量 [M]. 上海：华东师范大学出版社, 2005:155.
② 具体计算式可参阅：郑日昌. 心理测量与测验 [M]. 北京：中国人民大学出版社, 2008:90-92.

须结合原有的测试情境才能做出合理解释。这样，如果要通过单一的测验分数进行详尽而透彻的解释甚至预测，就变成了不可能的事情。在传统 CTT 存在着这些严重不足的背景下，现代测验理论应运而生了。在现代学习测量理论中，其中影响最大的就是项目反应理论（item response theory，IRT）。[①]

学习测量的主要任务在于探索人类某种学习行为下面起制约作用的潜在特质结构（包含哪些成分以及这些成分的数量、性质），进而将其量表化[②]，再通过此量表判定被试在这些潜在特质量表上的准确位置，以最终能够较为准确地预测该学习者的学习行为或能力表现，因此，IRT 也被称为潜在特质理论（latent trait theory）。1952 年，美国测量专家洛德（F. Lord）在他的博士学位论文中首次提出了基于项目反应的"双参数正态卵形模型"（normal ogive model），并提出了该模型相应参数的估测办法，从而使得这一理论模型能够实际运用于二值计分的学习测试实践之中。[③]

IRT 的主要特点可概括为以下五个方面：

第一，对被试能力参数估计的相对不变性。也就是，在 IRT 中，对于被试能力（解决问题的能力）的参数估计不会随测试中所使用项目的不同而出现不同，各个测试项目对被试能力的检测是完全独立的。

第二，所选择的被试样本组别不会对各项目参数的估计带来差异，表现出一定的项目参数估测时的恒定性。这样，就便于对不同测量量表（试卷）所得的分数进行比较。

第三，对被试能力的估测具有较高的准确度。在 IRT 中，测试信息函数是用于估算被试能力的重要指标。但是，这一指标在正式测试前就经过了类似环境的子检测，不仅能够估计被试的能力情况，也能反映同一得分情况下的不同得分型式（pattern）。因此，其数据分析更细致、更可靠。

第四，试卷编制更具价值。IRT 将被试能力与项目难度经过了严格匹配、筛选，并安排在同一个测量量表上，使得试卷编制和测试数据的分析、解释都

① 郑日昌. 心理测量与测验 [M]. 北京：中国人民大学出版社，2008:50-52.

② 为了实现潜在特质的量表化，测量学中提出了"潜在特质空间"（latent trait space）一说，用以表示对人类某种学习行为起制约、规定作用的一系列潜在特质的集合，在数学上通常可表现为如下形式：$\theta = \{\theta_1, \theta_2, \theta_3, \cdots \theta_t, \cdots \theta_k\}$，其中，$k$ 为特质空间的维数，θ_t 是特质空间中的第 t 个特质（影响因素）。丁树良，罗芬，涂冬波，等. 项目反应理论新进展专题研究 [M]. 北京：北京师范大学出版社，2012:1-2.

③ 其实，IRT 的研究还可以追溯到更早时期，如理查德森（Richardson, 1936）、劳莱（Lawley, 1943, 1944）的研究。郑日昌. 心理测量与测验 [M]. 北京：中国人民大学出版社，2008:52.

更为容易，并且在鉴定项目的等值性、建设项目试题库、开展基于计算机的自适应测试等方面都具有更为开阔的前景。

第五，项目反应曲线直观而明了。由于 IRT 的项目反应曲线综合了多个项目分析的资料、信息，诸如项目难度、区分度等项目特征参数，因而也就能够在曲线上得到比较直观的说明。

总之，IRT 提出的"潜在特质"假设认为，人的潜在能力之类的特质可以通过测试总分来估计。因为这些测试中的特定反应与被试个体的特质有着直接而特殊的关系，因而可借助于严谨的数理统计方法进行分析。不过，在近 20 年，虽然 IRT 的开发与应用获得了巨大发展，并不断有新的模型出现或者新的参数估计方法诞生，但是，其在我国还处于探索阶段。究其原因，一是必须借助于计算机作为工具。二是研究者必须具备较深厚的数学功底，尤其是必须具备相对娴熟的数理统计能力。这些客观性限制在一定程度上阻碍了 IRT 的推广与应用。

二、IRT 的假设和几种主要模型

（一）IRT 的主要假设

对于 IRT 来说，其假设主要有四个。

1. 潜在特质空间具有单维性

在 IRT 中，我们首先假定：由潜在特质组成的那个抽象空间具有单维性。即同一测试只测量一种能力、特质，测验中的不同项目都是在测量同一种潜在特质。这样，如果对某一个项目的反应是由被试的 k 种不同潜在特质所共同影响的话，那么，这一系列潜在特质就构成了一个 k 维空间，只有将被试在这 k 个不同潜在特质上所得到的分数累加起来形成一个综合分数时，才能决定该被试在这一 k 维的位置排列，也就是形成一个完全的潜在特质空间。实际上，学习测量中的知识、能力、动机、态度、生理状况等许多心理特质会交织在一起，共同影响被试对测试项目的回答。但是，只要所测量的能力是影响该被试对该项目的主要因素时，我们都可以近似地将该测试看作是单维的。

2. 测试项目的局部独立性

该假设的含义是：被试对某一个测试项目的应答（反应）不会为其他另

外的测试项目提供附加线索或造成附加影响，也就是说，被试在不同项目上的回答在统计上都是彼此独立的。每一个测试项目都具有局部独立性（local independence），不存在关联题或连锁题的情形。

在数学上，如果两个项目能够同时满足式（11.9）中的四个条件，则可认为这两个项目的分数是相互独立关系。否则，就是相互依存关系。[①]

$$
\left.
\begin{aligned}
P(+,+) &= P_i(+) \times P_j(+) \\
P(+,-) &= P_i(+) \times P_j(-) \\
P(-,+) &= P_i(-) \times P_j(+) \\
P(-,-) &= P_i(-) \times P_j(-)
\end{aligned}
\right\}
\tag{11.9}
$$

在上述关系式中，P（+,+）表示对第 i 个项目与第 j 个项目同时正确应答的概率（possibility）；P（+,-）则是对第 i 个项目正确应答而第 j 个项目是错误应答的概率；P（-,+）是第 i 个项目错误应答而第 j 个项目是正确应答的概率；P（-,-）是第 i 个项目和第 j 个项目同时出现错误应答的概率；P_i（+）和 P_i（-）则分别是对第 i 个项目的正答概率和误答概率；P_j（+）、P_j（-）分别是对第 j 个项目的正答概率与误答概率。

3. 项目特征曲线遵循"知道—正确"假定

1946 年，塔克（Tucker）提出了项目特征曲线（item characteristic curve，ICC）。ICC 是项目特征函数（item characteristic function，ICF）或者项目反应函数（item response function）的图像化形式。如果用 θ 表示被试个体的能力，$P(\theta)$ 表示被试对某一项目的正确应答率，显然，它是个体能力 θ 的函数，那么，在 CTT 中，项目难度是同一群体在回答此项目时的平均应答概率（见图 11.1），而在 IRT 中，该项目的难度随个体能力的不同而不同（见图 11.2），大致呈现"S"形。[②] 对于这一假定，可以这样理解：当被试知道某一测试项目的正确答案时，他必然会答对，不存在出现错答的可能；相反，假如某一被试答错了某一项目，则推断他必然是不知道正确答案。

---

① 郑日昌. 心理测量与测验 [M]. 北京：中国人民大学出版社，2008:56.

② S 曲线是最为常见的项目反应曲线。不过，不同的 IRT 带有不同的假设前提，数学函数也会出现异同。因此，项目反应曲线还有其他曲线形式。

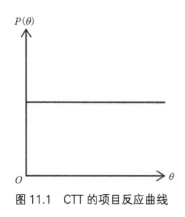

图 11.1　CTT 的项目反应曲线

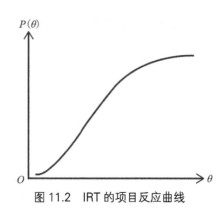

图 11.2　IRT 的项目反应曲线

4. 测试时遵循"无时间限制"假定

"无时间限制"假定指的是：被试在回答某一项目时，不会出现由于答题时间不够而不能正确应答的情形，也就是说，只有能力的差异才会影响答题的正确性。事实上，如果答题时间（主要是答题速度不够快）也成了影响答题结果正误的因素的话，那么，答题的正确率就不是单维性的了，而变成了答题能力、答题时间双变量的综合性影响了。这在 IRT 中是不允许的。

（二）IRT 的主要模型

IRT 在提出上述四个基本假设之时，其基本概念有潜在特质、项目特征曲线（ICC）等。但是，其核心是项目特征曲线，因为它详细地描述了被试个体的能力水平与其做出正确应答的概率之间的关系。项目反应曲线的数学解析式就是前面提到的项目特征函数（ICF），也被称为项目反应理论的模型。[①]

图 11.3 为两个项目的三参数逻辑斯蒂模型下的项目特征曲线的比较。其中，θ 为被试的能力水平，$P_i(\theta)$ 则是能力水平为 θ 的被试在应答项目 i 时的正确（概）率。这样，θ 与 $P_i(\theta)$ 之间的数学关系可用下列三参数逻辑斯谛模型（logistic model）模型来表示：

$$p_i(\theta) = c_i + \frac{1 - C_i}{1 + \exp\left[-Da_i(1 - b_i)\right]} \qquad (11.10)$$

[①] 常见的分析模型有物理模型和数学模型。但是，在 IRT 中，其模型仅是指数学模型。因此，项目反应模型和项目特征函数也就成了同义词。

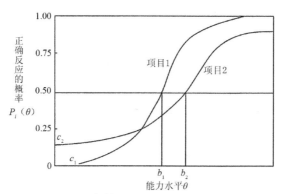

图 11.3　三参数 logistic 项目模型反应曲线

式（11.10）中，a_i 是项目的区分度参数，其数值大小是曲线在 b_i 处的切线斜率。它的数值越大，曲线就会越陡峭，因而也被称为陡峭参数。b_i 是项目的难度参数，它等于曲线在拐点处的 θ 值。c_i 是猜测度参数，对应于曲线中的下渐行线，反映了被试通过猜测而正确应答的概率。D 是一个量表因子，通常情况下为 1.7。

IRT 的项目反应模型有许多分类方法。按照潜在特质的维数进行划分，可以分为单维和多维。当只考虑计分方式（测试数据类型）的差异时，大致可以分为三种。[①]

1. 二级评分 IRT 模型

当测试项目（如在学业成就评分中为了便于机器阅卷、统分）采用二级评分（0-1 评分，也称双歧评分）方法时，往往采用此类模型。这类模型主要包括：逻辑斯谛模型、正态曲线卵形模型、完美量表模型（perfect scale model）、潜在线性模型（latent linear model）、潜在距离模型（latent distance model）等。

2. 多级评分 IRT 模型

当计分方法采用多级评分时则采用多级评分 IRT 模型。目前，应用上较为成熟的多级计分模型主要有：塞米吉玛（F. Samejima）的分级反应模型（graded response model，GRM）、马斯特斯（G. N. Masters）的分部计分模型（partial credit model, PCM）和莫雷卡（Eiji Muraki）的广义分部模型（generalized partial credit model, GPCM）等。[②]

---

① 郑日昌．心理测量与测验 [M]．北京：中国人民大学出版社，2008:58；丁树良，罗芬，涂东波，等．项目反应理论新进展专题研究 [M]．北京：北京师范大学出版社，2012:8-9.

② 丁树良，罗芬，涂东波，等．项目反应理论新进展专题研究 [M]．北京：北京师范大学出版社，2012:12.

3. 连续型 IRT 模型

这类模型适应于当测试项目的计分是连续型变量的情形，在目前还不常见。

三、IRT 的实践研究与理论发展

CTT 理论的最大不足在于测试的统计量数据与统计样本相关，对于不同的被试样本，所求得的统计特征量数值并不相同，而 IRT 正好弥补了这一不足，实现了项目参数的估计与被试样本的无关性，但是，IRT 具有三个较为严格的假设，而且在估计这些项目参数时必须进行一系列复杂的计算，没有计算机作为辅助工具是不可能的，因此，直到 20 世纪 70 年代末期才开始实质性的应用研究，并在八九十年代得到迅速的推动与发展。近年来，随着等级反应模型（GRM）和分部计分模型（PCM）模型拟合与参数估计等技术的不断成熟，IRT 在标准化试题库建设、计算机自动组卷与评分、计算机自适应测试系统方面越来越显示出其独特的优势。如江西师范大学漆书青等人于 1997 年就与香港中文大学教育学院进行合作，进行了小学数学计算机化自适应测验研究。另外，在人格测试、学生素质测试、语言测试、企业人才测评中也涌现出部分实践性成果。

近年来，学界对于 IRT 的理论研究主要是三个方面:(1)多维项目反应理论。这主要是由于人类的行为非常复杂，测试项目与被试者能力之间是一个多因素交互影响的过程[1]，如英语的测试既包含词汇量这个维度，还包含了语法这个维度，甚至还包含了以测试动机为主导的元认知能力，而单维项目反应理论的强势假设就是一维性。有研究表明:[2] 使用单一维度模型去获取针对多个能力的多维数据不仅会增大测量误差，而且不能全面评估被试的能力与素质。(2)非参数项目反应理论（nonparametric IRT, NIRT）。提出 NIRT 的基本目的在于不受原来 IRT 样本量的限制，而是通过马尔科夫链蒙特卡罗（Markov Chain Monte Carlo，MCMC）方法、期望—极大化（Expectation-Maximization algorithm，EM）算法等方法实现短测试和小样本数据的有效分析，增加测试的灵活性。(3)如何建设一个高质量项目库并结合某些有效的选题算法实现自动组卷和评分，为学生个体的精准能力定位而开发出自适应系统与平台，或增加个体内部信

---

① 辛涛. 项目反应理论研究的新进展 [J]. 中国考试，2005(7):18-21.
② 付志慧. 多维项目反应理论模型应用理论 [M]. 北京：科学出版社，2017:17-18.

息加工机制的研究，与认知诊断模型相结合，进一步开发出带有自诊断功能的计算机化自适应系统，不断提升人才分类选拔水平，促进学生的个性化成长。[①]

第五节　智能环境下的认知诊断理论

有学者指出，教育心理与学习的测量可分为两大阶段：标准测验阶段和新一代测验理论阶段。[②] 前面所提到的经典测验理论、项目反应理论和概化理论都是对能力水平的研究，属于标准测验阶段。其中的"能力"是由一系列特质组成的，目的在于从宏观层次给被试一个整体性的评估。在国际上，新一代测验理论始于20世纪80年代，一方面缘于项目反应理论与认知结构诊断的结合，另一方面也是由于工程学和人工智能理论成果的渗透。[③] 新一代测验理论是基于被试的作答过程的，通过心理计量模型去反映被试的认知加工特点，属于认知水平范式。在当今条件下，它主要是指认知诊断理论（cognitive diagnosis theory，CDT）。

一、认知诊断理论的产生

在IRT中，项目是测量被试能力的基本单位，被试作答的结果是以项目特征函数的方式来描述的。它所反映的是项目本身的特性和被试能力之间的耦合作用。因为项目所包含参数的数目不同，因而会出现不同的模型，可以满足不同的测试要求，在指导被试群体的总结性测评实践中具有明显优势，也是当代测量学发展的主流方向之一。然而，项目反应理论中的基本前提与要素依然是被试的笼统性特质（trait），而没有对被试特质做精细化的划分，更缺乏对特质内容本身的具体意义分析。

随着认知心理学尤其是信息加工心理学和认知神经科学实验的研究成果日益涌现，人们对学习过程的认识也越来越深入。笔者已在第二、第三章和第六章做了较为全面的论述，总结起来，目前已经取得共识的基本观点主要有：（1）个体的注意是有选择性的，只有周边环境中那些对他有关联、有影响的事

---

① 程艳，曾繁建，许维胜. 项目反应理论模型及其问题分析 [J]. 井冈山学院学报（自然科学），2007, 28(12): 39-41.

② 刘声涛，戴海崎，周骏. 新一代测验理论：认知诊断理论的缘起与特征 [J]. 心理学探新，2006, 26(4): 73-74.

③ 余娜，辛涛. 认知诊断理论的新进展 [J]. 考试研究，2009, 5(3): 22-23.

情才会引起他的注意，产生表象，形成某种期待，而这恰恰是认知与学习的前提。（2）信息是以动作电位的形式在神经网络中传递的。人类大脑的认知、学习本身就是一个涉及信息的输入、加工、编码、存储、提取、输出的全过程，而认识、思想和行为都只是这一系列加工过程的最终产物。（3）知识的加工与编码过程是内化的核心。它们都是通过图式的激活来进行的，而图式（schema）是个体通过原型（prototype）和大量的同类或相似事物并采取对象定向→特征比较和抽取→与记忆中的情境信息、语义信息比较→框架式记忆等步骤逐步习得，是个体与外部世界交互、内化后所形成的概念、命题等知识组块，因此，个体的先前经验和现有知识结构对学习过程具有决定性影响。（4）人类的行为是遵守产生式（C-A）规则的。当满足一定的条件后，就会自然产生下一个行为事件。不过，这里的"条件"是整体性的，既包括个体当时的需要及其迫切性、内部的知识结构，还包括外部情境所给予的各种即时刺激。（5）人类的知识系统主要是长时记忆，其存储是按照个体意义、内容的相似性以及它们之间的逻辑联系强弱来分门别类组织并逐步加以拓展的，具有格式塔理论中的整体性、多维性和层级性特征。（6）知识的应用过程就是当个体碰到某个具体的问题情境时，首先会从认识对象的表象中提取相关特征，形成某种特征组合，然后从内部的长时记忆系统中搜索并提取原型或原型的部分信息，再提取到工作记忆中进行分析、比较和综合，整合成"条件"，最后依据产生式规则生成新的认识或决策，开始某一行动。以上认识成果构成了领域认知属性及其结构模型的主要理论基础，当然，认知诊断理论的出现也离不开现代心理测量学的发展，尤其是各种心理统计模型的支持。国际上，"认知诊断评估"概念的提出可追溯到 1994 年的保罗·尼克尔斯（Paul D. Nichols）的《认知诊断评估开发框架》（"A framework for cognitively diagnostic assessment"）一文。[1]

认知诊断理论是以学习过程中实际问题的解决为导向的。[2] 这里所说的问题或任务都是学习过程中可能碰到的真实问题或任务，并且以不同的形式出现，学习者只有掌握相对应的领域知识属性后才能顺利解决它。这里的"知识"既包括了第三章中所阐述的概念、命题、规则、情境描述等陈述性知识，也包括了技能等程序性知识以及高级规则使用等策略性知识，即美国认知心理学家梅耶

① 郭磊. 认知诊断理论及其应用 [J]. 心理技术与应用,2013(2):27-31.
② 罗照盛. 认知诊断评价理论基础 [M]. 北京：北京师范大学出版社,2019:16-17.

（Richard E. Mayer）所说的语义知识、陈述性知识、策略性知识。[①] 在认知诊断评估理论中，我们先假定被试对问题、任务是理解的，所以，问题解决的关键是被试如何从长时记忆中快速地提取相关信息去理解问题，也就是如何合理地综合运用所学到的知识、技能、策略去找到最恰当的问题解决方案和过程。当然，导致问题解决失败的原因可能是以下三种：(1)被试的长时记忆中根本就没有存储与该情境问题相关的信息，或者信息存在部分缺失，甚至完全处于模糊状态，因此，不能准确地检索、提取信息。(2)被试在提取相关主题信息时产生了偏差，提取的是非关键信息甚至是错误信息。(3)被试提取了与该问题相关的全部信息，但是，在组合的具体方式上出现了偏差，从而导致了问题解决方案的不合理。总之，认知诊断评估理论认为，通过学习者在完成既定学习任务时的行为表现就可以判断出他在该知识领域中的知识掌握水平和内在的知识结构特征。

二、认知诊断理论中的基本概念

（一）认知诊断

诊断，原是一个医学用语，指医生通过询问和生化指标检查而了解病人的身体内、外部的具体情况，然后依据某些标准做出正常或异常的判断，同时开具药方，指导其恢复健康。这个使用日益普遍的词语，泛指通过各种技术和手段的检查来全面而细致地了解某一诊断对象，然后结合自身的专业知识进行详尽的分析，参照具体的专业判断标准做出判断，最后就该诊断对象在目前状态下应该如何保持和发挥优势、改善不足提出具体的合理化建议。认知诊断（cognitive diagnosis），顾名思义，是对认知的诊断。作为认识、感知过程和结果的认知，它是指个体获得知识并应用知识的过程。它包括感觉、知觉、记忆、思维、想象和语言、文字等符号的使用和表达等心理现象。在教育与学习测量中，认知诊断主要测量特定认知领域比较重要的知识与技能、被试的认知结构和被试作答心理加工过程，为被试的发展给予有针对性的建议。[②]

① 盛群力. 学习类型、认知加工和教学结果：当代著名教育心理学家理查德·梅耶的学习观一瞥[J]. 开放教育研究, 2004(4):43-45.
② 涂东波, 蔡艳, 丁树良. 认知诊断理论、方法与应用[M]. 北京：北京师范大学出版社, 2012:3-4.

（二）属性

世间万物皆有属性。在通常意义上，属性（attribute）是指事物的性质及事物之间的各种关系的统称。对于某一具体的个体来说，属性主要包括生理属性和心理属性。通过属性和关系，我们就可以完整地描述某一个体。但是，在认知诊断理论中，属性特指个体的心理属性，尤其是学业成就方面的能力结构，不涉及智力和能力倾向，因此，它仅是学习者在解决情境问题中所使用的知识、技能和策略的总称。①

各个项目属性之间可能相互独立，也可能具有线性型、收敛型、发散型等形式的关联，依据关联的直接性和非直接性，分别可用邻接矩阵（adjacency matrix，A 矩阵）和可达矩阵（reachability matrix，R 矩阵）来表示。②

（三）Q 矩阵

认知诊断的基本任务是评估个体特定的加工技能（processing skills）与知识结构（knowledge structure）。当前，评估被试在某一学业领域发展水平的最常用方法是测验，这就离不开试卷编制。而试卷编制最核心的部分是内容—目标设计。其中，内容领域的知识点分布、各知识点的具体认知目标，目标与难度的对应关系，目标之间的关联程度与层次水准等属于内容—目标维度，在认知诊断理论中，它们都是测验项目的属性，即目标，通常用测验蓝图来表示。测验蓝图是组卷的基本依据，其中的测试题目既要能测量测验蓝图中所定义的属性，还必须具有合理的信度。

如何表征各测验项目之间的属性关系呢？在认知诊断理论中，它使用的是 Q 矩阵。这是一个由 0、1 两个元素组成的关联矩阵（incidence matrix）。其中，Q 矩阵的"1"表示项目测量了对应的属性，而"0"则表示未测试相对应的属性。当然，某道题目可以测量几个属性，但在 Q 矩阵中不会存在某道题目没有测量任何属性。

（四）缩减 Q 矩阵 Q_r

虽然关联矩阵中的每个题目可以测量某个属性或某个属性组合，但是，各

---

① 个体的能力包括三方面：主要受遗传影响的一般能力（智力），同时受遗传与学习、训练影响的能力倾向和主要是经个体的后天努力、在某学科领域综合表现出的学业成就。罗照盛. 认知诊断评价理论基础 [M]. 北京：北京师范大学出版社，2019:21-22.
② 罗照盛. 认知诊断评价理论基础 [M]. 北京：北京师范大学出版社，2019:23-24.

个属性之间可能还会有某种隶属关系，也就是说，某个属性的存在必须以另外一个属性的存在作为前提。这时，原来 Q 矩阵中的实际可测验的项目属性会有所减少。这种基于层级隶属关系所定义的测验项目关联矩阵就是缩减 Q 矩阵，通常记为 Q_r。缩减 Q 矩阵的作用有两方面，一是指导试卷的编制，二是用来检验测验蓝图的结构合理性。

（五）理想掌握模式

理想掌握模式是理想属性掌握模式（ideal attribute mastery pattern）的简称。它是指理论上可能具有且可能无误、为被试所掌握的属性模式。而这里的"模式"实际上就是一系列得分的分布，反映的是一种知识状态。假如某一测验测量了 k 个属性，那么，在理论上就一共存在 2^k 个属性掌握模式。不过，由于层级关系的存在，有些掌握模式并不会出现，因此，实际出现的掌握模式会要少于 2^k 个。[①]

（六）理想反应模式

理想反应模式（ideal response pattern）是指被试在既不存在失误，也不存在猜测的理想状态下对试卷中的全部试题（项目）进行作答并能得分。换句话说，一旦被试掌握了该测量项目的全部属性，就能够正确作答，否则就会答错。

三、理论的主要假设及其检验

（一）主要假设

和其他心理测量理论一样，合理的计量模型都是建立在某些假设之上的。如果这些假设不存在的话，那么，模型的合理性自然也就存疑。在认知诊断理论中，其基本假设主要有三条。

1. 局部独立性

认知诊断理论的各种模型都是采用反应得分的似然函数来展开的，这就要求被试和项目都具有一定的独立性。这种独立性有两方面：一是项目之间具有一定的独立性，项目之间不能出现一个项目的作答必须以另一个项目的结果为条件或者互为条件的情形；二是被试的作答是独立的，不存在讨论、相互启发的情形。

---

① 涂东波，蔡艳，丁树良. 认知诊断理论、方法与应用 [M]. 北京：北京师范大学出版社，2012:8-9.

2. 作答过程真实

认知诊断理论要求各个被试的作答结果能够真切地反映自身的能力水平，或反映自身的真实愿望。这就要求被试尽可能认真作答，不能出现凭猜测、随机作答现象，或者存在抄袭等各种欺骗现象。

3. 补偿效应

补偿效应是指被试的某些属性不足可以通过其他的、另外的已掌握属性来填补，最终都不会影响任务情境中的问题解决。[1]实际工作中，各项目的补偿效应有大有小，甚至存在完全能够替补或根本不可能替补的情形。而这些因素都将影响到被试得分数据的拟合模型。

（二）假设的检验

认知诊断理论的核心之一就是各种计量模型，可是，这些模型都有自己的切合情境，它们对任务情境都会具有某些要求，因此，在投入应用之前，必须加以分析和检验。

1. 局部独立性的检验

局部独立性假设包括涉及项目的独立性和被试的独立作答两个方面，因此，对于它的检验或分析也是从两个方面来切入。

（1）项目的独立性检验。项目的独立性检验主要考察各个项目之间是否存在内容关联性大小，有没有存在一个项目的作答必须以另一个项目的结果为条件的情形。其常见的检查办法有两种，一是通过学科专家的评审，二是采用相关系数法来计算 Q_3 统计量，判断其数值是否超过其临界值。有资料表明，这一临界值的经验值是 0.2。[2]

（2）被试作答的独立性检验。要保证得分数据的真实性，必须做到两点，一是被试个体不借助外部资源、工具来辅助作答，二是被试之间不存在相互交流、相互启发的情形。目前，其可靠的办法主要提供标准化的考试环境和对试后的得分数据进行检查和分析，并做出判断。其中，试后的得分数据分析可分别从测验总分、被试的作答模式和大致相同的作答模式的得分比例这些方面进行综合分析与判断。其判断的基本依据是：在正常情形下，低水平被试只能对低难度项目正确作答，不能或者在更低的概率水平上对高难度的项目正确作答，

---

① 罗照盛. 认知诊断评价理论基础 [M]. 北京：北京师范大学出版社，2019:30-31.
② 罗照盛. 认知诊断评价理论基础 [M]. 北京：北京师范大学出版社，2019:36-37.

而高水平被试则不仅可以答对高难度项目，同时也可以对几乎所有项目正确作答。此外，能力水平接近的被试对同一个项目的正确回答概率应该是接近的。

2. 作答过程的真实性检验

有研究表明：[①]对于不同测试目的、用途的测试，被试的作答动机的投入程度是不一样的。被试在选拔性、达标性考试中的动机最为强烈。在研究用途的测试中，被试的作答动机的强度为中等，而在有可能影响到自身前途的社会倾向性测验中，被试则往往会倾向于掩盖自身的不足而做出迎合主流价值观或趋中价值观的反应。被试的作答过程必须真实地反映自身的属性水平，而不能掺杂其他任何外部干预和影响，这种作答过程表现的真实性会严重影响到测评信度，因此，在认知诊断理论中是特别关注的。

目前，认知诊断理论还处在研究、探索与加速开发时期，为了确保测试信度，一方面要尽可能选择一批属性水平分布较宽的被试作为测试样本，同时需提供标准化的测试环境和较为充裕的作答时间。此外，还可通过正确地使用指导语来诱发被试的测试动机，展现认真而细致的作答行为。对于指导语的使用，可特别注意如下几点：（1）选择与被试有密切关系的人担任主试并宣读、解释指导语，监控考试全程。（2）在指导语中穿插此次测试、研究的社会意义和长远意义，可能给被试自身带来的影响。（3）说明研究的艰巨性和被试作答结果在其中的意义和作用。（4）明确表明测验结果完全保密，不会用于个人用途，并亲笔签名（不能打印或复印），以示承诺的庄重性。（5）必要时，可给予某些物质性或精神性奖励。另一方面，可加强事后的数据筛查，及时排除那些不真实的数据。对于事后的数据检查，可特别注意以下几个方面：（1）被试的答卷中是否存在大量未作答的情形。（2）被试在各个项目上的作答结果是否呈现某种排列形式上的规律性。（3）最好能有熟悉被试群体的相关人员参与。这样，当发现被试的得分可能异常时，可从旁边加以咨询或佐证。（4）通过某些分数的统计指标加以辅助性诊断。

在认知诊断研究中，对于罗辑斯谛模型，龙冈（Tatsuoka）推荐的个体作答模式的拟合指数 ζ 的标准化形式为：[②]

---

① 罗照盛. 认知诊断评价理论基础 [M]. 北京：北京师范大学出版社，2019:32.

② Tatsuoka K K. Use of generalized person-fit indexes, zetas for statistical pattern classification[J].Applied Measurement in Education, 1996,9(1):65-75.

$$\xi = \xi(\theta, X) = \frac{f(x)}{\sqrt{Var[f(x)]}} \qquad (11.11)$$

式（11.11）中，θ 为被试的能力水平，$X=(x_1, x_2, \cdots, x_n)$，它表示被试在全部项目上的观察作答反应模式，$f(x) =[P(\theta)-X, P(\theta)-T(\theta)]$。其中，$P(\theta)$ 是被试在 X 上的正确作答向量，$T(\theta)$ 则是被试的反应函数向量，一般取该被试在全部项目上反应函数的均值。

3. 补偿效应的分析

在某些项目的作答过程中，对于相同的被试，他们可能运用了不同的知识属性却得到了同样正确的结果。其原因可能是被试知道该项目的全部属性，从中挑选一种最熟悉的解题策略去作答，也可能是被试知道其中一种知识属性而没有掌握另一种知识属性。

关于上述补偿效应的检验问题，常见的办法有两种：一是专家判定法。让专家们熟悉领域测验认知模型和项目的命题规则后，解释补偿效应，让专家们进行初步判断，然后让专家们熟悉并演示有关实例，判断其中是否存在不同的解题策略，最后，结合认知模型与实例，对该领域的真实属性是否存在补偿效应做出判断。二是试测分析法。先将进行认知模型定义时的典型项目组成试卷，挑选一批来自不同群体但在该领域知识水平处于中等以上的被试进行作答，并要求他们将作答的详细过程写出来，然后加以分析，判断每个典型项目是否存在补偿效应。特别要注意的是，在掌握了项目所规定的属性的被试答对比例相当高的情形下，如果未掌握项目规定属性的被试答对比例超过了正常的猜测比例时，就要进一步研究、分析该项目是否存在补偿效应。

四、模型的拟合检验

在认知诊断理论中，前述的假设检验的目的在于为数据分析选择合适的认知诊断模型。在选定某一合适的认知诊断模型之后，我们还可以通过采用该模型后的结果是否符合原来的预期，从而进一步判断所选择模型的合理性。

（一）模型—资料的拟合检验

不同的认知诊断模型对应着具有不同参数的项目反应函数，但是，通过模型项目反应函数计算得到的被试答对比例与观察所得到的不同水平被试答对比例之间的一致性程度如何呢？这种差异统计量也就是拟合统计量，它反映着所选模型和实际观察数据之间的拟合程度。在认知诊断理论中，常用的模型—资料的拟合度指标主要有杨统计量和皮尔逊卡方统计量。

杨统计量，也称 Q_1 统计量，其定义式如下：[①]

$$Q_1 = \sum\nolimits_{j=1}^{k} \frac{N_j\left(\left(Q_{ij} - E_{ij}\right)\right)^2}{E_{ij}\left(1 - E_{ij}\right)} \tag{11.12}$$

式（11.12）中，k 为被试属性掌握水平的分组数，N_j 为第 j 组的被试人数，Q_{ij} 是第 j 组在第 i 题上正确作答的实际比例，E_{ij} 是第 j 组在第 i 题上期望能正确作答的比例。

此外，在各学科领域中还可能用到的是 AIC（Akaike information criterion）统计量、BIC（Bayesian information criterion）统计量和 DIC（Deviance information criterion）统计量。其中，AIC 统计量是基于信息理论与极大似然估计值所建构的相对统计量指标，AIC 数值越小，表示拟合过程中的信息丢失量越小，适合于针对一批资料在多个候选模型中寻找一个最佳模型。BIC 统计量是基于条件概率下极大似然估计值的相对统计量。由于一般情况下，参数越多，模型的拟合效果越好，但是，其模型也越复杂，越难计算，因此，它对模型参数设置了惩罚项。这样，较小的 BIC 值意味着待估参数较少和模型拟合度更佳。DIC 统计量只适合于后验分布接近于正态分布的情形，相对于 AIC 和 BIC 统计量的计算，它在马尔可夫链蒙特卡洛（MCMC）的模拟过程中能拥有更高的拟合效率。由于它是基于偏差（deviance）来选择的，因此，要注意过度拟合的问题。[②]

（二）模型—被试的拟合检验

在认知诊断理论中，当前所选择的模型是就整体项目而言的，Q 矩阵中所定义的属性结构能否符合每一个被试不得而知，这就有可能导致部分被试的作答结果无法得到较充分的意义解释，因此，被试与模型的拟合度检验就显得相当重要。

由于 Q 矩阵是基于属性关系来定义的，而这种属性关系往往是带有层级结构的，因此，在认知诊断理论中常用层级属性方法（attribute hierarchy method，AHM）来进行模型—被试的拟合度检验。这一拟合度指标就是层级一致性指数

① 罗照盛．认知诊断评价理论基础［M］．北京：北京师范大学出版社，2019:39.
② 罗照盛．认知诊断评价理论基础［M］．北京：北京师范大学出版社，2019:40-42.

（hierarchy consistency index，HCI）。

对于被试 i，其 HCI 的定义式如下：[①]

$$\text{HCI}_i = 1 - \frac{2\sum_{j \in Scorrect_i} \sum_{g \in S_j} X_{ij}(1 - X_{ig})}{N_{ci}} \qquad (11.13)$$

在式（11.13）中，$Scorrect_i$ 是被试 i 答对的全部项目，N_{ci} 是与被试 i 所答对的全部项目进行比较的总项目数，S_j 是测量项目 j 属性子集的全部项目，而 X_{ig} 为被试 i 在项目 g 上的得分，且项目 g 属于 S_j 集合，X_{ij} 为被试 i 在项目 j 上的得分，且项目 j 属于 $Scorrect_i$ 集合。HCI_i 的取值区间是 [–1,1]，取值为 1 时，它表示不存在不拟合项目；取值为 –1 时，则表示完全不拟合，因此，可以推断被试在作答项目时采用的是与 Q 矩阵所定义的属性模式完全相异的知识属性。

五、两种典型的认知诊断模型

在认知诊断理论中，我们基于 Q 矩阵和被试的得分数据，通过某种数学模型去获得模型相关参数的估计值，这是分析测验特性和诊断被试认知发展水平的基础。有学者统计，到 2011 年，一共出现了 60 多种认知诊断模型，但是，大多数还停留在蒙特卡洛模拟或小规模实验阶段。[②] 其中，比较基础的是规则空间模型和属性层级方法。

（一）规则空间方法

被试在解决试卷中相关情境问题的过程中，可能遇到三种情况：一是正确地运用知识属性而成功解题，二是完全不理解或不熟悉该问题的知识属性而不能解题，三是虽然正确地解题了，但是，被试是凭猜测、技巧偶尔获得的成功。为了正确地分析被试在回答某具体问题时发生错误的可能性，诊断被试发生错误的模式并对该知识属性—知识结构加以清晰的描述，1983 年，龙冈（Tatsuoka）夫妇提出了规则空间模型（rule space method，RSM）。[③]

1. 规则空间的建立

规则空间是一个由连续变量被试潜在能力水平 θ 和偏离警戒指标 ζ 所组成的二维空间。其中，被试的能力水平 θ 是由项目反应理论中的模型所定义，可

---

① 罗照盛. 认知诊断评价理论基础 [M]. 北京：北京师范大学出版社，2019:43.

② 涂冬波，蔡艳，丁树良. 认知诊断理论、方法与应用 [M]. 北京：北京师范大学出版社，2012:27-28.

③ 陈瑾，徐建平，赵微. 认知诊断理论及其在教育中的应用 [J]. 教育测量与评价，2009(2):20-22.

由 IRT 中的单参数、双参数或三参数逻辑斯谛模型所计算。ζ 是一个对被试潜在能力水平的警戒性指标。它反映了被试在作答过程中的实际作答模式与预期的理想作答模式之间的偏离程度，其具体定义如前述的式（11.11）。偏离警戒指标 ζ 的作用有：（1）不管试卷中的项目是多少个，都可以依靠该指标将为二维空间；（2）构建一个与被试能力水平 θ 不相关的正交变量，以便共同组成一个二维分类空间；（3）将那些与作答模式接近的聚焦到某个规则点附近，以方便归类。[①]

2. 被试属性掌握模式的分类

有了前述的规则空间，下一步就是考虑如何对被试的观察作答模式进行分类，再对其所掌握的作答模式进行判断。

设被试的理想反应模式为 R，与它相对应的知识状态为 π_R，能力水平为 θ_R，警戒指标为 ξ_R。同样，被试的观察反应模式为 X，实际发挥的能力水平为 θ_X，对应的警戒标记为 ξ_X。由于实际的观察反应模式与理想反应模式之间往往会由于失误而导致一定的偏差，那么，该实际观察反应模式应该归并到哪一类理想反应模式呢？

假设该观察反应模式来自某个理想反应模式且服从于多变量的正态分布，分布在理想反应模式 R_i 的附近且以为 R_i 中心，其对应的协方差矩阵 $\sum_{R_i}$ 为：

$$\sum\nolimits_{R_i} = \begin{bmatrix} \dfrac{1}{I(\theta)} & 0 \\ 0 & 1 \end{bmatrix} \tag{11.14}$$

在式（11.14）中，$I(\theta)$ 为项目反应理论中的测验信息函数。

记 $X'(\theta_X, \xi_X)$ 为观察反应模式在规则空间中的相对应的某一点，于是，可以计算出该观察反应模式与所有的理想反应模式之间的马氏距离：

$$
\begin{aligned}
D_{xi}^2 = (X - R_i)' \sum\nolimits^{-1} (X - R_i) &= (\theta_X - \theta_{R_i}, \zeta_X - \zeta_{R_i}) \begin{bmatrix} \dfrac{1}{I(\theta)} & 0 \\ 0 & 1 \end{bmatrix} \begin{bmatrix} \theta_X - \theta_{R_i} \\ \zeta_X - \zeta_{R_i} \end{bmatrix} \\
&= \frac{(\theta_X - \theta_{R_i})^2}{I(\theta_{R_i})} + \frac{(\zeta_X - \zeta_{R_i})^2}{Var(\zeta_{R_i})}
\end{aligned} \tag{11.15}
$$

最后，取马氏距离最小的理想反应模式相对应的属性掌握模式作为该观察反应模式的最佳属性掌握模式，为该观察反应模式选择一个比较合理的归属总体。

---

① 罗照盛. 认知诊断评价理论基础 [M]. 北京：北京师范大学出版社，2019:57.

（二）属性层级法

莱顿（J. P. Leighton）和吉尔（M. J. Gierl）等人于 2004 年提出了基于被试认知结构进行诊断的属性层级法（attribute hierarchy method，AHM）。

1. 属性层级

在 AHM 中，被试在问题解决过程中所需的项目作答顺序和模式已对应到早已定义的结构化属性模式之中。这种结构化属性就是属性层级，它用邻接矩阵来表示，而邻接矩阵在 AHM 中具有决定性作用。[①] 在方法上虽然与规则空间方法十分接近，但是，它强调认知属性之间相互依赖并且存在层级关系，被试在答题过程中使用的不是孤立的属性，而是一个相互联系的属性网络。

2. 基于 AHM 的被试属性掌握模式诊断

AHM 对被试作答表现的诊断过程主要由下面四个基本步骤所构成：（1）为相关认知任务定义属性层级。（2）根据属性层级开发项目，命制试卷。（3）依据原来设计的认知属性层级模型对被试作答的得分模式进行分类、统计与分析。不过，分类时有两种分类方法可供选择。一是 A 方法，即加工被试的观察反应模式与所有的理想反应模式主义进行比较，以找到最为匹配的理想反应模式。二是 B 方法，也称为验证分类法。即先对被试观察反应模式的子集进行识别并找到所有的理想反应模式，同时，逻辑上认定这些子集所对应的属性掌握模式都已经为被试所掌握。如果找不到所对应的理想反应模式，则分别计算每个理想反应模式发生"1（正确）0（错误）"误差的概率乘积，并以此乘积作为对被试作答模式进行分类与判定的依据。（4）提交分析结果。分析结果主要包括：每个属性的意义解释、对被试属性掌握状态解释的指导性原则和以剖面图、个案说明等方式说明作答结果的认知心理学意义。[②]

六、认知诊断的基本过程

认知诊断的实践是一个复杂的过程，主要涉及诊断目标的确定、领域认知属性及其层级关系的划分与检验、测验试卷的科学编制、诊断信息的获取和参数估计、诊断结果提交等主要环节。[③]

---

① 涂东波，蔡艳，丁树良. 认知诊断理论、方法与应用 [M]. 北京：北京师范大学出版社，2012:32-33.

② 罗照盛. 认知诊断评价理论基础 [M]. 北京：北京师范大学出版社，2019:59-60.

③ 涂东波，蔡艳，丁树良. 认知诊断理论、方法与应用 [M]. 北京：北京师范大学出版社，2012:12-22.

（一）诊断目标的确定

所谓诊断目标确定就是首先要弄清楚是对哪一学科的哪些内容进行测试，如：此次测试是单元测试，还是期末的终结性测试，还是整个学科的测试。其次，要确定相关内容的具体目标，如英语测试就可分为语法诊断、听力理解诊断和阅读理解诊断。

（二）所涉及认知属性及其层级关系的确定

通过文献回顾法、专家确定法和口语报告法等方法并结合认知心理学的基本理论与方法去分析被试个体在解决每一个知识属性时可能经历的认知过程，确定具体的、与认知诊断目标有关的认知技能和知识结构等属性。

（三）测验试卷的编制

根据上述认知属性及其层级关系认定，依据相关认知诊断测验编制理论去开展试卷的编制工作。常见的认知诊断测验编制理论主要有：恩伯雷特森（Susan E. Embretson）基于结构表征和规则广度的认知设计系统、莱顿（J. P. Leighton）等人的认知属性层级分析法和麦斯雷弗（R. J. Mislevy）等人以个体证据收集为核心的证据中心设计理论和亨森（R. Henson）、道格拉斯（J. Douglas）的认知诊断测验组卷的评价指标理论等。

（四）属性与属性层级关系的验证

采集到被试作答数据后，还必须对属性和属性层级关系做验证、认定。其内容包括两方面：一是属性的完备性，即原来认知诊断目标下的所有属性都得到了验证。其常用方法是回归分析法。二是属性层级关系的验证，主要采用前述的 HCI 指标或者结构化建模方法。

（五）大规模施测和相关信息的获取

依据诊断对象、诊断目标等因素选择合理的抽样原则，设计抽样细则，进行大样本施测，然后，依据数据对原来所选用的认知诊断模型进行参数估计。依据笔者对国内同行实施认知诊断测试时的样本数统计，样本规模一般都在200~1000人。

（六）诊断报告的提交

采用定量和定性相结合的方式提交个体诊断报告和团体诊断报告。由于报告的根本目的是促进个体的有效学习或者教师的因材施教，因此，诊断报告中既要有宏观层次的定量的能力水平报告，也要包含微观层次的认知结构属性的定性分析。报告的最后是依据学科专家提出的有针对性的改进措施，通常由计算机自动生成。

七、在教育和学习中应用的思考

认知诊断理论（cognitive diagnosis theory，CDT）是学习测量发展过程中的新生事物，一方面，我们必须持开放、包容和参与的态度，同时，要对它的基本功能、技术成熟性和可能的实际应用范围、方向、路径都有一个清晰的认识和明确的定位，另一方面，尽可能将 CDT 中的成熟思想、成熟技术结合到学习评价的实践中去，尽最大可能去优化、提升学习品质的测评信度和效度。

（1）认知诊断理论是 20 世纪八九十年代才在国际上出现的产物，也是工程学、数理统计、人工智能理论与认知心理学，尤其是信息加工心理学等诸多学科渗透、交融的结果。它从根本上改变了经典测量理论、概化理论、项目反应理论只报告单一测试分数而无法报告、分析被试认知结构的测验方式，其基本功能是通过深入剖析学生的认知结构以促进学生的发展，符合当代教育、学习评价的主流趋势，在学习测量理论的发展史上具有里程碑意义。

（2）经典测试理论、项目反应理论和概化理论这些传统测量理论都认为被试的特质是在一个连续的尺度上变化，而认知诊断理论认为，被试的知识、技能和策略等属性可能出现有或无的情况，更加符合实际情况。

（3）与传统测试理论的单维或多维测试方式不同，在认知诊断理论中，不同的被试或者同一个被试在不同的问题情境下都可能采用不同的策略与路径，其主要依据是知识属性关联的逻辑性和时间上的先后相继关系。

（4）在传统测验中使用的是反映项目一致性的数学几何模型，而在认知诊断理论中则是反映项目潜在属性一致性的离散型特征模型。这样，认知诊断理论不仅可以测试被试之间在数量上的差异，还可以分析被试之间质性结构的不同。

（5）认知诊断理论中的模型复杂性往往是通过模型参数来反映。模型的参数更多，不仅能解释更多的认知结构或过程特性，其适应面也会更广。但是，其参数估计也会更困难。相反，模型越简单，参数也就越少，能解释的范围和程度也就越有限。因此，如何在模型的复杂性与参数估计的技术成熟性与可靠度上做出合理平衡与选择是该理论在具体实践应用中的一个重要议题。

（6）认知诊断理论的提出已有 20 多年，由于一个完整的认知诊断模型的提出与完善需要得到认知心理学家、学科教学专家、计量与统计分析专家和计算机专业技术人员等多学科人员的协同与配合，因此，大多数研究还是停留在研究和小规模试用阶段，其研究结果也多是描述性和解释性的，在国际上能够得到应用的也只有美国的 PSAT（preliminary scholastic assessment test）项目。[1] 就整体而言，其技术还处在探索与成长阶段，应用较多的是规则空间与层次分析相结合的基本办法。[2] 不过，测评观念的变化必然引起测评模式的变革。随着个性化学习、深度学习和精准教学等需要的日益增长，尤其是大数据采集与分析、模糊控制和智能决策技术应用的不断成熟与推广，[3] 认知诊断理论这一新生事物在学习测量领域必将是未来的研究热点和难点。

① 刘声涛，戴海崎，周骏. 新一代测验理论：认知诊断理论的缘起与特征 [J]. 心理学探新，2006, 26（4）: 76.
② 武小鹏，张怡，张晨璐. 核心素养的认知诊断测评体系建构 [J]. 现代教育技术，2020, 30（2）: 42-49.
③ 田雪林. 大数据在认知诊断中的实践应用 [J]. 中国教师，2019（7）: 36-39.

第十二章
从学力观哲学思潮嬗变看未来学习评价

　　"学力"一词发源于中国。它的"冰山模型"和"树木模型"就是我国基础教育三维目标评价体系的雏形。[①]事实上，这一概念也影响了韩国、日本、新加坡等国家。通过对学力评价理论历史脉络的梳理与审视，可以发现：日本学力评价经历了从强调服务经济、生活的实用主义到突出新技术、新工具应用的科学工具主义，再到重视学习者尊严与自我成长的现代人本主义，强调学习者自我意义建构的社会建构主义，最终消融于注重社会文化语境解释的 PISA 测评模式五个不同时期。学习评价内容也从单纯的知识、技能掌握转移到了一个完整的人的培养和注重社会、历史、文化语境浸润的素养教育。这些观念的变迁固然受到了科技、经济、历史等诸多因素的综合影响，但是，不能否认：文化、人文精神的不断推动和深入也是这种变迁中的另一股力量。在整体上，科学精神与人文精神交织、渗透的自然人文主义理念就是未来学习评价的基本走向。

第一节　　"学力"的概念及其历史由来

　　据史料考证，"学力"一词最早出现于我国的南宋时期，指个体拥有学问的深厚程度。[②]南宋后，该词随程朱理学思想一起东渡扶桑，在日本得到了空前的诠释与应用。在日本江户时期，该词主要指学习、理解四书五经等儒家经典的能力及由此习得的素养。此后，该词逐渐成为日本教育领域的一个通用词语。如：1905 年的明治时期，日本就举行过针对成人学习品质的"壮丁学力调查"。二战结束后，"学力"开始成为日本教育界研究的热点主题之一，并逐渐呈现出

---

① 钟启泉. 素质教育需要什么样的学力观 [J]. 基础教育课程，2012(3)：77.
② 徐征. 日本"学力低下"争论之解读 [J]. 比较教育研究，2005(1)：64.

百家争鸣的状况。但是，日本教育界就从来没有形成过一个公认的"学力"概念。日本《广辞苑》对"学力"的解释相对比较权威。它有两条释义：一是学问之力量；二是因学习而获得的能力。[①]

在我国，"学力"在《新华词典》上的释义是：一个人的"文化程度或者学术造诣"，[②] 相对应的英文为"academic achievement"。[③] 然而，作为实际教学效果的学力，则是指学习者在教学过程中所习得的知识、能力和态度的总括，反映了学习者将学科内容进行内化的程度。具体来说，它涵盖了两个方面的意义：（1）它是指学习者通过学习所习得（acquired）的知识、技能、技巧水平和情境问题解决的能力水平。它具有现实的"力"的功能。（2）它是指通过现在水平所表现出来的、今后学习的增长空间，反映学习者的未来可达性。它表现为一定的可变性与适应能力。[④] 因此，这里的学习主要指后天的正式学习，尤其是学校教育这类正式学习。

学力评价是指对学力的内涵、结构及其价值的认定。它不仅受制于社会理想与需求，也与学习者认知发展方向、水平相关联。[⑤] 其评价内容也有狭义、广义之分。狭义的学力评价仅囿于学校培养的、可以测评的能力。广义的学力评价则泛指文化影响力。它不仅包括认识能力，还包括学习积极性、学习价值认定。在日本的不同时期，学力评价的重心一直在变化。其中，影响较大的有：胜田守一强调学生能力形成的"能力总合说"、大西佐一注重教育活动应然价值的"教育目标说"、桥口英俊与城房蟠太郎将学力局限于学习活动成果的"学业成绩说"、海后胜雄和小川太郎强调问题解决综合素质的"智慧能力说""习熟论""生存能力说""共同教养说"等等，[⑥] 不一而足。下面对各个不同时期学力评价的主要内容、结构模型做一历史回顾，并解析其变迁动因。

① 徐征. 从概念到模型研究的日本学力论 [J]. 黑龙江高教研究, 2008(11):57.

② 新华词典编纂组. 新华词典 [M]. 北京：商务印书馆, 1980:956.

③ 中国社会科学院语言研究所词典编辑室. 现代汉语词典（2002年增补本）[M]. 北京：商务印书馆, 2002:2178.

④ 方建文, 丁祖诒, 武宝瑞. 全面素质教育手册（上）[M]. 北京：中国物资出版社, 1997:58；陶西平. 教育评价辞典 [M]. 北京：北京师范大学出版社, 1998:346.

⑤ 钟启泉. 学力理论的历史发展 [J]. 全球教育展望, 2001(12):31, 37.

⑥ 戚立夫. 学力的概念和结构：日本心理学的学力观 [J]. 东北师大学报（哲学社会科学版）, 1982(6):102-103.

第二节　日本学力评价理念变迁的基本路径

一、20世纪40—50年代：实用主义学力观渐成主流

二战结束后，日本出于重振国内经济和恢复战前生活水平的需要，特别强调教育的经济和生活服务功能，开始实施以美国杜威的实用主义教育思想为指导的"新教育"，突出基于生活经验的自主生成。1947年，在美国教育使节团的主导下编制了《学习指导要领一般篇（草案）》，强调立足于儿童的生活与经验及其自由、自主生成。这一时期，如青木诚四郎等日本主流学者都认为教育的基本目的在于提高学习者的生活理解力和感悟力，提升学习者的生活态度与品质，至于学习中的"读""写""算"技能，则只不过是一种服务于个体生活改善的基本工具。不过，也不乏来自有识之士的批评之声。如：广冈亮藏就认为这种"新教育"是一种狭隘的经验主义，不利于客观知识的系统学习，而必须将科学知识与生活教育有机结合，并在其著述的《基础学力》一书中明确提出了"三层四领域论"学力模型（见图12.1右）[1]。该模型中下层反映的是"基础学力"（见图12.1左），最上层是由"基础学力"拓展、衍生而来的生存能力。

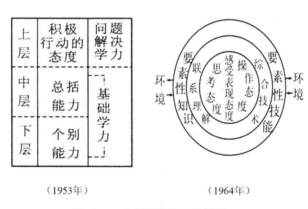

（1953年）　　　　　　　　　（1964年）

图12.1　广冈亮藏的三层模型

1948年，日本实行依据正态分布曲线来划定成绩等级的五级相对评价制度，并辅之以各种学力测验、智力测验和性格测试。[2]通过测试，人们发现"新

---

① 田中耕治. 教育评价［M］. 北京：北京师范大学出版社，2011：98.

② 高峡. 日本的教育评价管窥［J］. 课程·教材·教法，2001（7）：73-76.

教育"过分关注生活中的知识，面临着读、写、算与科学文化等基础不扎实的问题。鉴于此，国分一太郎等学者针锋相对地提出：基础学力无论何时都应得到保障。[①] 这样，1958 年修订的中小学《学习指导要领》又开始重新重视"基础学力"部分。不难看出：这一时期，学力评价争论的焦点是：教育、学习应更偏重常规生活服务能力培养还是偏重系统的学科知识学习的问题。

二、20 世纪 60 年代：科学主义学力观盛行一时

20 世纪 60 年代，日本处于经济高速增长期，迫切需要大量拥有基本知识与基本技能的人才，国家空前重视实用型科学技术，加之受美国教育现代化的启发以及如何应对家长对新教育质疑的需要，科学主义学力观的提出及其测评实践都有了较为充分的现实基础。在这种新形势下，教育界相关人士也在反思：自 40 年代中期延续下来的仅仅具有分级与鉴定功能的学力相对评价中测得的"学力"究竟是什么？应然的学力评价应该重点考虑哪些内容？主流观点仍然以学力的认知部分为核心，强调学力评价的基础性、可测量性和相对精确性。其主要代表人物是胜田守一。他甚至把"学力"重新定义为：学习者在学习完那些依据可测原则组织的教学内容之后所实际达到的能力。

图 12.2 是胜田守一在 1964 年提出的能力模型。[②] 在该模型中，相对于其他三种能力，认知能力居于支配地位，语言能力、运动能力对其起支撑作用。具体表现活动有：感知觉与表现、个体劳动和社会性参与。受此影响，广冈亮藏以态度作为学力的核心，并对原来的学力模型做了修正。因为在他看来，态度是居于知识背后引发知识获取、维持知识学习的支撑性力量。事实上，这也是在学力结构中第一次考虑学习主体的切身感受，开始将"学力"从学习内容拓展到学习者。不过，总体来说，这一时期的学力评价属于知识积累型，强调的都是"力"的功能。

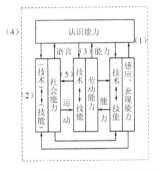

图 12.2　胜田守一的能力组成模型

---

① 钟启泉．学力理论的历史发展 [J]．全球教育展望，2001(12)：31-38.
② 田中耕治．教育评价 [M]．北京：北京师范大学出版社，2011：38.

三、20 世纪 70 年代：注重自我成长的现代人本主义学力观

20 世纪 70 年代，日本经济发展达到了二战后的最高峰。这一时期，人们也发现：1968 年修订的《学习指导新要领》内容偏深，严重脱离了学习者实际需要，挫伤了学习者的积极性，导致了部分人的厌学行为。如：普遍性的学习困难，学力落差增大，校园暴力和逃学现象屡禁不止等。此时，人们开始反思"教育现代化"之妥当性，提出了重视人的兴趣、态度、动机的"新学力观"。如：中内敏夫 1971 年提出的"阶段说"继承了广冈氏"活生生的发展性的学力"的观点。他把"学力"进一步划分为基础性的"理解与判断"和发展性的"熟练性应用"两部分。由于"熟练"涵盖了学习者的态度，故用"习熟"（精熟度）总括"态度"，被称为"阶段论"（见图 12.3）。

"阶段说"的核心是：学习的媒介是教材，帮助学习主体获得发展是其根本要义。这种发展既有认知方面的发展，也有情感方面的，并且二者是交叉影响的。该学说在日本影响甚大，后屡有完善。不过，这一学力模式是基于学科学习的，综合学习中的学力并未纳入其中。这一时期，梶田叡一依据布卢姆的教育目标分类学思想提出了学力"冰山模型"（见图 12.4）[①]。他认为，"学力"由显性学力和隐性学力两部分组成，下层的隐性学力部分支撑起了上层的显性学力。隐性学力不但包括传统意义上的思考力和判断力，还包括行动力、表现力，甚至还包括学习者的兴趣、动机、态度等动力因素，而显性学力则主要表现为"知识的理解"和能进行实际操作的"技能"，仅仅为浮在水面上的"冰山一角"，所占比例仅为 10%～20%。

图 12.3　中内敏夫的阶段论

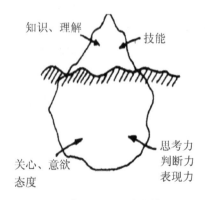

图 12.4　梶田叡一的冰山模型

① 钟启泉.关于"学力"概念的探讨 [J].上海教育科研，1999(1)：16-19.

与此相似，这一时期还有学者提出过"树木模型"。该模型把"学力"形象地比喻为一棵树。这棵特殊的"树"同样也包含有树根、树干和树叶，分别大致对应着中国素质教育中的"情感态度与价值观""过程与方法""知识与技能"。[①]受这些新思想的影响，1977 年重新修订的《学习指导要领》着手实施"宽松教育"，强调：培养学生的丰富人性；给予学生宽松、自由的学校生活；重视作为国民所必备的"双基"，同时也顺应学生个性。这一时期，受美国教学评价理论的影响，基于达成度的绝对评价与形成性评价同时受到关注，看重学习评价促进学生发展的功能。[②]

四、20 世纪 80—90 年代：强调学习者自我建构的"新学力观"

进入 20 世纪 80 年代，由于受美国人本主义思潮的影响，日本倡导并实行新自由主义改革政策，表现在教育上则更加强调学习者的个性、自由、自律。日本文部省在吸收京都府"达成度评价研究"成果的基础上，将绝对评价纳入相对评价之中，重现了 1948 年的双重评价结构。1989 年，政府以文件的形式公开提出：自主学习的积极性以及知识的运用能力要成为学力结构的核心内容。1991 年制定的《学习指导要录》指出："新学力观"必须注重培养学生主体的生存能力和素质；学习的积极性、态度与思考力、判断力、表现力等能力都是学力的基础，并把"新学力观"落实到教材与评价中。如：对小学低年级不评定等级，小学高年级分三级记分，初中五级记分，都以评语为主。其中，学习愿望与思考力放在评语的首位[③]，鼓励教师研发贴近学生思想实际的教材。

这一时期，政府在学力评价理论和实践中都起了主导作用。受政府新理念的影响，1994 年稻叶宏雄对中内模型做了进一步发展，提出"发展性学力"的概念，认为：发展性学力是基础学力的横向伸展；学力应是认知要素、技术的熟练和情意要素的复合体；熟练是创新的基础和契机。20 世纪 90 年代，建构主义影响日益广泛，形成性评价与自我评价的结合也步入了新的发展阶段。[④]1998年修订的《学习指导要领》延续了"宽松教育"精神，"生存能力"的观点再度成为基本理念。"生存能力"囊括了"发现问题，独立思考，独立解决问题的能

---

① 钟启泉. 素质教育需要什么样的学力观 [J]. 基础教育课程, 2012(3):77.
② 田中耕治. 教育评价 [M]. 高峡, 译. 北京：北京师范大学出版社, 2011:103.
③ 廖萃英, 康乃美. 日本中小学教育评价改革及启示 [J]. 教育评论, 1992(5):62.
④ 田中耕治. 日本形成性评价发展的回顾与展望 [J]. 项纯, 译. 全球教育展望, 2012(3):3-6.

力""丰富的人性""健康与体力"这三方面内容。学力的核心部分是丰富的人性，具体包括温和之心、公正之心、尊重之心、关爱之心、奉献之心和爱美之心等。在实践操作中，教学内容与课时数均大幅减少。不过，2001年东京大学研究组的学力测试表明学力成绩呈全面下降状况。[①] 日本学力调查发现：很多大学生甚至不会做简单的初中数学题。日本国内刊出了《学力下降，毁灭国家》等文章，掀起了新一轮关于学力的争论。

五、21世纪：强调社会文化语境浸润，在知行合一中走向素养

进入21世纪，在面临学力下降与承受各种批评与指责中，学力评价理论走向更加综合化和多元化。但是，它强调的重点还是学习者的"生存能力"。其中，比较有代表性的学力学说有三个：一是日本文部省的"扎实学力"说，二是佐贯浩的"三层构造学力模型"[②]（见图12.5），三是田中博之的"综合学力模型"（见图12.6）。

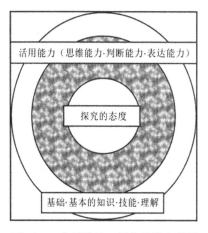

图12.5　佐贯浩的三层构造学力模型

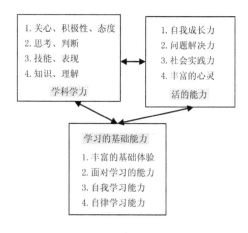

图12.6　田中博之的综合学力模型

2002年，文部省《劝学篇》中提出了"扎实学力"的观点。该观点在鼓励综合利用学习时间，强调活用能力的基础上，也吸取了柴田义松等人重视学生基础学力的观点。[③]2003年的《咨询报告》进一步指出："扎实学力"属于思考力、

① 秦东兴，窦志珍. 日本新学力观与基础教育课程改革探析 [J]. 外国教育研究，2009(12)：40-46.
② 徐征. 从概念到模型研究的日本学力论 [J]. 黑龙江高教研究，2008(11)：59-60.
③ 钟启泉. 日本学力论争"线索与构图"：与日本学者木下繁弥教授的对话 [J]. 全球教育展望，2004(8)：3-7.

判断力、表达力与知识技能的大融合，主要涉及学习者自主地掌握"双基"并加以灵活运用的能力。与此相对应，《学习指导要录》按照学力的掌握、熟练和探究要素分别设置了"分类学习状况"栏、"熟练等级评定"栏和"自由记述"栏。

2005年10月，日本中央教育审议会发表的《创造新时代的义务教育》进一步明确了"两头紧，中间松"的目标管理体系，即国家制定教育改革目标、地方政府和学校自主实施、国家举办全国性的学力调查，建立学校评价体系。这也是日本开始借鉴PISA的评价理念与评价方法来改进学力调查模式。新世纪的第一次全国学力调查于2007年4月实施，其做法基本参照OECD的PISA测试。A、B卷分别测试学生的"双基"和应用能力，采用表现性评价和真实性评价。在问卷部分中则着重调查学生的学习习惯、态度、经历、学习时间等。[①]在《学习指导要录》的指导下，日本各地中小学开始推广通过日常观察、单元测试等形成性评价方式以改进教学活动的应用实践。[②]

根据学力测试结果，日本政府于2008年重新修订了中小学《学习指导要领》，对"扎实学力"的内容作了完善，具体包括：语言能力、拥有国际水准的数理能力、传统文化的传承、自然体验、福利体验和劳动体验等"多样体验"、英语能力、反思能力、规范意识之类的道德精神以及审美能力之类的"丰富心灵"。因此，它也被形象地称为"PISA型学力"。

佐贯浩的"三层构造模型"主要借鉴了西方参与学习和实践共同体理论。在该模型中，第一层到第三层分别是学力基础、能动化的习熟、生存意义上的学力。第一层主要是双基的理解，第二层主要考察体现思考力、表现力等的创造性习熟，第三层则是在实践共同体中的参与学习、自我实现，包括积极性、关心、态度等人格因素。

除了上述"扎实学力"说和"三层构造模型"外，还有2002年田中博之提出的"综合学力模型"。在该模型中，他把知识、技能、态度融为一体，变成了"学科学力"、"活的能力"（生存能力）和"学习的基础能力"（对待学习的态度、自我调节与管理能力）这三个相互关联的领域。[③]该模型中首次出现了自我学习能力、自律学习能力、自我成长力、社会实践力、学会关心、丰富的心

① 谭建川.PISA改变了什么？从学力评价看日本的教育改革[J].教师教育学报，2014(5):45-51.
② 钟启泉.教育评价：为了学生的学习与成长：日本教育学者梶田叡一教授访谈[J].全球教育展望，2007(6):3-7.
③ 田中博之.均衡的综合学力模式的构想[J].现代教育科学，2003(4):111-115.转引自周常明，徐征.日本学力低下争论与新学力模型构想[J].外国教育研究，2006(7):20-23.

灵等新内容。它也标志着"学力"概念的进一步泛化。

2008 年，梶田叡一对自己曾经提出的"冰山模型"也进行了修正，提出了新"四层结构学力"学说。该模型分为理解记忆层、探究层、兴趣（动机）层和体验（感悟）层。[①] 这些新扩展不仅包括教材上的学科知识，在一定的情境下的问题解决技能，而且融合了积极参与社会、支持学习者与社会协调发展的最新理念。在宏观层面，日本学者远山通过"术""学""观"思想来概括学力结构的三个基本支点。在他看来，"术"仅仅是底层，对应于具体的"技能"；"学"是中层，反映了该学科符合逻辑规律的知识体系；"观"处于最上层，是一种集世界观、人生观、社会观、劳动观、职业观等"五观"于一体的统摄。[②] 总之，这一系列模型建构和理论概括都折射出日本教育界对"学力"这一命题思考的空前广泛和深刻。

第三节　对学力观中几种哲学思潮的理性质问

与任何其他概念一样，"学力"这一概念也是在一定的社会、历史、文化环境下产生的。从理论上讲，学习者个体的身、心、灵发展需要与社会主流阶层的旨趣、政治诉求才是学力产生的原动力。学力评价首先是一个认识论问题，同时也是一个价值论问题，反映的是学习对学习者个体与学习者所处的那个社会的关系属性。在不同的历史时期，由于经济、技术、文化的发展状况不同，人们观察学力的视角和深度也不相同，它所表达的内容与结构当然也会有所变化。但是，总的来说，这种概念是在总结与反思中不断发展、完善的。

概括地讲，这五个不同阶段的学力评价观的功能诉求各有侧重，它们的内容也有不同的表达形式。如果按照教育价值取向的不同，大体上可以分成四个基本类别：工具主义（实用主义的一种）阶段、人本主义阶段、建构主义阶段以及自然（科学）人文主义的初级阶段。其中，工具主义阶段包括 20 世纪 40 年代的生活实用主义和 50—60 年代的科学的工具主义两个时期，人本主义贯穿于整个 70—80 年代，建构主义阶段包括 80 年代末期至 90 年代，自然人文主义

---

① 钟启泉. 日本学力概念的演进 [J]. 教育发展研究, 2014(8):28.
② 钟启泉. 学力理论的历史发展 [J]. 全球教育展望, 2001(12):36-37.

初级阶段则是 21 世纪之初至今。

一、工具主义的利弊剖析

从较通俗的意义来说，"学力"就是通过一定时间的学校学习所获得的能力。这可以从两个层面去理解。首先，学习都是以教材为媒介的。因此，学力就是学生在学校的教学过程中通过对教材深入而系统的学习所掌握的知识、技能。其次，随着学习过程的持续推进，人们的学习能力本身也在发展，表现为一种"对学习的学习"，也就是人们常说的"学习力"或元策略。很显然，在学力评价发展的前两个阶段，人们往往注重的是第一种层面的学力，并且追求的是教育过程之外的结果。如 20 世纪的四五十年代，日本政府一方面出于战后经济复苏的需要，因而注重培养和造就大量具有一定文化基础知识和熟练技能的劳动力；另一方面为了使公民的日常生活重新步入正常化，因而在教育活动中特别重视将读、写、算等知识、技能，用来解决日常生活中的某些实际问题，以提升公民的生活品质。

到了 20 世纪 60 年代，通信技术、计算机与智能化设备逐步进入了社会生活，兼有工具性特征的技术转瞬间成了那个时代的"香饽饽"，科学技术实际上成了效率的代名词。学力评价中，更为精确的试卷编制技术和统计分析技术替代了仅仅具有模糊分级、鉴定的相对评价，测量量表和标准化测验得到了空前的普及[1]，强调学习者对概念的理解与结构发现学习的科学主义学力观盛行一时。不过，学力评价的内容重在测量学习者的认知能力部分，注重的依然是学习上的知识累积与传承的功能，表现为缺少质疑和意义探寻的"后喻型"[2]文化结构。

不论是将教育和学习服务于社会的经济发展，还是服务于个体生活品质的提升，它们看重的都是教育的工具价值，表现为一种工具理性。其实，这种实用主义教育主张可以追溯到实用主义哲学的创始人皮尔斯（Charles Sanders Pierce）、威廉·詹姆斯（William James）以及约翰·杜威（John Dewey）。他们都深受达尔文的进化论思想影响，强调教育应立足于现实生活，将"行动""效率""价值"当作问题的中心，把如何取得效果或利益当作教育的终极目标，是

---

① 齐宇歆. 当代教育评价理论及其历史演进过程中的知识观分析 [J]. 远程教育杂志，2011（5）:78-79.

② 吴康宁. 教育社会学 [M]. 北京：人民教育出版社，1998:94-95.

一种典型的目的决定论。① 瑕瑜互见的是：这种观点忽视了学习者个体心理形成的社会制约性，强调的只是学习者心理形成的生物学本能，虽然有其注重主客体交互（实践），重视学习者个体生活经验的一面，但其理性明显不足，容易造成学习者只见树木，不见森林，急功近利，挫伤学习者不懈追求真理的积极性，忽视学习者的心灵浸润和道德熏陶，容易造成理想、信念、原则的缺失，价值观、义利观、是非观的扭曲，还有人的尊严、个性被物化与异化，最终威胁到人际关系的和谐和社会的公正与可持续性发展。

退一步说，实用主义原本是 20 世纪初杜威等美国学者为了缓和当时的社会工业化、城市化，移民大量涌入却又不能得到公正待遇，社会繁荣与经济危机并存，贫富分化急剧加大等社会背景下的尖锐矛盾而采取的一种权宜、求变之策。如果将它作为教育发展的一种长远方略并予以教条化，显然有失偏颇。

二、现代人本主义与知识理性

由于重视教育在经济振兴中的推动作用，加之新技术、新产品的不断研发与推广，管理的精细化，到了 20 世纪 70 年代，日本的经济增速达到了二战后的巅峰。与此同时，新技术的学习也将学校教育推上了一个更高层次的平台。由于学习内容增多，难度增大，厌学现象时有发生，学习中的两极分化现象凸显，故 20 世纪 70 年代学力评价理论有了两个新的转向：一方面，评价重视学习的熟练度（proficiency）。这需要投入大量的时间进行领悟、记忆并在实践中反复运用，才能逐步达到自动化的娴熟程度，而这种娴熟程度的练就不能不牵涉到学习者的情感、态度等主体性因素的投入。另一方面，20 世纪六七十年代，以马斯洛（Abraham H. Maslow）和罗杰斯（Carl Rogers）等人为代表，发动了一场当代人本主义教育改革运动，强调学生是一个完整的人（a whole person）、生活在此时此刻的人，而真正的学习是认知过程与情感过程的融合，教育的目标就是造就独立的，具有自我成长、自我实现意识和能力的人，也就是培养具有完美人格（perfect personality）的人。② 马斯洛不仅反对学习中的无意义灌输，而且也反对诸如取得文凭和谋得好的工作职位等外部奖赏，并认为教师的职责主要在于为学生合理设置学习环境，创造学习氛围。这样，学生就能自主地、

① 张传燧，辛继湘. 实用主义教育思想 [M]. 广州：广东教育出版社，2007:6-8, 15.
② 乔伊·帕尔默. 教育究竟是什么？100 位思想家论教育 [M]. 任钟印，诸慧芳，译. 北京：北京大学出版社，2008:383-387.

创造性地学习。①这种重视学习者内在价值与潜能的人本主义心理学思想给 20世纪 70 年代的学力评价注入了新的活力，并将学力评价中最核心的因素——学习者——予以突出显现，实现了学力评价重心的合理回归，具有非凡的进步意义。

人本主义以人为本，重视人的尊严与价值，由于诉求的差异与承继关系的存在，又可进一步划分为追求自由与理性的人文主义（又称自然人文主义或传统人本主义）和重视个体与非理性的现代人本主义两种。前者将人看作是自然的一部分，着重从人与世界本体的关系来考察人。其目的在于通过纯粹理智的思考和符合逻辑的论证来获得对世界本体的终极知识，在人与自然和谐共存中，让具体资源和环境服务于人的生存和发展。这里的逻辑既包括形式逻辑，也包括辩证逻辑。后者则将人作为世界的本体，强调人只能由人自身的内心体验或直觉、感受等内在主观性来给出解释、说明。尽管现代人本主义由于其尊重人的个性与主体价值而备受推崇，但是，笔者不禁也要追问：来校读书的学生就完全具有了独立处理自身问题及其周边社会问题的能力和条件了吗？或者进一步说，对于某些"久治不愈"却又是影响深远的"疑难杂症"，作为个体的他们会如何思考？需不需要与其他个体或群体进行沟通、合作？

退而思之，这不仅仅是兴趣和需要问题，而必须运用知识与方法等理性，甚至意志，才能求得对事物的透彻理解并最终求得解决。人的一生，其实就是不断发现问题并解决问题的过程。可是，问题具有双重属性：一是对主体而言具有一定的功能或价值满足；二是客体本身具有自身的属性与运行规律，表现为一定的规律性或科学性。因此，不管问题的种类如何不同，其解决过程都是目的性与规律性的有机统一，二者缺一不可。与其说解决问题的过程是一种双边互动，还不如说它就是一种受社会文化、科学技术等条件所制约的实践，或者说问题解决的本质就是实践的有效性。

事实上，自现代人本主义诞生以来，英国的尼尔（Alexander S. Neill）、苏联的苏霍姆林斯基和阿莫纳什维利都进行过基于人本主义心理学思想的教育实践。可结果怎么样呢？这里仅解析一例。1927 年英国在英格兰东部的萨福尔郡（Suffolk）雷斯顿村（Leiston）创立过著名的夏山（Summerhill，又音译为"萨默希尔"）学校，来践行"让学校适应学生"的人本主义教育思想。在这里，学校

---

① 张传燧，赵同森. 人本主义教育思想 [M]. 广州：广东教育出版社，2006：102-105.

以孩子为中心，奉行自由与快乐至上。因此，学生是否听课采取自愿原则，学校也不会进行任何形式的考试或考查，不会感到任何压力，然而，曾经在此就读过的学生们较普遍的反映是：虽然这所学校让他们更为自立，更宽容，也更善于与地位比自己高的人士相处，有利于健全人格的形成，但他们并未从学校学到今后参与社会竞争所需的知识与技能，而且这里相对不太适合那些性格比较内向的学生。① 尼尔对生命的珍爱，对学生的尊重与爱，还有在教育中奉行的自由与民主精神，尤其是他挑战了单纯的知识传授论，并用实践有力地回答了学校究竟是应该按照工业化文明和未来职业要求来塑造自身还是为了培养健康、会生活、具有丰富个性和完满人格的生命个体这一带有教育哲学本体论性质的命题②，但是，他注重经验与观察，偏重自动自发的情感浸润，却漠视系统化的专业知识学习，不免也有顾此失彼之嫌。因为毕竟人的自由只是相对的，也是多方面的，纯粹的自由主义似乎也只存在于柏拉图的《理想国》和卢梭的《爱弥儿》之类的著作之中。

从现实的层面来讲，人在台风、地震、瘟疫等自然现象面前有时竟是何等渺小和无助，生存不时受到威胁，何来自由？面对公权力执法的简单粗暴与某些权威人士的"一言堂"甚至无端呵斥，人们常常会感到平等与公正似乎离我们是那么遥远，不禁委屈顿生。这时，尊严又在何处？因此，任何个体都必须妥善处理自身与自然、社会这个三角关系。

相比之下，夸美纽斯（Johann Amos Comenius）这位自然人文主义教育家不仅重视人的自由、兴趣等自然属性，也兼顾理性和求知。他认为世上的一切事物都有其法则与规律，由感觉和理性组成的知识则是通向这些法则与规律的桥梁。他开设过自然科学课程，提倡博学、德行和信仰，这实际上就是人本思想与科学技术相融合的最初萌芽。③

人类历史业已证明：反映某一领域原理与规律的科学以及将它加以情景化应用的技术和系统化方法（工艺）都是人类谋求幸福生活、取得更大自由的手段，同时也是一种知识理性。在学习评价中，如何合理利用现代人本主义的精华去充实自然人文主义教育思想，构成科学思想与人本思想相统一的自然人文

① 乔伊·帕尔默.教育究竟是什么？100位思想家论教育[M].任钟印，诸慧芳，译.北京：北京大学出版社，2008：323-327.
② 高伟.论尼尔的自由主义教育哲学[J].外国教育研究，2001，28(5)：14-15.
③ 褚洪启.论夸美纽斯教育理论的历史价值[J].北京师范大学学报（社会科学版），1995(3)：87-93.

主义解释框架①，不仅是一种认识上的补全和理性的回归，更是当代教育的时代呼唤。

三、建构主义的先天不足和条件选择

如前所述，由于人本主义的出现，作为学习主体的人在教育活动中的地位与作用得到了空前彰显。这是一种理性回归。如果进一步追问：教育到底是如何通过学习活动来影响学习主体的？或者说，学习活动究竟是如何影响大脑思考、决策的？笔者认为，除了上述人本思想，建构主义的思想来源还有结构主义的世界观、方法论以及重视主客体交互的"活动"理论。

世界是物质的，物质是可分的，细分后的内部成分之间又是分工、协作并相互制约的。它们对外表现为一种具有逻辑关系的功能组合。这种具有一定能动性的功能组合就是"结构"。它和"系统""体系"甚至"模式"都是近义词。在词源学中，英文"structure"一词就是来自拉丁文"structura"，原意就是"部分构成整体的方法"。②这种被组织化的整体在与外界环境相互联系、相互作用的过程中具有趋于某种确定、有序状态的属性，并通过反馈机制和内部调节或转换而对外显现出一定的功能。

在人本主义者看来，作为物质形式之一的大脑，自然也不例外。结构主义（structuralism）的核心就是要透过具体现象去寻找居于现象背后的深层结构及运行机理。作为一种方法论，旨在反对纯粹的"还原论"和"原子论"，从而避免片面的局部思维。这种哲学思潮可以追溯到20世纪20年代前后在苏联出现的一股文学批评思潮——"俄罗斯形式主义"。

在这一思潮中，罗曼·雅各布森（Roman Jakobson）等人提出要研究文学语言的内部联系和构造。他们认为，表达形式本身就是目的。这与日常语言的内容、意义最为重要，具有交际功能完全不同。此后，结构主义原理纷纷与各学科融合，如瑞士语言学家索绪尔（Ferdinand de Sausure）将语言划分为内部语言学和外部语言学，并对这种符号系统进行了系统而深入的研究；法国的列维·斯特劳斯（Claude Lévi-Strauss）则将语言结构理论应用于人类学研究，将结构化思维方式上升到方法论层面。这样，结构主义终于在20世纪60年代走向顶

① 齐宇歆．当代教育评价理论及其历史演进过程中的知识观分析［J］．远程教育杂志，2011(10)：76-77.

② 朱晓斌．从结构主义到后结构主义：学习理论的嬗变［J］．外国教育研究，2000，27(5)：1-2.

峰。① 尔后，教育界出现了皮亚杰的发生认识论与图式理论、布鲁纳的结构发现学习、奥苏贝尔的有指导的发现学习和加涅的认知信息加工等著名学习理论。总之，结构主义的语言分析方法对文学、社会学、文化人类学和教育学等领域都产生了深远的影响。

从表面上看，建构主义既能采用共时性研究方法去科学地分析人类的学习过程，又能积极发挥学习者的主体性和能动性，是一种几乎完美的学习方法了，可事实是：2001 年的学力测试成绩竟然不如 1989 年，其原因何在呢？细思之，建构主义在社会文化层面和认识论方面都有其相对缺陷。在社会文化层面，一方面，在文化思维方式上，西方学者往往有为了彰显个性而在理论上"别出心裁"的特点。可在"别出心裁"、吸引眼球的同时，往往也会因为缺少整体观而顾此失彼，甚至从一个极端滑向了另一个极端。如建构主义学者乔纳森（David H. Jonassen）就曾公开宣称：建构主义就是要向与客观主义相对立的方向发展。其目的就是要反对传统的教师中心主义。② 另一方面，建构主义走向巅峰的 20 世纪 90 年代也正是集多媒体、网络通信技术于一身的因特网得到了蓬勃发展的时期。网络资源浩如烟海，客观上为建构主义的教学实施提供了坚实的物质条件。可是，由于人的素质参差不齐，加之对经济利益的角逐，网络资源也必然是良莠不齐，真知与谬误并存。如何辨别资源的真假优劣变成了学生进行有效学习的基本前提。此外，在这种"富"资源环境下，学习者如何合理确立学习目标，抵制纯粹感官刺激等外部侵扰，保持学习定力，也是需要经受考验的。在认识论上，建构主义虽然也注重学习者的自身经历、经验等原有认知基础，强调主客体的交互，但是，他们把主体的"自我建构"当作知识的本源，在认识论上完全颠倒了主客体双方在交互过程中的地位与作用，在性质上偏向了主观主义 ③，使建构的结果带有强烈的主观感性成分。按照《新华词典》的经典解释：④ 知识是人们通过生产、生活和科学实验等实践活动所获得的"对客观事物的认识"。其虽也包括认识的过程，但重在认识的结果及其可用性，事实累积和经验成分居多，带有一定的总结、概括性质，而认识只是"人的头脑对客观世界的

① 张传燧，李森.结构主义教育思想 [M].广州：广东教育出版社，2007：5-7.
② 何克抗.关于建构主义的教育思想与哲学基础：对建构主义的反思 [J].中国大学教学，2004(7)：15-16.
③ 何克抗.关于建构主义的教育思想与哲学基础：对建构主义的反思 [J].中国大学教学，2004(7)：16-17.
④ 中国社会科学院语言研究所词典编辑室.现代汉语词典（2002 年增补本）[M].北京：商务印书馆，2002：1623，2457；
  新华词典编纂组.新华词典 [M].北京：商务印书馆，1980：1077.

反映"，是一种逐步深入并知晓、熟悉的过程，主观理解的成分居多，带有一定的随意性与波动性。

概言之，建构主义的学习理论继承了人本主义重视个体能动性与创造性的优点，融合了结构主义的思维方法，将学习的重心转移到了学习者的认知结构上，表现了强大的现实生命力。但是，也不能否认，由于其在主客观关系上的认识论错位，很难保证学习结果的正确性与社会实践的有效性。

四、自然人文主义与素养习得

新世纪之后，日本课程的改革思路主要是受到了经济合作与发展组织的"literacy"理念（素养观）影响，尤其是从 PISA 中看到了依据社会文化情境的"活用能力"。因此，修订后的《学习指导要领》提出：[1] 要活用能力，包括思维能力、判断能力、表达能力；理想的学力形成过程就是：学习者能扎实地习得基本的知识、技能，并活用这些基础知识、技能，形成思维能力、判断能力、表达能力，进而形成主体性的探究态度。通过学习，学习者不仅要能灵活而合理地运用各种社会的、文化的、技术的工具与资源，在个性多样化的社会团体内创建较为和谐而稳定的人际氛围，而且能够真正遵循自己内心的需求与感受，采取合理而有效的行动，最终反映的是一种对复杂问题的解决能力，习得的是认知、决策、执行、反思、合作、分享等时代精髓。它是认识上的升华，资源的统整。究其本源，则是一种以科学作为基本手段，以服务于人性为最终归宿的、原生态的自然人文主义思想。

笔者认为，学习是人和某些高级动物等自组织生物体对环境的一种积极性适应。不仅其过程是动态的、基于反馈的、自洽的，而且有着不同层面的发生、发展规律。在其生理层面是 K^+、Na^+、Ca^+ 等借助于神经递质、神经调质的作用通过突触在神经回路中形成动作电位之后的扩散与传播；[2] 在心理层面则是建立在自身经验之上的理解、概念表征、推理等逻辑衍生思维；在社会层面则是一种信息的"传播—接受—积累—再传播（共享）"[3] 的周期性循环。它使学习者通过符号（如语言、文字）的对话实现人际信息沟通与意义分享；在生物进化论

① 方明生. 日本新学习指导要领与学力结构研究的深化：访日本课程学会理事长水原克敏 [J]. 全球教育展望，2009(9):3-7.
② 梅锦荣. 神经心理学 [M]. 北京：中国人民大学出版社，2011:67,74-81.
③ 肖青，李宇峰. 传播学视野中的民族文化传承 [J]. 社科纵横，2008,23（10）:132.

层面是经年累月的劳作所导致的蛋白质、核酸等物质成分的结构性改变而产生的个体对新环境的选择性适应；在实践层面则表现为对某一复杂情境问题的认识、判断、决策及其解决能力并最终体现出学习的价值——实现自身及其种群的更好生存与发展。

国际著名的生物学家与科学认识论专家安德烈·焦尔当（André Giordan）认为：[①] 大脑处理的并不是零散的信息，而是经过抽象与提炼之后的概念或命题。因此，在学校，学习主要是两件事：一是教师依据学习者的"先有知识"来激发、引导学生的学习兴趣。二是学生积极尝试去理解一系列相关概念。然而，概念是依靠现象与事实的自有特征来获得认识与理解的，对特征的描述又是以词为基本单位并通过句法（syntax）将这一系列词依照一定的顺序、以完整的句子形式来完成某种意义表达的。同时，字词的符号表征是在动作表征、形象表征等基础上逐步发展而来的，具有间接性、抽象性和随意性的特点[②]。因此，如果要对间接而抽象的符号序列求得透彻的把握，就不能不借助于表象（imagery），而表象形成的直接基础是更具情境特征的图形、图像、动作等更低层次的直观性观察与体验。这样说来，刻画情境的图形、图像、动作与感受才是人类形成认识、获得知识的最原始元素。

有着第二代认知科学之称的具身认知理论认为：[③] 人类的概念、范畴、命题、推理等理性思维都是通过对周围情境的多种感知与体验后形成的。身体部位、力量与运动、空间位置关系则是其中三种最基本的感知途径。概念系统与知觉系统有着共同的神经基础，彼此之间具有等价效应，并发现了部分实证案例。尽管概念体系、词汇体系和客观世界之间具有同构关系[④]，但是，我们也不能不承认：言语环境既能表达意义，也会产生语境制约。由于使用情境的不同和交流主题的特殊性，词语所概括的对象、范围、程度都将有所区别。它所表达的意义自然不同，词语与意义之间并不是严格的——对应关系，二者之间呈现一定的灵活性。[⑤] 另一方面，由于个体从小习得观念、概念时的语境具有地域性、民族性差别，因此，即使是同一个概念，每个人的理解和表达方式都可

① 焦尔当. 学习的本质 [M]. 杭零，译. 上海：华东师范大学出版社，2015：42-43.
② 张淑华，朱启文，杜启东，等. 认知科学基础 [M]. 北京：科学出版社，2007：177.
③ 殷融，曲方炳，叶浩生. 具身认知表征的研究与理论述评 [J]. 心理科学进展，2012，20（9）：1373.
④ 周国光. 概念体系和词汇体系 [J]. 安徽师范大学学报（哲学社会科学版），1986（1）：113.
⑤ 沈阳. 语言学常识十五讲 [M]. 北京：北京大学出版社，2005：22-23.

能不同。总之，意义分享需要语境（context），认知需要情境（situation），学习则是一种文化环境（environment）下的概念及其体系（范畴）的形成、应用与创新。

第四节　信息化 2.0 时代学习评价的基本走向

21 世纪是属于"互联网+"和信息化 2.0[①] 的协同创新时代。随着移动互联网、云计算、人工智能和大数据分析技术在社会、经济、生活各部门的扩散与应用，网络通信与多媒体学习资源也成为大多数人，尤其是青年学生的日常消费品。步入"互联网+"时代后，传统的学习与评价方式也产生了微妙而神奇的变化：[②] 一个 Web 页、一个移动终端、成千上万的学生，而学校和教师任你自由选择的"互联网+"教育模式涌现了；使用慕课、微课、翻转课堂、手机课堂等"互联网+"的新型 O2O 教学方式诞生了；手握平板电脑或手机，一边上课，一边将疑难问题通过网络发送并即时显示在教师课件上的"互联网+"的弹幕教学评价方式不再陌生……教学资源丰富了而且为全球所共享，课程学习与考试逐步网络化、多媒体化，学习过程相对更自主化和个性化，"互联网+"将发生在学习者身上直观、生动、多维度的学习状态与过程信息直接带到了他们的教师和教育管理工作者面前，如何有效地开展"互联网+"环境下的学习评价就成了一项全新的课题。笔者认为，未来的学习评价必将出现如下特点。

一、评价观念中将更加突出素养成分

当代教育是以尊重学生的个性为前提，以充分挖掘学生的潜能为途径，以实现提高或完善学生综合素质为目的，并最终达致学习者个体全面发展与社会和谐进步的教育。作为一项系统工程，其检验标准不是单纯的考试分数，或某一方面能力的提高，而是一组相互依存的能力组合，最终表现为个体自发的实践能力和首创精神。回顾学力评价的发展历程，我们不难发现，其评价重心一

---

① 即教育部于 2018 年 4 月提出的《教育信息化 2.0 行动计划》。其主要特点是跨部门、跨区域、信息即时采集、大平台数据整合、云计算与智能化决策。

② 张忠华，周萍."互联网+"背景下的教育变革 [J]. 教育学术月刊，2015（12）：39-40.

直摇摆在学科、生活与学习者这三者之间。说到底，学习评价首先是一个观念问题，也就是如何看待学习形成机理及其价值的问题。如果说学科是以客观性、系统性和抽象性为根本特征的知识体系的代名词，带有主体性和现实具体性的生活是以解决自身问题为导向的，面对的是一种对未来的不确定性，那么，学习者不仅是学习的主体、学习价值的体现者，也是联系学科与生活的基本枢纽。

"素养"一词源于 PISA 中的"literacy"。这一评价理念从根本上打破了原有的学科知识中心和单一能力标准[①]，使学习者的知识迁移能力、情境问题解决能力、交流合作能力、学习的生存与发展品质、作为建设性公民积极参与社会事务的能力等内容都成为学习评价指标并且得到了前所未有的重视，并且已为世界上的绝大多数国家所接受。它凸显了个体的深度学习以及个体与情境的高效互动，强调的是个体经过反复练习之后的内化、反省和习得性质，是知识、能力和情意的总括。作为一种文化熏陶，它内化于学习者本身，成为学习者身上一种相对稳定的品质，他日一旦具备某种合适的条件，就会自然而然地显现出来。

二、学习的社会价值与个体价值将得到合理统筹

人是历史与文化的产物，也是社会关系的存在。自春秋以来的 2000 多年里，孔孟、董仲舒、朱熹等人的儒家思想长期在我国的社会、政治、经济和文化生活中居于统治地位。反映到教育与社会、文化的关系上，人们更注重教育、教化在维持与规范人际纲常、伦理、礼仪、志趣培养和正确的义利观等社会秩序，利用文化保存、文化传播在引导、管控人们思想观念上的作用。[②] 在个体与社会的关系上，一直都认为：[③] 个体不仅要在社会中生存与发展，而且必然受到社会环境的制约；个体只是社会中的一个普通成员，理应服从并服务于社会，个体价值大小主要体现在社会目标的实现过程之中。这种忽视学习者个体主体性、尊严、价值的"社会分子论""社会人才说"的个体观长期存在，检验各级各类学校是否成功的标准则是看教育部门能否培养出社会所需的人才及其数量。相反，自由、真理、快乐、和谐发展与完满生活等理念则是居于从属地位的。

我们说人的根本属性是其社会性，这是就其相对重要性而言的。也许对于

---

① 张民选,陆璟,占胜利,等. 专业视野中的 PISA[J]. 教育研究,2011(6):5.

② 郑金洲. 教育文化学 [M]. 北京：人民教育出版社,2000:37-40.

③ 吴康宁. 教育社会学 [M]. 北京：人民教育出版社,1998:163-166.

一个活生生的生物体来说，吃、喝、拉、撒、睡更为基本，喜、怒、忧、思、恐也更为常见，带有理性与宏观洞察成分的社会属性并不是他的唯一属性和全部属性。按照系统论的观点，人的价值也含有多种成分，因其地位和作用的不同，进而表现出一定的层次性。任何个体都是其自身价值与社会价值的有机统一。一方面，教育的社会价值首先是社会上绝大多数个体价值的集合与统整。没有个体也就不成其为社会。教育的社会价值概括、凝结了教育的个体价值。教育能在多大程度上促进社会的发展主要取决于教育在促进个体能力和素质发展时的全面性、充分性以及这种个体的数量与规模。因此，我们决不能离开个体而空洞地去谈社会的发展，一味地强调社会价值而漠视个体价值。否则，最终也会因动力源不足而阻碍社会价值的实现。另一方面，受教育的个体总是以一定的社会现实条件作为自身发展的前提和基础，而个体的发展也必将在某种程度上推动社会进步，同时也为自身的再教育、再发展创设新的条件。眼中只有个体价值而没有社会价值的行为是短视的、片面的。

总之，教育的个体价值与社会价值既相互区别，又相互联系、相互促进。可以预见的是：在未来，随着科技生产力水平的不断提升，社会化专业分工将更加精细，人们相互依存的程度也将更高，而教育的这两种价值之间的差距将越来越小并最终完全走向同一。[①] 这是历史发展的必然。可是，长期以来，在学力评价中，业界考虑的多是学习、教育的次生目标，教育与学习的动因主要来自社会，而不是学生的学习、成长等生命潜能。在我国素质教育实施阶段，我们不仅要追求教育社会价值这个次生目标，更应秉持人本理念，进一步尊重每一个普通学习者的主体地位和正当利益诉求，做到个体价值与社会价值协调、和谐发展。

三、学习者的主体意识，尤其是内化意识将得到明显提升

人接受教育的过程就是个体提升认识、转变观念的过程，其关键是个性化的学。"互联网+"环境下丰富的多媒体资源和快捷、灵活的通信手段也为这种个性化的学习提供了现实物质基础。然而，多年来，国内教育界一直没有将"人是如何学习的"这一主题纳入教育学理论的基本范畴体系。[②] 相反，国际教

---

① 任平. 教育的社会价值与个体价值的哲学思考 [J]. 广西民族学院学报,1997(3):55-56.
② 桑新民. 学习究竟是什么？——多学科视野中的学习研究论纲 [J]. 开放教育研究,2005,11(1):10.

育界，在教与学的关系上，自 1973 年美国学者奥勒（J.W. Oller）和理查德（J.C. Richards）出版《将注意力集中在学习者身上》之后，就逐步将重心从"如何教"转移到了"如何学"。① 近年来，我国也有学者直言：② 学生的求知天性和潜能才是提升教育绩效的原始动力，主要依靠教的教育是低效的，学必须主动，教只是助动。教育的根本改革在于从依靠教转向依靠学。

在学习过程层面，"可见学习"的提倡者、澳大利亚墨尔本大学的约翰·哈蒂（John Hattie）教授团队经研究发现：③ 在影响学业成就的 150 个因素中，最能影响学生学业水平的前三个因素依次是学习期望值、原有认知水平和教师的引导与调节。不难看出，前两个因素都是属于学生层面的。学力评价注重基础，强调传统的读、写、算，但是，用于情感交流的语言符号和数形结合的数学符号这些情境化符号终究只是学习过程中的媒介，不是目的本身。问题在于：知识只有通过个体的内部转化才能变成自身的素养。试想，如果学习者认为这个学习内容不具备某种即期的或长期的价值，或者对于相关主题没有一定的经验、知识积累，学习者能够有效地从彼情彼境去理解、内化这些纯粹的抽象符号（知识）吗？从传播学和发生认识论的视角观之，学习的本质首先是一种交互或对话的实践，同时又是一个将新知识逐步整合、同化到学习者原有认知图式之中，获得某些新的理解，或习得某些新的技能，使自己的态度、行为发生某种改变或储蓄某种潜能的过程，也最终实现自身的某种发展与进化。也就是讲，真正的学习必定是发生在那些对相关主题已经有了一定了解并希望对这个主题有进一步了解的学习者身上，然后才会运用概念分析、比较、综合、概括和推断等思维工具将课本知识这些客体对象与自身的需要、兴趣和意志等主体因素进行不断的碰撞、磨合，最终通过某种程度上的兼容、统整来实现记忆的持久和准确，以及知识运用时炉火纯青的"直觉化、自动化、智能化"。④

概言之，在教与学上，必须突出学的核心地位；要研究学习，就必须首先充分考虑学习者的原有经验、教育背景以及思维特征，因时、因地做出合理引导，方能进行有效学习。"唯分数"论等急功近利的实用主义思想不仅不利于

---

① 孙骊. 从研究如何教到研究如何学 [J]. 外语界,1989(4):1-2.

② 郭思乐. 从主要依靠教到主要依靠学:基础教育的根本改革 [J]. 教育研究,2007(12):15-20.

③ 约翰·哈蒂. 可见的学习:最大限度地促进学习 [M]. 金莺莲,洪超,裴新宁,译. 北京:教育科学出版社,2015:41-42,274.

④ 谢淑玲. 关于知识内化的几个问题 [J]. 求索,1999(3):100-101.

学习者通过学习活动获得学习过程中灵性释放的快感、遇到疑难挑战时的意志锤炼和交流互助过程中同学情义分享等分数之外的东西，也容易导致学生片面思维和近视思维的养成，不利于学习者就某个问题进行长期、系统而深入的探索与思考，因而很难达到一定的认知高度，获得某一领域、主题的真知灼见。在以海量信息、知识创新为基本特征的"互联网+"环境下，这显然是不合时宜的。

四、学习者整合信息化资源，实现学习意义创生的意识将更明显

素养，作为一个质量度量，其内容是多方面的，但核心问题是问题意识和问题解决能力。从文化层面来讲，可以定义为个体"面对问题时的视野和底蕴"。[1]纵观人类的学术发展历程，可以讲，自欧洲的文艺复兴时期以来便开始驶入了现代化的快车道。但随着对学科领域知识研究的深入，任何一个人要同时把握全部的社会知识已经毫无可能。以研究对象、研究方法的异同进行学科的细致分工已是势在必行，但也导致了学科之间壁垒森严，即使是同一个研究对象，其研究的侧重点不同，表征方法各异，解决问题的思路也不同，不仅造成不同学科之间缺乏联系与沟通，各行其是，也容易产生无谓的重复劳动和资源浪费，更不利于从多个侧面去透彻地理解问题。[2]面对当今社会中各种问题的日益综合化和复杂化，尤其是面对"人是如何学习的"这样的基础性问题，这种过分专业化也让不少有识之士感到不安：不运用多学科的知识、方法去协同解决，往往难以奏效。现代科学的发展历程表明：[3]既分化，又整合，是其基本特点，而科学上的重大问题解决与新的增长点的形成多是学科交织、彼此渗透的结果。20世纪80年代，美国国家科学委员会（National Science Board，NSB）就提出了将科学、技术、工程和数学等领域融为一体的跨学科综合创新教育的STEM形式。进入新世纪后，又增加了艺术这一人文因素。这样，就拓展为现在一致认可的STEAM教育。[4]在笔者看来，科学重在认识和理解，技术重在方法与手段，工程则是现场制作，数学则是上述过程中的精确化评估，STEM结合在一起是相对比较好理解的。为什么增加艺术（art）元素呢？细思之，重在

---

① 林萍华.素质、素养与创新[J].高等工程教育研究,2000(1):57.
② 戴正农,章莉.问题、方法、知识：西蒙跨学科研究启示[J].东南大学学报（哲学社会科学版）,2011,13(5):29-30.
③ 文洪朝.跨学科研究：当代科学发展的显著特征[J].西北工业大学学报,2007,27(2):12.
④ 范文翔,张一春.STEAM教育：发展、内涵与可能路径[J].现代教育技术,2018,28(3):99-101.

交互界面的美观、友好，操作与使用时符合人性化，也就是设计要符合人体工程学原理。总之，当今条件下，为了适应教育信息化 2.0 以规模与整合升级，突出智能化应用这一新形势对学习者个性化、终身化学习的新要求，以问题为支点，以问题结构与线索为桥梁，加强学科横向交流与合作，充分利用网络资源的丰富性，通过优势重组与互补整合，通过真实情境下复杂问题解决以实现意义创生，已显得愈来愈迫切。

五、开发"互联网+"学习行为即时诊断系统已成为时代呼唤

学习者在某种动机的激励下，为了取得某种预期的学习效果而进行的一系列活动的总括就是学习行为。它包括学习主体、学习对象、学习工具、学习环境等要素。其核心是学习主体与学习对象之间带有反馈机制的交互，并且，反馈越及时，其调节效果越明显。诊断作为反馈的一种基本形式，属于一种动态的即时评价，对学习活动起着正向激励或者方向调节作用。在"互联网+"环境下，物联网、人工智能等技术可将人的学习行为的过程数据与状态数据无缝实时采集并上传到数据库服务器，那么，利用决策树等数据挖掘技术对这些分布式的、半结构化的原始学习行为数据进行特征抽取、转换、模型化处理与分析，就有了挖掘、整理出深层有用信息的可能。图 12.7 是笔者构建的一个基于学习素养、采用 B/S 架构的学习行为自诊断系统。其核心部分是一个基于 Web2.0[①]的、具有"4V"特征[②]的多媒体数据库系统。考虑到学习行为数据的复杂性，多种类是其最重要的特点之一，数据库的建立可通过 UML（统一建模语言）或 EDM（实体数据模型）扩展，重在描述学习行为各特征变量的数据类型、属性、相互关系和约束条件。当然，如有必要，也可通过部分非关系型数据库予以补充。当前学习状态的检测可考虑采用 8~13Hz 的脑电波检测、皮肤电反射（galvanic skin reflex）[③]或是通过眼动仪进行注视点跟踪等方法来测量。学科知识掌握方面的测量是采用基于项目反应理论（item response theory）的测试。相对于传统测试，这种测试方法具有更高的测量信度和效度。此外，它还具有便于计算机阅卷、统分、分析的特点。学习工具、学习环境的调查或记载主要用来反映学习者的学习工具利用能力和学习资源的管理或创设能力。通过数据挖掘

---

① WEB1.0 以数据为核心，而 WEB2.0 以人为核心，实现全员在互动中创新。
② 李战怀，王国仁，等. 从数据库视角解读大数据的研究进展与趋势 [J]. 计算机工程与科学，2013，35（10）：3-4.
③ 傅德荣，章慧敏，刘清堂. 教育信息处理（第 2 版）[M]. 北京：北京师范大学出版社，2011：304-309.

技术计算、分析学习者的前期学习的学习轨迹（如各主题的持续时间和时间投入总量等）、即时学习状态、学习资源环境利用能力等，最后通过"九个指标"[①]评估学习者的学习素养。

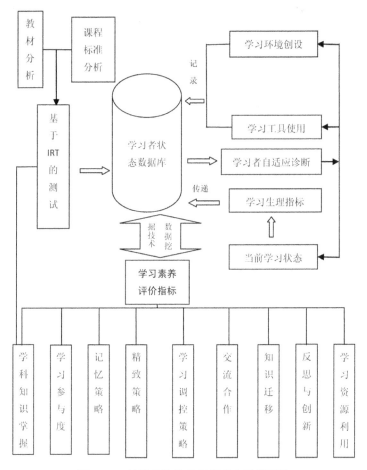

图 12.7 基于 B/S 的学习素养自诊断系统

总之，学习是一种基于经验与个性的内化、应用、习惯化的自然逻辑生成。人们对学力的评价经历了一个从片面到全面、由外在功能逐步触及内在本质的动态深化过程。作为一个跨学科领域，学习规律的探索必然涉及大脑神经科学、教育学、心理学、行为科学、语言学、符号学、信息科学和文化传播学等诸多领域，研究学习评价的目的在于能更深入地了解学习机理及其社会化过程，优

---

① 齐宇歆. 基于 PISA 的学习素养评价系统设计 [D]. 上海：华东师范大学，2013:215-217.

化学习环境，组织更有效的学习活动，从而产生最有价值的学习活动。由于传统认知科学的研究对象并非真实情境下发生在学习者身上的学习活动，因此，在实验环境下所发现的认知规律对教与学的质量提升都十分有限^①。进入 21 世纪后，信息加工、联结主义等隐喻型研究方法都受到了某种程度的挑战，通过神经影像学的磁振造影术（fMRI）来测量神经区域活动情况，或采用具身认知的场域研究方法渐成新的热点。学习质量的评测依据也已由布鲁姆的目标分类理论逐步转向基于 SOLO（structure of the observed learning outcome）的思维操作模式下的反应结构复杂性测评^②，学习评价也从最初的生活工具主义逐步让位于构造人的能力、素质和素养，而第五代移动通信网络（5G）的传输速度可达每秒数十 Gb，物联网实现了空前广泛的连接，再加上大数据处理，日益成熟的"互联网 +"技术也必将有助于开发出实用的学习行为实时、在线自诊断平台。这样，个性化、终身学习的资源环境也将日臻完善。

---

① 高文 . 学习科学的关键词 [M]. 北京：教育科学出版社 ,2009:33.
② 齐宇歆 . 基于 PISA 的学习素养评价系统设计 [D]. 上海：华东师范大学 ,2013:224-225.

参考文献

中文文献

[1] 焦尔当. 学习的本质 [M]. 杭零, 译. 上海: 华东师范大学出版社, 2015.

[2] 伍尔福克. 教育心理学 [M]. 10 版. 何先支, 等译. 北京: 中国轻工业出版社, 2007.

[3] 英格尔斯, 等. 人的现代化 [M]. 殷陆君, 编译. 成都: 四川人民出版社, 1985.

[4] 斯科特, 和茜茜, 盛群力. 21 世纪需要哪一类学习? 总体愿景与 "四个学会" 新解 [J]. 数字教育, 2016(4).

[5] 赫根汉, 奥尔森. 学习理论导论（第七版）[M]. 郭本禹, 崔光辉, 朱晓红等译. 上海: 上海教育出版社, 2011.

[6] 科赫. 意识探秘: 意识的神经生物学研究 [M]. 顾凡及, 侯晓迪, 译. 上海: 上海科学技术出版社, 2012.

[7] 谢弗, 等. 发展心理学: 第 8 版 [M]. 邹泓, 等译. 北京: 中国轻工业出版社, 2013.

[8] 安德森. 认知心理学 [M]. 杨清, 张述祖, 等译. 长春: 吉林教育出版社, 1989.

[9] 申克. 学习理论: 教育的视角 [M]. 3 版. 韦小满, 等译. 南京: 江苏教育出版社, 2003.

[10] 萨克斯, 牛顿. 教育和心理的测量与评价原理 [M]. 王昌海, 等译. 南京: 江苏教育出版社, 2002.

[11] 凯尔纳，贝斯特．后现代理论：批判性的质疑 [M]．张志斌，译．北京：中央编译出版社，2001．

[12] 马斯洛．马斯洛人本哲学 [M]．唐译，编译．长春：吉林出版集团有限责任公司，2013．

[13] 马斯洛．动机与人格 [M]．3 版．许金声，等译．北京：中国人民大学出版社，2007．

[14] 艾肯鲍姆．记忆的认知神经科学：导论 [M]．周仁来，郭秀艳，叶茂林，等译．北京：北京师范大学出版社，2008．

[15] 科塞，等．社会学导论 [M]．杨心恒，等译．天津：南开大学出版社，1990．

[16] 厄劳尔．不可不知的用脑教学法：运用脑科学知识，促进学生学习 [M]．黄河，陈萍，译．北京：中国轻工业出版社，2006．

[17] 德里斯科尔．学习心理学：面向教学的取向 [M]．3 版．王小明，等译．上海：华东师范大学出版社，2008．

[18] 卡拉特．生物心理学 [M]．素彦捷，等译．北京：人民邮电出版社，2011．

[19] 柯纳斯，詹姆斯．内化：内部现实的起源与构建 [M]．王丽颖译．北京：北京大学医学出版社，2008．

[20] 加涅．学习的条件和教学论 [M]．皮连生，王映学，郑葳，等译．上海：华东师范大学出版社，1999．

[21] 美国学术研究促进会．变革教学：认知心理学的新挑战 [M]．森敏昭，等译．京都：北大路书房，2004．

[22] 经济合作与发展组织．理解脑：新的学习科学的诞生 [M]．周家仙，等译．北京：教育科学出版社，2010．

[23] 诸山．人类的诞生 [M]．北京：光明日报出版社，2010．

[24] 周常明，徐征．日本学力低下争论与新学力模型构想 [J]．外国教育研究，2006(7)．

[25] 田中耕治．教育评价 [M]．高峡，田辉，项纯，译．北京：北京师范大学出版社，2011．

[26] 田中耕治. 日本形成性评价发展的回顾与展望 [J]. 项纯, 译. 全球教育展望, 2012(3).

[27] 永井成男. 符号学 [M]. 东京: 北树出版社, 1989.

[28] 皮亚杰. 儿童的心理发展 [M]. 傅统先, 译. 济南: 山东教育出版社, 1982.

[29] 哈蒂. 可见的学习: 最大限度地促进学习 [M]. 金莺莲, 洪超, 裴新宁, 译. 北京: 教育科学出版社, 2015.

[30] 帕尔默. 教育究竟是什么? 100 位思想家论教育 [M]. 任钟印, 诸慧芳, 译. 北京: 北京大学出版社, 2008.

[31] 霍克斯. 结构主义和符号学 [M]. 瞿铁鹏, 译. 上海: 上海译文出版社, 1987.

[32] 罗素. 人类的知识 [M]. 北京: 商务印书馆, 2012.

[33] 安晓斌. 论人格心理学的学科地位 [J]. 文学教育, 2018(12).

[34] 曹宝龙. 学习与迁移 [M]. 杭州: 浙江大学出版社, 2009.

[35] 陈桂生. "个体社会化" 辨析 [J]. 思想•理论•教育, 2005(1).

[36] 陈桂生. 对学校教育中学生 "个性" 与 "社会化" 问题的再思考: 兼评徐俊《"个体个性化" 与 "个体社会化" 究竟是什么关系》 [J]. 北京大学教育评论, 2016, 14(1).

[37] 陈瑾, 徐建平, 赵微. 认知诊断理论及其在教育中的应用 [J]. 教育测量与评价, 2009(2).

[38] 陈亮, 冷泽兵. 后现代课程知识观对高师主体性课程构建的启示 [J]. 继续教育, 2004(12).

[39] 陈卫平. 角色认知的概念与功能初探 [J]. 社会科学研究, 1994(1).

[40] 陈宜张. 神经科学的历史发展和思考 [M]. 上海: 上海科学技术出版社, 2008.

[41] 陈宜张. 突触 [M]. 上海: 上海科学技术出版社, 2014.

[42] 陈玉琨. 教育评价学 [M]. 北京: 人民教育出版社, 1999.

[43] 陈中永 . 论意识的心理学本质 [J]. 前沿 , 1997(10).

[44] 程书肖 . 教育评价方法技术 [M]. 2 版 . 北京 : 北京师范大学出版社 , 2007.

[45] 程艳，曾繁建，许维胜 . 项目反应理论模型及其问题分析 [J]. 井冈山学院学报（自然科学），2007, 28(12).

[46] 褚洪启 . 论夸美纽斯教育理论的历史价值 [J]. 北京师范大学学报（社会科学版），1995(3).

[47] 戴海崎，张锋，陈雪枫 . 心理与教育测量 [M]. 3 版 . 广州 : 暨南大学出版社 , 2011.

[48] 戴晓阳 . 常用心理评估量表手册 [M]. 北京 : 人民军医出版社 , 2011.

[49] 戴正农，章莉 . 问题、方法、知识：西蒙跨学科研究启示 [J]. 东南大学学报（哲学社会科学版），2011, 13（5）.

[50] 杜文东，吕航，杨世昌 . 心理学基础 [M]. 2 版 . 北京 : 人民卫生出版社 , 2013.

[51] 丁树良，罗芬，涂东波，等 . 项目反应理论新进展专题研究 [M]. 北京 : 北京师范大学出版社 , 2012.

[52] 段继扬 . 问题解决理论的演进 [J]. 心理学探新 , 1992(1).

[53] 段勇 . 自组织生命哲学 [M]，北京 : 中国农业科学技术出版社 , 2009.

[54] 范良火 . 教师教学知识发展研究 [M]. 上海 : 华东师范大学出版社 , 2003.

[55] 范文翔，张一春 . STEAM 教育：发展、内涵与可能路径 [J]. 现代教育技术 , 2018, 28(3).

[56] 方建文，丁祖诒，武宝瑞 . 全面素质教育手册（上）[M]. 北京 : 中国物资出版社 , 1997.

[57] 方明生 . 日本新学习指导要领与学力结构研究的深化：访日本课程学会理事长水原克敏 [J]. 全球教育展望 , 2009(9).

[58]《社会学概论》编写组 . 社会学概论（试讲本）[M]. 天津 : 天津人民出版社 , 1984.

[59] 费业泰 . 误差理论与数据处理 [M]. 7 版 . 北京 : 机械工业出版社 , 2015.

[60] 傅德荣，章慧敏，刘清堂．教育信息处理 [M].2 版．北京：北京师范大学出版社,2011.

[61] 傅松滨，王培林，刘佳．医学生物学 [M].8 版．北京：人民卫生出版社,2013.

[62] 付志慧．多维项目反应理论模型应用理论 [M].北京：科学出版社,2017.

[63] 高伟．论尼尔的自由主义教育哲学 [J].外国教育研究,2001,28（5）.

[64] 高文．学习科学的关键词 [M].北京：教育科学出版社,2009.

[65] 高峡．日本的教育评价管窥 [J].课程·教材·教法,2001(7).

[66] 龚季兴，贺新宇．儿童社会化中角色适应分析 [J].西昌学院学报（社会科学版）,2006,18(4).

[67] 顾明远．教育大辞典：第 1 卷 [M].上海：上海教育出版社,1990.

[68] 关新民．医学神经生物学 [M].北京：人民卫生出版社,2002.

[69] 郭磊．认知诊断理论及其应用 [J].心理技术与应用,2013(2).

[70] 郭庆光．传播学教程 [M].2 版．北京：中国人民大学出版社,2011.

[71] 郭思乐．从主要依靠教到主要依靠学：基础教育的根本改革 [J].教育研究,2007(12).

[72] 龚缨晏．关于人类起源的几个问题 [J].世界历史,1994(2).

[73] 何克抗．关于建构主义的教育思想与哲学基础：对建构主义的反思 [J].中国大学教学,2004(7).

[74] 贺伟，李光辉，张洁琼．正常人体机能 [M].武汉：华中科技大学出版社,2011.

[75] 侯钧生．西方社会学理论教程 [M].3 版．天津：南开大学出版社,2010.

[76] 胡剑锋，王堂生．神经科学对现代社会的影响 [M].北京：北京大学出版社,2012.

[77] 胡中锋．教育测量与评价 [M].2 版．广州：广东高等教育出版社,2006.

[78] 黄靖．浅议个体社会化之现状与发展 [J].学园,2009(12).

[79] 黄寿祺，张善文．周易译注 [M].上海：上海古籍出版社,2010.

[80] 贾春增. 外国社会学史 [M].3 版. 北京：中国人民大学出版社, 2008.

[81] 金瑜. 心理测量 [M]. 上海：华东师范大学出版社, 2005.

[82] 金岳霖. 知识论 [M]. 北京：中国人民大学出版社, 2010.

[83] 蒋争. 英语词汇的奥秘 [M]. 北京：中国国际广播出版社, 2013.

[84] 雷新勇. 大规模教育考试：命题与评价 [M]. 上海：华东师范大学出版社, 2006.

[85] 李彬, 传播符号论 [M]. 北京：清华大学出版社, 2012.

[86] 李冲, 杨连生. 知识观演进视野中教育评价理论的嬗变 [J]. 理论观察, 2008(6).

[87] 李春玲. 当代教育评价研究的动因分析 [J]. 辽宁教育研究, 2007(2).

[88] 李红燕. 简介"大五"人格因素模型 [J]. 陕西师范大学学报（哲学社会科学版）, 2002, 31(S1).

[89] 李华金. 认识怎么来的 [M]. 北京：现代出版社, 2017.

[90] 李景, 吴金清. 塔尔德与麦克卢汉论舆论传播 [J]. 新闻世界, 2010(3).

[91] 李丽. 生存学习论 [M]. 上海：华东师范大学出版社, 2009.

[92] 李喜先, 等. 知识系统论 [M]. 北京：科学出版社, 2011.

[93] 李战怀, 王国仁, 周傲英. 从数据库视角解读大数据的研究进展与趋势 [J]. 计算机工程与科学, 2013, 35(10).

[94] 廖萃英, 康乃美. 日本中小学教育评价改革及启示 [J]. 教育评论, 1992(5).

[95] 林秉贤. 社会心理学 [M]. 北京：群众出版社, 1985.

[96] 林崇德. 学习与发展：中小学生心理能力发展与培养 [M].3 版. 北京：北京师范大学出版社, 2011.

[97] 林萍华. 素质、素养与创新 [J]. 高等工程教育研究, 2000(1).

[98] 刘儒德. 学习心理学 [M]. 北京：高等教育出版社, 2010.

[99] 刘声涛, 戴海崎, 周骏. 新一代测验理论：认知诊断理论的缘起与特征 [J]. 心理学探新, 2006, 26(4).

[100] 刘五驹．实用教育评价理论与技术 [M]．苏州：苏州大学出版社, 2008.

[101] 刘晓庆．大规模学业评价研究 [D]．武汉：华中师范大学, 2013.

[102] 刘新平, 刘存侠．教育统计与测评导论 [M]．北京：科学出版社, 2003.

[103] 刘学礼．生物分类和多样性保护 [J]．生物学杂志, 2004, 21(3).

[104] 刘亚政．人是自然属性和社会属性的统一 [J]．实事求是, 1990(2).

[105] 刘毅．英文字根字典 [M]．北京：外文出版社, 2007.

[106] 卢家楣, 伍新春, 桑标．现代心理学：基础理论及其教育应用 [M]．上海：上海人民出版社, 2014.

[107] 卢家楣．学习心理与教学：理论和实践 [M].3 版．上海：上海教育出版社, 2016.

[108] 卢勤．个人成长与社会化 [M]．成都：四川大学出版社, 2010.

[109] 罗万伯．现代多媒体技术教程 [M]．北京：高等教育出版社, 2004.

[110] 罗跃嘉, 姜扬, 程康．认知神经科学教程 [M]．北京：北京大学出版社, 2006.

[111] 罗照盛．认知诊断评价理论基础 [M]．北京：北京师范大学出版社, 2019.

[112] 梅锦荣．神经心理学 [M]．北京：中国人民大学出版社, 2011.

[113] 孟娟．心理学经验主义、理性主义与解释学认识论的比较研究 [J]．心理科学, 2013, 36(5).

[114] 孟昭兰．情绪心理学 [M]．北京：北京大学出版社, 2005.

[115] 潘洪建, 吕建国, 龚林泉．知识观、学习观、教学观的调查研究：来自中学的报告 [J]．绵阳师范学院学报, 2004, 23(3).

[116] 裴娣娜．教育研究方法导论 [M]．合肥：安徽教育出版社, 1995.

[117] 彭聃龄．普通心理学 [M].4 版．北京：北京师范大学出版社, 2012.

[118] 彭智勇, 周建国．学生综合素质评价研究 [M]．重庆：西南师范大学出版社, 2005.

[119] 皮连生, 庞维国, 王小明．教育心理学 [M].4 版．上海：上海教育出版社, 2011.

[120] 皮连生. 现代认知心理学对学校教育的两大贡献 [J]. 鞍山师范学院学报,1996,17（3）.

[121] 戚立夫. 学力的概念和结构：日本心理学的学力观 [J]. 东北师大学报（哲学社会科学版）,1982(6).

[122] 秦东兴,窦志珍. 日本新学力观与基础教育课程改革探析 [J]. 外国教育研究,2009(12).

[123] 裴娟萍,钱海丰. 生命科学概论 [M].2版. 北京：科学出版社,2008.

[124] 任平. 教育的社会价值与个体价值的哲学思考 [J]. 广西民族学院学报,1997(3).

[125] 桑新民. 学习究竟是什么？——多学科视野中的学习研究论纲 [J]. 开放教育研究,2005,11(1).

[126] 邵瑞珍. 教育心理学 [M]. 上海：上海教育出版社,1997.

[127] 邵志芳,高旭辰. 社会认知 [M]. 上海：上海人民出版社,2009.

[128] 邵志芳. 认知心理学：理论、实验和应用 [M]. 上海：上海教育出版社,2006.

[129] 沈德立. 高效率学习的心理学研究 [M]. 北京：教育科学出版社,2006.

[130] 沈德立. 脑功能开发的理论与实践 [M]. 北京：教育科学出版社,2001.

[131] 沈阳. 语言学常识十五讲 [M]. 北京：北京大学出版社,2005.

[132] 盛群力. 学习类型、认知加工和教学结果：当代著名教育心理学家理查德·梅耶的学习观一瞥 [J]. 开放教育研究,2004(4).

[133] 施建农. 人类创造力的本质是什么？ [J]. 心理科学进展,2005,13(6).

[134] 施良方. 学习论 [M].2版. 北京：人民教育出版社,2001.

[135] 施良方. 学习论：学习心理学的理论与原理 [M]. 北京：人民教育出版社,2000.

[136] 史良君. 知识的本质与起源 [J]. 求知导刊,2014(4).

[137] 隋岩. 符号中国 [M]. 北京：中国人民大学出版社,2014.

[138] 随力，任杰．甲状腺激素在脑学习和记忆功能中的作用 [J]．中国药理学通报，2010, 26(11).

[139] 孙骊．从研究如何教到研究如何学 [J]．外语界，1989(4).

[140] 谭建川．PISA 改变了什么？——从学力评价看日本的教育改革 [J]．教师教育学报，2014(5).

[141] 唐孝威，孙达，水仁德．认知科学导论 [M]．杭州：浙江大学出版社，2012.

[142] 唐孝威．脑与心智 [M]．杭州：浙江大学出版社，2008.

[143] 陶西平．教育评价辞典 [M]．北京：北京师范大学出版社，1998.

[144] 田雪林．大数据在认知诊断中的实践应用 [J]．中国教师，2019(7).

[145] 涂东波，蔡艳，丁树良．认知诊断理论、方法与应用 [M]．北京：北京师范大学出版社，2012.

[146] 涂纪亮．实用主义、逻辑实证主义及其他 [M]．武汉：武汉大学出版社，2009.

[147] 王斌华．学生评价：夯实双基与培养能力 [M]．上海：上海教育出版社，2010.

[148] 王鸿生．科学技术史 [M]．北京：中国人民大学出版社，2011.

[149] 王孝玲．教育测量（修订版）[M]．上海：华东师范大学出版社，2004.

[150] 王琰春．西方教育评价观的演进及对我国的启示 [J]．教育与现代化，2003(1).

[151] 韦洪涛．学习心理学 [M]．北京：化学工业出版社，2011.

[152] 文洪朝．跨学科研究：当代科学发展的显著特征 [J]．西北工业大学学报，2007, 27(2).

[153] 吴钢．美国教育评价理论的产生和发展 [J]．比较教育研究，1993(3).

[154] 吴国林，孙显曜．宇宙的耗散结构模式探讨 [J]．自然辩证法研究，1993, 9(5).

[155] 吴康宁．教育社会学 [M]．北京：人民教育出版社，1998.

[156] 吴庆麟 . 教育心理学 [M]. 北京：人民教育出版社 , 1999.

[157] 吴庆麟 . 认知教学心理学 [M]. 上海：上海科学技术出版社 , 2000.

[158] 武小鹏，张怡，张晨璐 . 核心素养的认知诊断测评体系建构 [J]. 现代教育技术 , 2020, 30 (2).

[159] 奚从清 . 角色论：个人与社会的互动 [M]. 杭州：浙江大学出版社 , 2010.

[160] 夏保华 . 简论塔尔德的发明社会学思想 [J]. 自然辩证法研究 , 2014, 30 (7).

[161] 肖青，李宇峰 . 传播学视野中的民族文化传承 [J]. 社科纵横 , 2008, 23 (10).

[162] 谢淑玲 . 关于知识内化的几个问题 [J]. 求索 , 1999 (3).

[163] 辛涛 . 项目反应理论研究的新进展 [J]. 中国考试 , 2005 (7).

[164] 辛自强 . 问题解决研究的一个世纪：回顾与前瞻 [J]. 首都师范大学学报 , 2004 (6).

[165] 许国志，顾基发，车宏安 . 系统科学 [M]. 上海：上海科技教育出版社 , 2000.

[166] 许昆鹏 . 知识观的转变与教学实践活动的变革 [J]. 当代教育论坛 , 2010 (7).

[167] 徐征 . 从概念到模型研究的日本学力论 [J]. 黑龙江高教研究 , 2008 (11).

[168] 徐征 . 日本"学力低下"争论之解读 [J]. 比较教育研究 , 2005 (1).

[169] 严乐儿，黄弋生，徐长斌 . 逻辑学导论 [M]. 上海：上海交通大学出版社 , 2007.

[170] 袁彩云 . 经验·理性·语言：金岳霖知识论研究 [M]. 北京：人民出版社 , 2007.

[171] 俞国良，罗晓路 . 奥尔波特：健康人格心理学的拓荒者 [J]. 中小学心理健康教育 , 2016 (5).

[172] 叶浩生 . 西方心理学的历史与体系 [M]. 2 版 . 北京：人民教育出版社 , 2014.

[173] 杨慧芳，郭永玉. 从人际关系看人格：认知－情感系统理论的视角 [J]. 心理学探新，2006,26(1).

[174] 姚梅林. 学习心理学：学习与行为的基本规律 [M]. 北京：北京师范大学出版社,2006.

[175] 杨天宇. 礼记译注（下）[M]. 上海：上海古籍出版社,2010.

[176] 尤瑾，郭永玉. "大五"与五因素模型：两种不同的人格结构 [J]. 心理科学进展，2007,15(1).

[177] 叶奕乾，何存道. 普通心理学 [M]. 上海：华东师范大学出版社,1997.

[178] 易星星. 塔尔德基于传播技术观的公众理论研究 [J]. 传播与版权,2018(6).

[179] 殷融，曲方炳，叶浩生. 具身认知表征的研究与理论述评 [J]. 心理科学进展,2012,20(9).

[180] 尹文刚. 大脑潜能：脑开发的原理与操作 [M]. 北京：世界图书出版公司,2005.

[181] 尹文刚. 神经心理学 [M]. 北京：科学出版社,2007.

[182] 杨治良，孙连荣，唐菁华. 记忆心理学 [M].3 版. 上海：华东师范大学出版社,2012.

[183] 尹志丽. 西方教育评价理论发展及对我国的启示 [J]. 探求,2003(4).

[184] 余春瑛. 对教学评价的文化哲学反思 [J]. 教育探索,2011(3).

[185] 余娜，辛涛. 认知诊断理论的新进展 [J]. 考试研究,2009,5(3).

[186] 员冬梅. 细胞生物学基础 [M].2 版. 北京：化学工业出版社,2011.

[187] 原超，朱建华. 甲状旁腺激素水平变化与学习记忆功能关系的研究进展 [J]. 实用医药杂志,2018,35(3).

[188] 李森. 结构主义教育思想 [M]. 广州：广东教育出版社,2007.

[189] 辛继湘. 实用主义教育思想 [M]. 广州：广东教育出版社,2007.

[190] 赵同森. 人本主义教育思想 [M]. 广州：广东教育出版社,2006.

[191] 燕良轼. 解读后现代主义教育思想 [M]. 广州：广东教育出版社,2008.

[192] 张浩. 思维发生学：从动物思维到人的思维 [M]. 北京：中国社会科学出版社,1994.

[193] 张红霞. 教育科学研究方法 [M]. 北京：教育科学出版社,2009.

[194] 张景焕,林崇德. 创造力研究的回顾与前瞻 [J]. 心理科学,2007,30(4).

[195] 张开荆. 人格心理学中的特质论与情境论之争述评 [J]. 辽宁教育行政学院学报, 2006, 23(1).

[196] 张丽华,沈德立. 论创造性思维产生的有利条件 [J]. 教育科学,2006,22(1).

[197] 张林,张向葵. 态度研究的新进展：双重态度模型 [J]. 心理科学进展,2003(2).

[198] 张民选,陆璟,占胜利,等. 专业视野中的PISA[J]. 教育研究,2011(6).

[199] 张其志. 教育评价的科学观及其方法论演变 [J]. 中国高等教育评估,2006(2).

[200] 张其志. 我国教育评价的科学观及其方法论的演变 [J]. 黑龙江高教研究,2008(1).

[201] 张庆柱. 基础神经药理学 [M]. 北京：人民卫生出版社,2009.

[202] 张淑华,朱启文. 认知科学基础 [M]. 北京：科学出版社,2007.

[203] 张友琴,童敏,欧阳马田. 社会学概论 [M].2版. 北京：科学出版社,2014.

[204] 张忠华,周萍."互联网+"背景下的教育变革 [J]. 教育学术月刊,2015(12).

[205] 赵家祥. 马克思关于人的本质的三个界定 [J]. 思想理论教育导刊,2005(7).

[206] 郑金洲. 教育文化学 [M]. 北京：人民教育出版社,2000.

[207] 郑日昌. 心理测量与测验 [M]. 北京：中国人民大学出版社,2008.

[208] 钟启泉. 从日本的"学力"概念看我国学力研究的课题 [J]. 教育发展研究, 2009(Z2).

[209] 钟启泉. 关于"学力"概念的探讨 [J]. 上海教育科研, 1999(1).

[210] 钟启泉. 教育评价: 为了学生的学习与成长: 日本教育学者梶田叡一教授访谈 [J]. 全球教育展望, 2007(6).

[211] 钟启泉. 日本学力概念的演进 [J]. 教育发展研究, 2014(8).

[212] 钟启泉. 日本学力论争"线索与构图": 与日本学者木下繁弥教授的对话 [J]. 全球教育展望, 2004(8).

[213] 钟启泉. 素质教育需要什么样的学力观 [J]. 基础教育课程, 2012(3).

[214] 钟启泉. 学力理论的历史发展 [J]. 全球教育展望, 2001(12).

[215] 钟义信. 信息科学与技术导论 [M]. 2 版. 北京: 北京邮电大学出版社, 2010.

[216] 周国光. 概念体系和词汇体系 [M]. 安徽师大学报 (哲学社会科学版), 1986(1).

[217] 周有光. 汉字和汉字改革 [M]. 北京: 知识出版社, 1983.

[218] 周宗奎. 青少年心理发展与学习 [M]. 北京: 高等教育出版社, 2007.

[219] 朱晓斌. 从结构主义到后结构主义: 学习理论的嬗变 [J]. 外国教育研究, 2000, 27(5).

[220] 邹赞. 表征与意旨实践: 斯图亚特·霍尔的文化定义 [J]. 石河子大学学报 (哲学社会科学版), 2009, 23(2).

[221] 曹家树, 曾广文, 缪颖. 生物适应进化及其分子机制 [J]. 大自然探索, 1997, 16(4).

[222] 曹家树, 缪颖. 生物多样性的进化原理及其保护对策 [J]. 生物多样性, 1997, 5(3).

[223] 查锡良, 药立波. 生物化学与分子生物学 [M]. 8 版. 北京: 人民卫生出版社, 2013.

外文文献

[1]Fernandez A, Glenberg A M. Changing environmental context does not reliably affect memory [J]. Memory & Cognition, 1985, 13(4).

[2]Owen A M.Memory: Dissociating multiple memory processes [J]. Current Biology, 1998(8).

[3]Bower G H, Monteiro K P, Gillingan S G.Emotional mood as a context for learning and recall [A].Chase W G, Simon H A.Perception in chess [J]. Cognitive Psychology, 1973(4).

[4]Hayes-Roth B, Hayes-Roth F. Concept learning and recognition and classification of exemplars [J]. Journal of Verbal Learning and Verbal Behavior, 1977, 16(3).

[5]Willingham D B.Systems of memory in the human brain [J]. Neuron, 1997, 18(1).

[6]Anderson J R. Cognitive Psychology and Its Implications [M]. 3rd ed. New York: Freeman, 1990.

[7]Ausubel D P. The Psychology of Meaningful Verbal Learning [M]. New York : Grune & Stratton, 1963.

[8]Smith E E, Shoben E J, Rips L J.Structure and process in semantic memory: a featural model for semantic decisions [J]. Psychological Review,1974, 81(3).

[9]Gagné E D. The Cognitive Psychology of School Learning [M]. Boston, MA: Little, Brown, 1985.

[10]Bartlett F C.Remembering: A Study in Experimental and Social Psychology [M]. New York & London: Cambridge University Press, 1932.

[11]Bower G H, Black J B, Turner T J. Scripts in memory for text [J]. Cognitive Psychology, 1979(11).

[12]Lasswell H D. The Structure and function of communication in society [J]. New York: The Communication of Ideas, Harper and Brothers, 1948.

[13]Hydén H, Egyházi E. Glial RNA changes during a learning experiment with rats

[J]. Proceedings of the National Academy of Sciences, 1963, 49(5).

[14]Greeno J G. Nature of problem-solving abilities [M]// Estes W K. Handbook of Learning & Cognitive Process: V. Human Information. Hillsdale, NJ: Lawrence Erlbaum Associates, 1978: 239-270.

[15]Flavell J H.Metacognitive aspects of problem solving [J]. The Nature of Intelligence, 1976.

[16]Angiolillo-benet J S, Rips L J.Order information in multiple element comparison [J]. Journal of Experimental Psychology: Human Perception and Performance, 1982, 8(3).

[17]Gilhooly K J.Thinking: Directed, Undirected and Creative [M]. London: Academic Press, 1988.

[18]Tatsuoka K K.Use of generalized person-fit indexes, zetas for statistical pattern classification [J]. Applied Measurement in Education, 1996, 9(1).

[19]Lewis M W, Anderson J R.Discrimination of operator schemata in problem solving: Learning from examples [J]. Cognitive Psychology, 1985(17).

[20]Brooks L R.Spatial and verbal components of the act of recall [J]. Canadian Journal of Psychology, 1968, 22(5).

[21]Adams M J. Thinking skill curricula: Their promise and progress [J]. Educational Psychologist, 1989(24).

[22]Gick M L, Holyoak K J. Analogical problem solving [J]. Cognitive Psychology, 1980(12).

[23]Posner M I, Boies S J, Eichelman W H, Taylor R L.Retention of visual and name codes of single letters [J]. Journal of Experimental Psychology, 1969, 79(1).

[24]MeCall W A.Measurement [M]. New York: Macmillan, 1939.

[25]Csikszentmihalyi M.Beyond Boredom and Anxiety [M]. San Francisco:Josey-Bass, 1975.

[26]Godden P R, Baddoley A D.Context-dependent memory in two natural environments: On land and under water [J]. British Journal of Psychology,

1975(66).

[27]Rumelhart D E, Norman D A.Accretion, tuning and restructuring: Three modes of learning, from semantic factors [R]. Lawrence Erlbaum Associates, 1976(2).

[28]Smith S M, Glenberg A, Bjork R A.Environmental context and human memory [J]. Memory & Cognition, 1978(6).

[29]Kosslyn S M, Ball T M, Reiser B. Visual images preserve metric spatial information: Evidence from studies of images scanning [J]. Journal of Experimental Psychology: Human Perception and Performance, 1978, 4(1).

[30]Sternberg S.Memory scanning: Mental process revealed by reaction time experiment [J]. American Scientist, 1969, 57(4).

[31]Sternberg R J. Conceptions of expertise in complex problem solving: A comparison of alternative conceptions [M]// Frensch P A, Funke J. Complex Problem Solving: The European Perspective. Hillsdale, NJ: Lawrence Erlbaum Associates, 1995:295-321.

[32]Stipek D J.Motivation to Learn :Integrating Theories and Practice [M]. 4th ed. Boston: Allyn and Bacon, 2002.

[33] Wilson T D, Lindsey S, Schooler T Y.A model of dual attitude [J]. Psychology Review, 2000,107(1).

[34]Thomson D M.Context effects in recognition memory [J]. Journal of Verbal Learning and Verbal Behavior, 1972, 11(4).

[35]Thorndike E L.The Seventeenth Yearbook of National Society for the Study of Education [M]. Bloomington, I L: Public School Publishing Co. , 1918.

[36]Tulving E, Thomson D M.Encoding specificity and retrieval processes in episodic memory [J]. Psychological Review, 1973(80).

[37]Woocher F D, Glass A L, Holyoak K J.Positional discriminability in linear orderings [J]. Memory and Cognition, 1978, 6(2).

[38]Hart A. Understanding the Media [M]. London: Routledge, 1991.

后 记
POSTSCRIPT

　　弹指一挥间，从事 PISA 学习素养的研究已有整整 10 个年头。记得 2010 年下半年开始接触 PISA，那是因为考虑毕业论文选题的需要，于是开始一边从中国知网上查阅有关 PISA 的文献，一边研读 OECD 的 PISA 专题网站，慢慢消化理解，一边构思框架，一边从理论方面进行挖掘，一直到做完郑州二中数学素养的实证研究，于 2013 年 5 月在华东师大完成了博士学位论文答辩。但是，答辩时专家们的提问言犹在耳，导师期待我进一步研究的目光也一直在脑海萦绕。毕业回闽南师大之后，自己在本专业给硕士研究生开设"信息时代的学习理论与学习评价实践"课程，边整理，边思考，边教学，正所谓"教然后知困"：一方面，觉得原来的选题既新颖、实用，又符合素质教育与创新驱动的时代节律；另一方面，也感觉读博期间的研究积累了不少资料，特别是对普通心理学中的记忆、思维、学习以及教育心理学中的知识迁移和问题解决等主题有了较为全面而深刻的理解，整个研究也有了大致的思路。但是，三年的读博时间实在太过匆匆，自己在后来的教学实践中越来越明显地感觉到原来的研究还存在某些结构性缺陷，尤其是对人类学习行为过程中的知识以象征性符号进行的社会性传播、进化论视角下学习的深层动因、知识的深层本质、学习素养形成的机理与条件保证等重要部分，都基本上是浅尝辄止或根本没有来得及涉猎，于是补全上述理论模块，就成了继续本研究并撰写本著述的自然延伸。

　　缺月挂疏桐，漏断人初静，时见幽人独徘徊。十载的研究与写作的过程无疑是辛苦的，自己也不记得熬过了多少不眠之夜，还有几多困惑的时候……因为平日里从事教学工作，也担负了一点党政管理事务，课题做到现在，也是做做停停，而且经常是做完一块然后认真琢磨下一块，偶有放弃的念头，但是，《学记》中的"学者有四失，或失则多，或失则寡，或失则易，或失则止"和自己总结并贴在电脑桌前的"生以劳立，事以急败，思以缓得，知以行真"那十六个字也时常提醒着自己：重在多阅读、思考与梳理脉络，要有自己的见解、观点甚至体系，还要讲究实用，其结果是水到渠成的事情。人，做事追求结果，很正常。但是，如果急于得到结果，那么，往往是欲速而不达。或者说，即使勉强达到了，也可能是粗制滥造，自己不满意，他人也不欣赏，而那并不是我的初衷。再说，原来一直学工科的我从事教育中的"学习素养"这一主题的研究，其目标不就是追求学习中的透彻性、可迁移性和终身可持续性吗？坦率地说，在本课题的研究过程中，自己正是由于接触了诸如"学习""素养""突触""神经回路""概念""命题""语义网络""知识的本质""学习规则空间""OCEAN（大五人格）"等一系列较新的概念，而产生了对它们的一路追寻或重新思考，经历了唐代著名禅师青原行思所说的那种"看山是山"的直观而狭窄的肤浅阶段、"看山不是山"的深入与疑惑阶段，更有"看山还是山"的洞悟与浅出阶段。其实，这就是最大的收获。概括起来，这种收获主要是三个方面：

首先，引发了自己对生命和人生的再思考。本书所探讨的主题虽然是人类的学习行为，但是，万物皆有其源。那么，人究竟为什么会需要学习呢？这就必须从人类的起源、进化过程去寻找答案，去了解人到底是一个什么样的生物性存在。现在想来，一是和地球上的任何其他生物一样，人要生存，就必须保持自身体内的水、蛋白质、脂类、糖类、无机盐、维生素等六大基础性物质的大致平衡。这一过程是通过与环境进行物质、能量交换实现的。当然，生存对环境温度、环境中的含氧量也会有一定的要求。如果这些动态平衡被打破，就会通过下丘脑中的相关部位刺激摄食中枢、饮水中枢、不同情绪的表达和各种激素的生成。这就是人类的原始情感需要，它也是人类在环境中进化而来的本能。二是进化是以基因为媒介的，蛋白质则是生命形态的主要体现者和生命功能的主要执行者。这种生物大分子不仅决定着个体的外貌、身高等形态特征，

包括意识、思维和学习在内的脑力活动也都是其生化属性、功能的表现，如长时记忆中就会在突触部位生成新的蛋白质，只可惜人类目前对蛋白质基础上为什么会产生意识、思维都还知之甚少。三是环境对个体的生存、发展的影响是全方位的，也常常是潜移默化的。人类个体通过大脑与神经回路不断从环境中接受刺激信息，形成反馈，即生物学上的条件反射和本能，经年累月，不仅会在蛋白质中造成环境饰变，进而调控基因序列，逐步实现与环境的协调和同一。这不仅是进化的终极原因，同时也是一个认识不断加深的过程。四是和地球上其他生命依靠本能去适应环境有所不同，人类的大脑功能更为发达，个体在意识的基础上产生了思维，具有主动性，能够在群体中使用语言、文字等象征性符号，一方面加深了对周边事物的认识深度，另一方面也拓宽了认知的广度，更能借助于科学的认识来设计、制造工具，使自己在环境适应中接受意义更丰富的各种高级信息，特别是还能通过主动学习他人的经验或者自觉接受社会中的学校教育这种"人工修剪"方式，从而使自己多出某些生存概率与发展机会。

其次，引发了自己对科学技术的重新审视。人体也是由夸克等基本物质粒子构成的。按照耗散结构理论，人体也是一个自组织系统。人体的存在就是一个从开放、动态的环境中不断纳入新物质，通过负熵增大来实现自身结构的有序化的过程。所纳入的物质品种越丰富、越高级，负熵增大就越多，事物的结构更能实现有序化和精细化，因此，人的生存环境中的一切事物都值得我们去接触和认识，以便为人类自身服务。通过对我们周边大量客观事物所发生的事实加以观察、总结、提炼和合乎逻辑的思考，找出其特征、本质和规律，逐步形成以概念和命题为基本单位的逻辑化知识系统，并在后来的社会实践中进行证伪，这就是科学，或者说科学理论。如果说科学注重从实践中去认识、发现和创造，具有解释和预测功能，那么，技术则是在相关理论的启迪之下，对如何利用恰当资源以解决其中问题的发明和再创造。它同时是科学延续性和工具性的体现，重在如何改造和利用我们周边所存在的资源。二者相辅相成，共同为人类服务。但其根本原因在于利用身外之物来制造工具以不断强化和拓展自身能力。从某种意义来说，正是科学与技术的耦合延伸了人类感觉器官功能的广度和深度，强化了肌肉、四肢等运动器官的力量，使人类变得越来越强大。人类认识水平的逐步深入和科技、文化的不断推进最终必然促进人与环境的快速而准确的同步、协调，也就是形成生存性智慧。

最后，为科学人文主义价值观所彻底服膺并乐意为此理念终身不懈地追求。人是万物的尺度，人的需要是根本，人的一切活动都是有目的的，但科学也都只是一种当前认识水平下的相对性存在。由于人在实践中经常会感觉目前的客观现实与自己的期待、理想还存在差距，于是，希望通过解决问题使目前状况与他对环境的理想预期逐渐逼近。但尝试中有没有偏差？这种偏差有多大？下一步该如何行动？对这些问题的问答都需要通过获取真实、广泛而及时的信息来开展客观、全面而精准的评价。所以，评价既是对当前问题解决活动的总结，也是对未来行动路线的思考与安排，是一种承前启后的调节性活动。如果说科学的唯一检验标准是真理性或可验证性，具有唯一答案，但是人的需要是多维的、立体的，那么，科技与人性的衔接重在解决合理性。遵从健康而和谐的人性，合目的，也合规律，才是人类评价活动和其他一切社会实践活动的落脚点。

记得诺贝尔经济学奖获得者乔治·斯蒂格勒（George J. Stigler）曾经说过：一个好的理论一般都具有简洁性、解释性和预测性三个基本特征。虽然对学习评价这一主题的耕耘已逾十载，对研究中的不少主题也曾经历了王国维先生在《人间词话》中所提到的"昨夜西风凋碧树。独上高楼，望尽天涯路"的"立"、"衣带渐宽终不悔，为伊消得人憔悴"的"守"和"众里寻他千百度。蓦然回首，那人却在，灯火阑珊处"的"得"这三重境界，但估计离上述特征还存在差距或较大差距，但是，我一直是这么去思考，去行动，去靠近。虽是路远、坑深，然亦是无怨无悔，甚至有几分乐在其中。

最后，我要由衷地感谢我的妻子李云淑教授和女儿敏芝，谢谢你们的理解、支持和鼓励！妻子数年如一日地支持我看书学习，时有切磋，并帮忙校对了部分书稿，为我准备最爱喝的武平绿茶。尽管她本人不善厨艺，但是，在我钻研与撰写期间，还是愿意默默地学习烹调技艺，尽力不让我为一日三餐操心，于是，才有了我 10 年的耕耘和如今付梓的书稿。当然，本书的顺利出版也离不开浙江大学出版社吴伟伟、陈逸行的精心编辑和反复校对。

本著述获闽南师范大学学术出版基金资助。

齐宇歆

2020 年 6 月初稿于漳州悠乐园